应用多元统计分析

李春林　陈旭红　编著

清华大学出版社
北　京

内 容 简 介

本书是在河北省精品课"多元统计分析"课程建设的基础上，贴近省属院校实际，以学生的应用分析技能为主要培养目标，以方法、案例引导，对学生开展方法学习、案例分析、数据处理、结果讨论、文献阅读和论文撰写全方位的应用分析技能训练，是一本主要面向省属院校统计学各专业和其他相关专业的高年级本科生或研究生的应用型教材。

图书在版编目(CIP)数据

应用多元统计分析 / 李春林，陈旭红编著. —北京：清华大学出版社，2013（2021.8重印）
ISBN 978-7-302-33296-1

Ⅰ. ①应… Ⅱ. ①李… ②陈… Ⅲ. ①多元分析－统计分析－高等学校－教材
Ⅳ. ①O212.4

中国版本图书馆 CIP 数据核字(2013)第 168807 号

责任编辑：陈 明 洪 英
封面设计：傅瑞学
责任校对：刘玉霞
责任印制：杨 艳

出版发行：清华大学出版社
网 址：http://www.tup.com.cn，http://www.wqbook.com
地 址：北京清华大学学研大厦 A 座 **邮 编**：100084
社 总 机：010-62770175 **邮 购**：010-62786544
投稿与读者服务：010-62776969，c-service@tup.tsinghua.edu.cn
质量反馈：010-62772015，zhiliang@tup.tsinghua.edu.cn
印 装 者：三河市金元印装有限公司
经 销：全国新华书店
开 本：170mm×230mm **印 张**：14.5 **字 数**：268 千字
版 次：2013 年 8 月第 1 版 **印 次**：2021 年 8 月第 7 次印刷
定 价：42.00 元

产品编号：051546-03

前言

多元统计分析是统计学科中的一个重要分支，在自然科学、社会科学等领域具有广泛的应用，是探索多元世界强有力的工具。河北经贸大学的“多元统计分析”课程是统计学各专业的主干课程，是河北省的省级精品课程。在精品课程建设的过程中，我们结合丰富的教学、科研实践和大量鲜活的案例，贴近省属院校实际，以学生的应用分析技能为主要培养目标，以方法、案例引导进行多元统计分析方法的学习，对学生开展方法学习、案例分析、数据处理、结果讨论、文献阅读和论文撰写全方位的应用分析技能训练。

作为省属院校，我们切身体会到应用分析能力的培养对学生未来发展的重要性，也切实感受到国内纯应用性专业教材匮乏的无奈。因此，我们在建设省级精品课程的同时，结合科研和教学经验，紧贴应用分析技能培养这条省属院校学生培养与就业的生命线，编写了这本以应用为主线、以方法与软件相结合更好地解决实际问题为核心的《应用多元统计分析》教材。

本书用浅显的语言阐明各种多元统计方法的功能和原理，针对具体的案例，通过在国内广泛使用的统计分析软件 SPSS，讲授方法的上机实现和应用，尽可能详尽地介绍统计软件的各种操作选项和提供数据处理结果的解释，结合文献阅读和论文撰写对学生进行应用分析技能的培养。

本书涵盖了常用的多元统计分析方法，是一本主要面向省属院校统计学和经济学、管理学、生物医学统计等有关专业的高年级本科生或研究生的应用型教材和教学参考书，也可作为社会统计工作者和数据分析人员的实用参考书。

本书在编写过程中，研究生孟杰、刘扬、冯丽红、李圣瑜、倶翠、胡一帆、王洪彪做了大量的基础性工作，清华大学出版社对教材的编写和出版给予了大力支持，陈明编辑为本书做了大量的组织工作，在此一并表示感谢！由于作者水平有限，书中难免出现疏漏和错误，希望广大读者提出宝贵意见，以便进一步修改。

李春林

2013 年 7 月于石家庄

目录

CHAPTER

第1章 多元统计分析的理论基础

1.1 多元分布

1.1.1 随机向量

多元统计分析讨论的是多变量总体。把 p 个随机变量放在一起得 $\boldsymbol{X}=(X_1,X_2,\cdots,X_p)$ 是一个 p 维随机向量，如果同时对 p 个变量作一次观测，则得到一个样本 $(x_{11},x_{12},\cdots,x_{1p})$，$n$ 次观测得到的样本排成一个 $n\times p$ 矩阵，称为**样本数据矩阵**(或**样本资料矩阵**)，记为

$$\boldsymbol{X}=\begin{bmatrix} x_{11} & x_{12} & \cdots & x_{1p} \\ x_{21} & x_{22} & \cdots & x_{2p} \\ \vdots & \vdots & \ddots & \vdots \\ x_{n1} & x_{n2} & \cdots & x_{np} \end{bmatrix} \overset{\text{def}}{=} \begin{bmatrix} \boldsymbol{X}_{(1)} \\ \boldsymbol{X}_{(2)} \\ \vdots \\ \boldsymbol{X}_{(n)} \end{bmatrix} \overset{\text{def}}{=} (\boldsymbol{X}_1,\boldsymbol{X}_2,\cdots,\boldsymbol{X}_p) \tag{1-1}$$

矩阵 $\boldsymbol{X}$ 的第 i 行：$\boldsymbol{X}_{(i)}=(x_{i1},x_{i2},\cdots,x_{ip})(i=1,2,\cdots,n)$ 表示对第 i 个样本的观测值，是一个 p 维的随机向量。矩阵 $\boldsymbol{X}$ 的第 j 列：$\boldsymbol{X}_j=\begin{bmatrix} x_{1j} \\ x_{2j} \\ \vdots \\ x_{nj} \end{bmatrix}(j=1,2,\cdots,p)$ 表示对第 j 个变量的 n 次观测，是一个 n 维随机向量。

1.1.2 多元分布函数与密度函数

1. 联合分布

设 $\boldsymbol{X}=(X_1,X_2,\cdots,X_p)$ 是 p 维随机向量，称 p 元函数

$$F(x_1,x_2,\cdots,x_p)=P\{X_1\leqslant x_1,x_2,\cdots,X_p\leqslant x_p\} \tag{1-2}$$

为 $\boldsymbol{X}$ 的**联合分布函数**。

若存在非负函数 $f(x_1,x_2\cdots,x_p)$，使得随机向量 $\boldsymbol{X}$ 的联合分布函数对一切 $(x_1,x_2,\cdots,x_p)\in\mathbb{R}^p$ 均可表示为

$$F(x_1,x_2,\cdots,x_p)=\int_{-\infty}^{x_1}\int_{-\infty}^{x_2}\cdots\int_{-\infty}^{x_p}f(t_1,t_2,\cdots,t_p)\mathrm{d}t_1\mathrm{d}t_2\cdots\mathrm{d}t_p \tag{1-3}$$

则称 $f(x_1,x_2,\cdots,x_p)$ 为**连续型随机向量 $\boldsymbol{X}$ 的联合概率密度函数**，简称为**多元密度函数或密度函数**。

多元密度函数 $f(x_1,x_2,\cdots,x_p)$ 满足以下两条性质：

(1) 对一切实数 $x_1,x_2,\cdots,x_p,f(x_1,x_2\cdots,x_p)\geqslant 0$；

(2) $\int_{-\infty}^{\infty}\int_{-\infty}^{\infty}\cdots\int_{-\infty}^{\infty}f(x_1,x_2,\cdots,x_p)\mathrm{d}x_1\mathrm{d}x_2\cdots\mathrm{d}x_p=1$。

2. 边缘分布

称随机向量 $\boldsymbol{X}$ 的部分分量 $(X_{i_1},\cdots,X_{i_m})(1\leqslant m<p)$ 的分布为**边缘分布**。

设 $\boldsymbol{X}^{(1)}=(X_{i_1},\cdots,X_{i_r})$ 为 r 维随机向量，$\boldsymbol{X}^{(2)}=(X_{i_{r+1}},\cdots,X_{i_p})$ 为 $p-r$ 维随机向量。若 $\boldsymbol{X}=(\boldsymbol{X}^{(1)},\boldsymbol{X}^{(2)})$，则 $\boldsymbol{X}^{(1)}$ 的边缘分布密度函数为

$$\begin{aligned}f_1(x^{(1)})&=f_1(x_{i_1},\cdots,x_{i_r})\\&=\int_{-\infty}^{\infty}\cdots\int_{-\infty}^{\infty}f(x_1,x_2,\cdots,x_p)\mathrm{d}x_{i_{r+1}}\cdots\mathrm{d}x_{i_p}\end{aligned} \tag{1-4}$$

$\boldsymbol{X}^{(2)}$ 的边缘分布密度函数为

$$\begin{aligned}f_2(x^{(2)})&=f_2(x_{i_{r+1}},\cdots,x_{i_p})\\&=\int_{-\infty}^{\infty}\cdots\int_{-\infty}^{\infty}f(x_1,x_2,\cdots,x_p)\mathrm{d}x_{i_1}\cdots\mathrm{d}x_{i_r}\end{aligned} \tag{1-5}$$

3. 条件分布

称给定 $\boldsymbol{X}^{(2)}$ 时 $\boldsymbol{X}^{(1)}$ 的分布为**条件分布**。当 $\boldsymbol{X}$ 的密度函数为 $f(x^{(1)},x^{(2)})$、$\boldsymbol{X}^{(2)}$ 的密度函数为 $f_2(x^{(2)})$ 时，则给定 $\boldsymbol{X}^{(2)}$ 时 $\boldsymbol{X}^{(1)}$ 的条件密度函数为

$$f_1(x^{(1)}\mid x^{(2)})=f(x^{(1)},x^{(2)})/f_2(x^{(2)}) \tag{1-6}$$

4. 独立性

设 $X_1,\cdots,X_p$ 是 p 个随机变量，X_i 的分布函数记为 $F_i(x_i)(i=1,\cdots,p)$，

$F(x_1,\cdots,x_p)$是$\boldsymbol{X}=(X_1,X_2,\cdots,X_p)$的联合分布函数。若对一切实数$x_1$，$x_2,\cdots,x_p$，

$$F(x_1,\cdots,x_p)=F_1(x_1)\cdots F_p(x_p) \tag{1-7}$$

均成立，则称$X_1,\cdots,X_p$**相互独立**。

在连续型随机变量的情况下，$X_1,\cdots,X_p$相互独立，当且仅当$\boldsymbol{X}=(X_1,X_2,\cdots,X_p)$的联合密度函数$f(x_1,x_2,\cdots,x_p)$满足：对一切实数$x_1,x_2,\cdots,x_p$，

$$f(x_1,x_2,\cdots,x_p)=f_1(x_1)f_2(x_2)\cdots f_p(x_p) \tag{1-8}$$

均成立，其中$f_i(x_i)$是$\boldsymbol{X}_i$的密度函数$(i=1,\cdots,p)$。

1.1.3 随机向量的数字特征

设$\boldsymbol{X}=(X_1,X_2,\cdots,X_p)$，$\boldsymbol{Y}=(Y_1,Y_2,\cdots,Y_q)$是两个随机向量。

1. 均值向量

若$E(X_i)=\mu_i$存在，则称$E(\boldsymbol{X})=(E(X_1),E(X_2),\cdots,E(X_p))=(\mu_1,\mu_2,\cdots,\mu_p)$为随机向量$\boldsymbol{X}$的**均值向量**。

2. 协方差阵

若X_i和Y_j的协方差$\text{cov}(X_i,Y_j)$存在$(i=1,2,\cdots,p;\ j=1,2,\cdots,q)$，则称

$$\begin{aligned}\text{cov}(\boldsymbol{X},\boldsymbol{Y})&=E[(\boldsymbol{X}-E\boldsymbol{X})(\boldsymbol{Y}-E\boldsymbol{Y})]\\&=\begin{bmatrix}\text{cov}(X_1,Y_1)&\text{cov}(X_1,Y_2)&\cdots&\text{cov}(X_1,Y_q)\\\text{cov}(X_2,Y_1)&\text{cov}(X_2,Y_2)&\cdots&\text{cov}(X_2,Y_q)\\\vdots&\vdots&&\vdots\\\text{cov}(X_p,Y_1)&\text{cov}(X_p,Y_2)&\cdots&\text{cov}(X_p,Y_q)\end{bmatrix}\end{aligned} \tag{1-9}$$

为随机向量$\boldsymbol{X}$和$\boldsymbol{Y}$的协方差阵。若$\text{cov}(\boldsymbol{X},\boldsymbol{Y})=\boldsymbol{O}$(其中$\boldsymbol{O}$表示零矩阵)，则称$\boldsymbol{X}$和$\boldsymbol{Y}$**不相关**。若$\boldsymbol{Y}=\boldsymbol{X}$，则$\text{cov}(\boldsymbol{X},\boldsymbol{X})=D(\boldsymbol{X})$为$\boldsymbol{X}$的(协)方差阵。

3. 相关阵

记$r_{ij}=\dfrac{\text{cov}(X_i,X_j)}{\sqrt{\text{var}(X_i)}\sqrt{\text{var}(X_j)}}=\dfrac{\sigma_{ij}}{\sqrt{\sigma_{ii}\sigma_{jj}}}\ (i,j=1,2,\cdots,p)$，称$\boldsymbol{R}=(r_{ij})_{p\times p}$为$\boldsymbol{X}$的**相关阵**，$r_{ij}$也称为分量$X_i$与$X_j$之间的(线性)相关系数。

1.2 多元正态分布

1.2.1 多元正态分布的定义和性质

1. 多元正态分布的定义

定义 1(密度定义) 若p元随机向量$\boldsymbol{X}=(X_1,X_2,\cdots,X_p)$的概率密度函数为

$$f(x_1,x_2,\cdots,x_p)=\frac{1}{(2\pi)^{p/2}|\Sigma|^{1/2}}\exp\left\{-\frac{1}{2}(\boldsymbol{X}-\mu)^{\mathrm{T}}\Sigma^{-1}(\boldsymbol{X}-\mu)\right\} \tag{1-10}$$

其中,μ为$p\times1$的常数向量,Σ为正定阵($\Sigma>O$),$|\Sigma|$为协差阵Σ的行列式,则称$\boldsymbol{X}$服从p元正态分布,也称$\boldsymbol{X}$为p元正态变量。记为$\boldsymbol{X}\sim N_p(\mu,\Sigma)$。

当$p=2$时,可以得到二元正态分布的密度公式。

2. 多元正态分布的性质

性质 1 若$\boldsymbol{X}\sim N_p(\mu,\Sigma)$,则$E(\boldsymbol{X})=\mu,D(\boldsymbol{X})=\Sigma$。

本性质将正态分布的参数μ和Σ赋予了明确的统计意义。

性质 2 设$Y_1,Y_2,\cdots,Y_k$相互独立,$Y_i\sim N_p(\mu_i,\Sigma_i)(\forall i)$,则

$$\sum_{i=1}^{k}Y_i\sim N_p\left(\sum_{i=1}^{k}\mu_i,\sum_{i=1}^{k}\Sigma_i\right) \tag{1-11}$$

性质 3 如果正态随机向量$\boldsymbol{X}=(X_1,X_2,\cdots,X_p)$的协方差阵$\Sigma$是对角阵,则$\boldsymbol{X}$的各分量是相互独立的随机变量。

性质 4 多元正态向量$\boldsymbol{X}=(X_1,X_2,\cdots,X_p)$的任意线性变换仍然服从多元正态分布。

1.2.2 多元正态分布均值向量和协方差阵的估计

1. 均值向量的估计

设样本$\boldsymbol{X}_{(1)},\boldsymbol{X}_{(2)},\cdots,\boldsymbol{X}_{(n)}$间相互独立,且服从于$p$元正态分布$N_p(\mu,\Sigma)$,$n>p,\Sigma>\boldsymbol{O}$,则总体参数均值$\mu$的估计量是

$$\hat{\mu} = \bar{\boldsymbol{X}} = \frac{1}{n}\sum_{i=1}^{n}\boldsymbol{X}_{(i)} = \frac{1}{n}\Big(\sum_{i=1}^{n}X_{i1}, \sum_{i=1}^{n}X_{i2}, \cdots, \sum_{i=1}^{n}X_{ip}\Big)\boldsymbol{X}$$
$$= (\bar{X}_1, \bar{X}_2, \cdots, \bar{X}_p) \tag{1-12}$$

均值向量 μ 的估计量就是样本均值向量,且 $\hat{\mu}$ 是 μ 的无偏估计。

2. 协方差阵的估计

总体参数协方差阵 Σ 的极大似然估计是

$$\hat{\Sigma}_p = \frac{1}{n}\boldsymbol{L} = \frac{1}{n}\sum_{i=1}^{n}(\boldsymbol{X}_{(i)} - \bar{\boldsymbol{X}})(\boldsymbol{X}_{(i)} - \bar{\boldsymbol{X}})^{\mathrm{T}}$$

$$= \frac{1}{n}\begin{bmatrix} \sum_{i=1}^{n}(X_{i1}-\bar{X}_1)^2 & \sum_{i=1}^{n}(X_{i1}-\bar{X}_1)(X_{i2}-\bar{X}_2) & \cdots & \sum_{i=1}^{n}(X_{i1}-\bar{X}_1)(X_{ip}-\bar{X}_p) \\ & \sum_{i=1}^{n}(X_{i2}-\bar{X}_2)^2 & \cdots & \sum_{i=1}^{n}(X_{i2}-\bar{X}_2)(X_{ip}-\bar{X}_p) \\ & & \ddots & \vdots \\ & & & \sum_{i=1}^{n}(X_{ip}-\bar{X}_p)^2 \end{bmatrix} \tag{1-13}$$

其中 $\boldsymbol{L}$ 是离差阵,它是每一个样本(向量)与样本均值(向量)的离差积形成的 n 个 p 阶对称阵的和。同一元相似,$\hat{\Sigma}_p$ 不是 Σ 的无偏估计,为了得到无偏估计我们常用样本协差阵 $\hat{\Sigma} = \frac{1}{n-1}\boldsymbol{L}$ 作为总体协差阵的估计。

1.3　多元正态分布均值向量和协方差阵的检验

1.3.1　单总体均值向量的检验

设总体 $\boldsymbol{X} \sim N_p(\mu, \Sigma)$,随机样本 $\boldsymbol{X}_{(\alpha)}(\alpha=1,\cdots,n)$。检验

$$H_0: \mu = \mu_0(\mu_0\text{为已知向量}), \quad H_1: \mu \neq \mu_0$$

1. 当 $\Sigma = \Sigma_0$ 已知时均值向量的检验

取检验统计量为

$$T_0^2 = n(\bar{\boldsymbol{X}} - \mu_0)^{\mathrm{T}}\Sigma_0^{-1}(\bar{\boldsymbol{X}} - \mu_0) \overset{H_0}{\sim} \chi^2(p) \tag{1-14}$$

按传统的检验方法，对给定的显著性水平 α，查 χ^2 分布临界值表得 λ_α，使 $P\{T_0^2>\lambda_\alpha\}=\alpha$，则否定域为 $\{T_0^2>\lambda_\alpha\}$。

由样本值 $x_{(\alpha)}(\alpha=1,\cdots,n)$，计算 $\bar{\boldsymbol{X}}$ 及 T_0^2 值，若 $T_0^2>\lambda_\alpha$，则否定 H_0，否则 H_0 相容。

利用统计软件还可以通过计算显著性概率值（p 值）给出检验结果，且由此得出的结果更丰富。

假设在 H_0 成立情况下，随机变量 $T_0^2\sim\chi^2(p)$，由样本值计算得到 T_0^2 的值为 d，同时可以计算以下概率值

$$p=P\{T_0^2\geqslant d\} \tag{1-15}$$

常称此概率值为**显著性概率值**，或简称为 p 值。

对给定的显著性水平 α，当 $p<\alpha$ 时，则在显著性水平 α 下否定假设 H_0。在这种情况下，可能犯“以真当假”的第一类错误，且 α 就是犯第一类错误的概率。

当 $p\geqslant\alpha$ 时，在显著性水平 α 下 H_0 相容。在这种情况下，可能犯“以假当真”的第二类错误，且犯下第二类错误的概率 β 为

$$\beta=P\{T_0^2\leqslant\lambda_\alpha \mid \mu=\mu_1\neq\mu_0\} \tag{1-16}$$

其中检验统计量 $T_0^2\sim\chi^2(p,\delta)$，非中心参数

$$\delta=n(\mu_1-\mu_0)^{\mathrm{T}}\Sigma_0^{-1}(\mu_1-\mu_0) \tag{1-17}$$

p 值的直观含义可以这样看，检验统计量 T_0^2 的大小反映 $\bar{\boldsymbol{X}}$ 与 μ_0 的偏差大小，当 H_0 成立时 T_0^2 的值应该较小。现由观测数据计算 T_0^2 值为 d；当 H_0 成立时统计量 $T_0^2\sim\chi^2(p)$，由 χ^2 分布可以计算该统计量 $\geqslant d$ 的概率值（即 p 值）。比如 $p=0.02<\alpha=0.05$，这时出现一个比较小的概率标准（$\alpha=0.05$）还要小的事件 $\{T_0^2\geqslant d\}$。也就是说，在 $\mu=\mu_0$ 假设下，观测数据中极少情况会出现 T_0^2 的值大于等于 d 值，故在 0.05 显著性水平下有足够的证据否定原假设，即认为 μ 与 μ_0 有显著的差异。

又比如当 $p=0.22\geqslant\alpha=0.05$ 时，表示在 $\mu=\mu_0$ 假设下，观测数据中经常会出现 T_0^2 的值大于等于 d 值的情况，故在 0.05 显著性水平下没有足够的证据否定原假设，即认为 μ 与 μ_0 没有显著的差异。

2. 当 Σ 未知时均值向量的检验

考虑统计量

$$\begin{aligned}T^2&=(n-1)[\sqrt{n}(\bar{\boldsymbol{X}}-\mu_0)]^{\mathrm{T}}\boldsymbol{A}^{-1}[\sqrt{n}(\bar{\boldsymbol{X}}-\mu_0)]\\&=(n-1)n(\bar{\boldsymbol{X}}-\mu_0)^{\mathrm{T}}\boldsymbol{A}^{-1}(\bar{\boldsymbol{X}}-\mu_0)\sim T^2(p,n-1)\end{aligned} \tag{1-18}$$

再利用 T^2 与 F 分布的关系，统计量取为

$$F=\frac{(n-1)-p+1}{(n-1)p}T^2\sim F(p,(n-1)-p+1)$$
$$=F(p,n-p) \tag{1-19}$$

进行检验。

3. 似然比统计量

在数理统计中关于总体参数的假设检验，通常是利用最大似然原理导出似然比统计量来进行检验。在多元统计分析中几乎所有重要的检验都是利用最大似然比原理给出的。下面我们回顾一下最大似然比原理。

设 p 元总体的密度函数为 $f(x,\theta)$，其中 θ 是未知参数，且 $\theta\in\Theta$（参数空间），又设 Θ_0 是 Θ 的子集，我们希望对下列假设：

$$H_0:\theta\in\Theta_0,\quad H_1:\theta\overline{\in}\Theta_0$$

作出判断，这就是假设检验问题。称 H_0 为**原假设**（**或零假设**），H_1 为**对立假设**（**或备择假设**）。

从总体 $\boldsymbol{X}$ 抽取容量为 n 的样本 $\boldsymbol{X}_{(t)}(t=1,\cdots,n)$。把样本的联合密度函数

$$L(x_{(1)},\cdots,x_{(n)};\theta)=\prod_{t=1}^{n}f(x_{(t)};\theta) \tag{1-20}$$

记为 $L(\boldsymbol{X};\theta)$，并称它为**样本的似然函数**。

引入统计量

$$\lambda=\max_{\theta\in\Theta_0}L(\boldsymbol{X};\theta)\mid\max_{\theta\in\Theta}L(\boldsymbol{X};\theta) \tag{1-21}$$

它是样本 $\boldsymbol{X}_{(t)}(t=1,\cdots,n)$ 的函数，常称 λ 为**似然比统计量**。由于 $\Theta_0\subset\Theta$，从而 $0\leqslant\lambda\leqslant1$。

由最大似然比原理知，如果 λ 取值太小，说明 H_0 为真时观测到此样本 $\boldsymbol{X}_{(t)}(t=1,\cdots,n)$ 的概率比 H_0 为不真时观测到此样本 $\boldsymbol{X}_{(t)}(t=1,\cdots,n)$ 的概率要小得多，故有理由认为假设 H_0 不成立，所以从似然比出发，以上检验问题的否定域为

$$\{\lambda(\boldsymbol{X}_{(1)},\cdots,\boldsymbol{X}_{(n)})<\lambda_\alpha\} \tag{1-22}$$

按传统的检验方法，λ_α 是由显著性水平 α 确定的临界值，它满足当 H_0 成立时使得

$$P\{\lambda(\boldsymbol{X}_{(1)},\cdots,\boldsymbol{X}_{(n)})<\lambda_\alpha\}=\alpha \tag{1-23}$$

为了得到 λ_α，必须研究似然比统计量 λ 的抽样分布。在一些特殊的情况下，可以得到 λ 的精确分布；但在很多情况下是得不到 λ 的精确分布的。当样本量很大且满足一定正则条件时，$-2\ln\lambda$ 的抽样分布与 χ^2 分布十分接近。下面不加证明地给出一条很有用的结论。

定理 1 当样本容量 n 很大时，

$$-2\ln\lambda=-2\ln\left[\max_{\theta\in\Theta_0}L(\boldsymbol{X};\theta)\Big/\max_{\theta\in\Theta}L(\boldsymbol{X};\theta)\right] \tag{1-24}$$

近似服从自由度为 f 的 χ^2 分布，其中 $f=\Theta$ 的维数 $-\Theta_0$ 的维数。

本章将讨论的一些检验问题，就是利用似然比统计量的近似分布进行检验的方法。

当 Σ 未知时检验均值向量 $\mu=\mu_0$ 的似然比统计量及其分布。

设样本的似然函数为 $L(\mu,\Sigma)$。检验均值向量 $\mu=\mu_0$ 的似然比统计量为

$$\lambda=\max_{\mu=\mu_0,\Sigma>\boldsymbol{O}}L(\mu_0,\Sigma)\Big/\max_{\mu,\Sigma>\boldsymbol{O}}L(\mu,\Sigma) \tag{1-25}$$

否定域为

$$\{\lambda<\lambda_\alpha\}\Leftrightarrow\{T^2>T_\alpha^2\}\Leftrightarrow\{F>F_\alpha\}$$

其中

$$F=\frac{n-p}{p}\frac{T^2}{n-1}\sim F(p,n-p) \tag{1-26}$$

1.3.2 多总体均值向量的检验

1. 两正态总体均值向量的检验

1）两总体协方差阵相等（但未知）时均值向量的检验

设 $\boldsymbol{X}_{(\alpha)}(\alpha=1,\cdots,n)$ 为来自总体 $\boldsymbol{X}\sim N_{(p)}(\mu^{(1)},\Sigma)$ 的随机样本；$\boldsymbol{Y}_{(\alpha)}(\alpha=1,\cdots,m)$ 为来自样本总体 $\boldsymbol{Y}\sim N_{(p)}(\mu^{(2)},\Sigma)$ 的随机样本，且相互独立，Σ 未知。检验

$$H_0:\mu^{(1)}=\mu^{(2)},\quad H_1:\mu^{(1)}\neq\mu^{(2)}$$

当 $p=1$ 时，取检验统计量为

$$t=\frac{(\bar{\boldsymbol{X}}-\bar{\boldsymbol{Y}})\Big/\sqrt{\dfrac{1}{n}+\dfrac{1}{m}}}{\sqrt{\left[\sum_{i=1}^{n}(\boldsymbol{X}_{(i)}-\bar{\boldsymbol{X}})^2+\sum_{j=1}^{m}(\boldsymbol{Y}_{(j)}-\bar{\boldsymbol{Y}})^2\right]\Big/n+m-2}}\sim t(n+m-2) \tag{1-27}$$

即

$$t^2=\frac{nm}{m+n}(\bar{\boldsymbol{X}}-\bar{\boldsymbol{Y}})^{\mathrm{T}}\left[\frac{\sum_{i=1}^{n}(\boldsymbol{X}_{(i)}-\bar{\boldsymbol{X}})^2+\sum_{j=1}^{m}(\boldsymbol{Y}_{(j)}-\bar{\boldsymbol{Y}})^2}{n+m-2}\right]^{-1}(\bar{\boldsymbol{X}}-\bar{\boldsymbol{Y}})$$

$$\sim F(1,n+m-2) \tag{1-28}$$

推广到 p 元总体，检验统计量的形式类似，可考虑检验统计量 T^2。

$$T^2=\frac{nm}{m+n}(\bar{\boldsymbol{X}}-\bar{\boldsymbol{Y}})^{\mathrm{T}}\left(\frac{\boldsymbol{A}_1+\boldsymbol{A}_2}{n+m-2}\right)^{-1}(\bar{\boldsymbol{X}}-\bar{\boldsymbol{Y}}) \tag{1-29}$$

其中 $\boldsymbol{A}_1$ 和 $\boldsymbol{A}_2$ 是两总体的样本离差阵。$\boldsymbol{A}_1$ 是一元统计中的偏差平方和 $\sum(\boldsymbol{X}_{(i)}-\bar{\boldsymbol{X}})^2$ 在 p 元情况下的推广。

2）两总体协方差阵不等时均值向量的检验

在一元统计中（$p=1$ 时），当 $\sigma_1^2\neq\sigma_2^2$ 时，检验 $H_0:\mu^{(1)}=\mu^{(2)}$ 也没有很好的方法，以下介绍几种实用的方法。

（1）当 $n=m$ 时，作为成对数据进行处理。令

$$\boldsymbol{Z}_{(i)}=\boldsymbol{X}_{(i)}-\boldsymbol{Y}_{(i)}\quad(i=1,2,\cdots,n) \tag{1-30}$$

将两个总体化为单个 p 元总体 $\boldsymbol{Z}$ 的均值检验问题。

$$H_0:\mu^{(1)}=\mu^{(2)}\Leftrightarrow H_0:\mu_z=\boldsymbol{O}_p$$

（2）当 $n\neq m$ 时（不妨设 $n<m$），想法也是将其化为单个 p 元新总体的均值检验问题。若只取 n 对数据，按(1)的方法处理又将损失一些信息。改进的办法是利用 $\boldsymbol{X}_{(i)}(i=1,2,\cdots,n)$ 和 $\boldsymbol{Y}_{(j)}(j=1,2,\cdots,m)$ 构造新总体 $\boldsymbol{Z}$ 的样本 $\boldsymbol{Z}_{(i)}$，令

$$\boldsymbol{Z}_{(i)}=\boldsymbol{X}_{(i)}-\sqrt{\frac{n}{m}}\boldsymbol{Y}_{(i)}+\frac{1}{\sqrt{nm}}\sum_{j=1}^{n}\boldsymbol{Y}_{(j)}-\frac{1}{m}\sum_{j=1}^{m}\boldsymbol{Y}_{(j)} \tag{1-31}$$

$$(i=1,2,\cdots,n)$$

则

$$E(\boldsymbol{Z}_{(i)})=\mu^{(1)}-\mu^{(2)} \tag{1-32}$$

$$\operatorname{cov}(\boldsymbol{Z}_{(i)},\boldsymbol{Z}_{(j)})=\begin{cases}\Sigma_1+\dfrac{n}{m}\Sigma_2, & i=j\\ \boldsymbol{O}, & i\neq j\end{cases} \tag{1-33}$$

即

$$\operatorname{cov}(\boldsymbol{Z}_{(i)},\boldsymbol{Z}_{(j)})=\delta_{ij}\Sigma_2=\delta_{ij}\left(\Sigma_1+\frac{n}{m}\Sigma_2\right)$$

所以 $\boldsymbol{Z}_{(i)}\sim N_p(\mu^{(1)}-\mu^{(2)},\Sigma_Z)(i=1,2,\cdots,n)$，且相互独立。利用前面介绍的单个正态总体均值向量的检验方法进行检验。

（3）当 Σ_1、Σ_2 相差甚大时，可以构造近似检验统计量进行检验。

2. 多个正态总体均值向量的检验——多元方差分析

设有 k 个 p 元正态总体 $N_p(\mu^{(t)},\Sigma)(t=1,2,\cdots,k)$，$X_{(\alpha)}^{(t)}(t=1,\cdots,k;\alpha=1,\cdots,n_t)$ 是来自 $N_p(\mu^{(t)},\Sigma)$ 的随机样本，检验 $H_0:\mu^{(1)}=\cdots=\mu^{(k)}$，$H_1$：至少存在 $i\neq j$ 使得 $\mu^{(i)}\neq\mu^{(j)}$（即 $\mu^{(1)},\cdots,\mu^{(k)}$ 中至少有一对不等）。

当 $p=1$ 时，此检验问题就是一元方差分析问题，比如比较 k 个不同品牌的同类产品中某一个质量指标 X（如耐磨度）有无显著差异的问题。我们把不同品牌对应不同总体（假定为正态总体），这种多组比较问题就是检验 $H_0: \mu^{(1)}=\cdots=\mu^{(k)}$；$H_1$：至少存在 $i\neq j$ 使得 $\mu^{(i)}\neq\mu^{(j)}$。从第 i 个总体抽取容量为 $n_i(i=1,\cdots,k;n=n_1+n_2+\cdots+n_k)$ 的随机样本如下：

$$\begin{matrix} \boldsymbol{X}_{(1)}^{(1)} & \boldsymbol{X}_{(2)}^{(1)} & \cdots & \boldsymbol{X}_{(n_1)}^{(1)} \\ \vdots & \vdots & \ddots & \vdots \\ \boldsymbol{X}_{1}^{(k)} & \boldsymbol{X}_{(2)}^{(k)} & \cdots & \boldsymbol{X}_{(n_k)}^{(k)} \end{matrix}$$

记

$$\bar{\boldsymbol{X}}=\frac{1}{n}\sum_{t=1}^{k}\sum_{j=1}^{n_t}\boldsymbol{X}_{(j)}^{(t)} \tag{1-34}$$

$$\bar{\boldsymbol{X}}^{(t)}=\frac{1}{n_t}\sum_{j=1}^{n_t}\boldsymbol{X}_{(j)}^{(t)} \quad (t=1,\cdots,k) \tag{1-35}$$

当 $p=1$ 时，利用一元方差分析的思想来构造检验统计量。

记

$$\text{总偏差平方和 SST}=\sum_{i=1}^{k}\sum_{j=1}^{n_i}(\boldsymbol{X}_{(j)}^{(i)}-\bar{\boldsymbol{X}})^2 \tag{1-36}$$

$$\text{组内偏差平方和 SSE}=\sum_{i=1}^{k}\sum_{j=1}^{n_i}(\boldsymbol{X}_{(j)}^{(i)}-\bar{\boldsymbol{X}}^{(i)})^2 \tag{1-37}$$

$$\text{组间偏差平方和 SSA}=\sum_{i=1}^{k}n_i(\bar{\boldsymbol{X}}^{(i)}-\bar{\boldsymbol{X}})^2 \tag{1-38}$$

则有平方和分解公式：

$$\text{SST}=\text{SSA}+\text{SSE} \tag{1-39}$$

直观考察，若 H_0 成立，当总偏差平方和 SST 固定不变时，应有 SSA 小而 SSE 大，因而比值 SSA/SSE 应很小。检验统计量取为

$$F=\frac{\text{SSA}/(k-1)}{\text{SSE}/(n-k)}\sim F(k-1,n-k) \tag{1-40}$$

给定显著性水平 α，按传统检验方法，查 F 分布临界值表得 F_α 满足：$P\{F>F_\alpha\}=\alpha$，否定域 $W=\{F>F_\alpha\}$。

推广到 k 个 p 元正态总体 $N_p(\mu^{(i)},\Sigma)$（假定 k 个总体的协方差阵相等，且记为Σ），记第 i 个 p 元总体的数据阵为

$$\boldsymbol{X}^{(i)}=\begin{bmatrix} X_{11}^{(i)} & \cdots & X_{1p}^{(i)} \\ \vdots & \ddots & \vdots \\ X_{n_i1}^{(i)} & \cdots & X_{n_ip}^{(i)} \end{bmatrix}=\begin{bmatrix} \boldsymbol{X}_{(1)}^{(i)\mathrm{T}} \\ \vdots \\ \boldsymbol{X}_{(n_i)}^{(i)\mathrm{T}} \end{bmatrix} \quad (i=1,\cdots,k) \tag{1-41}$$

对总离差阵 $\boldsymbol{T}$ 进行分解：

$$\begin{aligned}
\boldsymbol{T} &= \sum_{i=1}^{k}\sum_{j=1}^{n_i}(\boldsymbol{X}_{(j)}^{(i)}-\bar{\boldsymbol{X}})(\boldsymbol{X}_{(j)}^{(i)}-\bar{\boldsymbol{X}})^{\mathrm{T}} \\
&= \sum_{i=1}^{k}\sum_{j=1}^{n_i}(\boldsymbol{X}_{(j)}^{(i)}-\bar{\boldsymbol{X}}^{(i)}+\bar{\boldsymbol{X}}^{(i)}-\bar{\boldsymbol{X}})(\boldsymbol{X}_{(j)}^{(i)}-\bar{\boldsymbol{X}}^{(i)}+\bar{\boldsymbol{X}}^{(i)}-\bar{\boldsymbol{X}})^{\mathrm{T}} \\
&= \sum_{i=1}^{k}\sum_{j=1}^{n_i}(\boldsymbol{X}_{(j)}^{(i)}-\bar{\boldsymbol{X}}^{(i)})(\boldsymbol{X}_{(j)}^{(i)}-\bar{\boldsymbol{X}}^{(i)})^{\mathrm{T}}+\sum_{i=1}^{k}\sum_{j=1}^{n_i}(\bar{\boldsymbol{X}}^{(i)}-\bar{\boldsymbol{X}})(\bar{\boldsymbol{X}}^{(i)}-\bar{\boldsymbol{X}})^{\mathrm{T}} \\
&= \sum_{i=1}^{k}\boldsymbol{A}_i+\sum_{i=1}^{k}n_i(\bar{\boldsymbol{X}}^{(i)}-\bar{\boldsymbol{X}})(\bar{\boldsymbol{X}}^{(i)}-\bar{\boldsymbol{X}})^{\mathrm{T}} \\
&= \boldsymbol{A}+\boldsymbol{B}
\end{aligned} \tag{1-42}$$

其中，$\boldsymbol{A}=\sum_{i=1}^{k}\boldsymbol{A}_i$ 称为**组内离差阵**，$\boldsymbol{B}=\sum_{i=1}^{k}n_i(\bar{\boldsymbol{X}}^{(i)}-\bar{\boldsymbol{X}})(\bar{\boldsymbol{X}}^{(i)}-\bar{\boldsymbol{X}})^{\mathrm{T}}$ 称为**组间离差阵**。

根据直观想法及用似然比原理得到检验 H_0 的统计量为

$$\Lambda=\frac{|\boldsymbol{A}|}{|\boldsymbol{A}+\boldsymbol{B}|}=\frac{|\boldsymbol{A}|}{|\boldsymbol{T}|} \tag{1-43}$$

易见：

(1) 因 $\boldsymbol{A}_i \sim W_p(n_i-1,\Sigma)$ 且相互独立($i=1,2,\cdots,k$)，由可加性可得

$$\boldsymbol{A}=\sum_{i=1}^{k}\boldsymbol{A}_i \sim W_p(n-k,\Sigma)\quad (n=n_1+\cdots+n_k)$$

(2) 在 H_0 下，$\boldsymbol{T}\sim W_p(n-1,\Sigma)$；

(3) 还可以证明在 H_0 下，$\boldsymbol{B}\sim W_p(k-1,\Sigma)$，且 $\boldsymbol{B}$ 与 $\boldsymbol{A}$ 相互独立。

根据 Λ 分布的定义，可知

$$\Lambda=\frac{|\boldsymbol{A}|}{|\boldsymbol{A}+\boldsymbol{B}|}\sim\Lambda(p,n-k,k-1) \tag{1-44}$$

给定显著性水平 α，查威尔克斯分布临界值表，可得 λ_α，使

$$P\{\Lambda<\lambda_\alpha\}=\alpha \tag{1-45}$$

故否定域 $W=\{\Lambda<\lambda_\alpha\}$。当手头没有威尔克斯临界表时，可用 χ^2 分布或 F 分布来近似，即由 Λ 的函数的近似分布进行检验。

1.3.3 协方差阵的检验

1. 单个 p 元正态总体协方差阵的检验

设 $\boldsymbol{X}_{(\alpha)}$($\alpha=1,\cdots,n$)为来自 p 元正态总体 $N_p(\mu,\Sigma)$($\Sigma>\boldsymbol{O}$ 未知)的随机样

本,检验

$$H_0: \Sigma = \Sigma_0 (\Sigma_0 > \boldsymbol{O} \text{为已知矩阵}), \quad H_1: \Sigma \neq \Sigma_0$$

1) 当$\Sigma_0 = \boldsymbol{I}_p$ 时检验 $H_0: \Sigma = \boldsymbol{I}_p, H_1: \Sigma \neq \boldsymbol{I}_p$

利用似然比原理来导出似然比统计量 λ_1

$$\lambda_1 = \max_{\mu} L(\mu, \boldsymbol{I}_p) \Big/ \max_{\mu, \Sigma > \boldsymbol{O}} L(\mu, \Sigma) \tag{1-46}$$

当$\Sigma = \boldsymbol{I}_p$ 成立时,似然函数 $L(\mu, \boldsymbol{I}_p)$在$\mu = \bar{\boldsymbol{X}}$ 时达最大值,因此

$$\begin{aligned} \lambda_1 \text{ 表示式的分子} &= L(\bar{\boldsymbol{X}}, \boldsymbol{I}_p) \\ &= (2\pi)^{-np/2} \mid \boldsymbol{I}_p \mid^{-n/2} \exp\left[-\frac{1}{2}\mathrm{tr}(\boldsymbol{I}_p^{-1}\boldsymbol{A})\right] \end{aligned} \tag{1-47}$$

$$\begin{aligned} \lambda_1 \text{ 表示式的分母} &= L\left(\bar{\boldsymbol{X}}, \frac{1}{n}\boldsymbol{A}\right) = (2\pi)^{-np/2} \left|\frac{1}{n}\boldsymbol{A}\right|^{-n/2} \mathrm{e}^{-np/2} \\ &= (2\pi)^{-np/2} \left(\frac{\mathrm{e}}{n}\right)^{-np/2} \mid \boldsymbol{A} \mid^{-n/2} \end{aligned} \tag{1-48}$$

所以似然比统计量

$$\lambda_1 = \exp\left\{-\frac{1}{2}\mathrm{tr}(\boldsymbol{A})\right\} \mid \boldsymbol{A} \mid^{n/2} \left(\frac{\mathrm{e}}{n}\right)^{np/2} \tag{1-49}$$

其中,

$$\boldsymbol{A} = \sum_{\alpha=1}^{n} (\boldsymbol{X}_{(\alpha)} - \bar{\boldsymbol{X}})(\boldsymbol{X}_{(\alpha)} - \bar{\boldsymbol{X}})^{\mathrm{T}} \tag{1-50}$$

利用定理 1.3.1 可知,当 n 很大且 H_0 成立时,$\xi = -2\ln\lambda_1$ 的近似分布为 $\chi^2\left(\frac{p(p+1)}{2}\right)$,利用检验统计量 ξ 来构造检验方法。

2) 当$\Sigma_0 \neq \boldsymbol{I}_p$ 时检验 $H_0: \Sigma = \Sigma_0, H_1: \Sigma \neq \Sigma_0$

因$\Sigma_0 > \boldsymbol{O}$,存在非退化矩阵 $\boldsymbol{D}_{p\times p}$,使 $\boldsymbol{D}\Sigma_0\boldsymbol{D}^{\mathrm{T}} = \boldsymbol{I}_p$。令

$$\boldsymbol{Y}_{(\alpha)} = \boldsymbol{D}\boldsymbol{X}_{(\alpha)}, \quad \alpha = 1, \cdots, n \tag{1-51}$$

则

$$\boldsymbol{Y}_{(\alpha)} \sim N_p(\boldsymbol{D}\mu, \boldsymbol{D}\Sigma\boldsymbol{D}^{\mathrm{T}}) \stackrel{\mathrm{def}}{=\!=} N_p(\mu^*, \Sigma^*) \tag{1-52}$$

检验

$$H_0: \Sigma = \Sigma_0 \Leftrightarrow H_0: \Sigma^* = \boldsymbol{I}_p$$

从新样本 $\boldsymbol{Y}_{(\alpha)}(\alpha = 1, \cdots, n)$出发,检验 $H_0: \Sigma^* = \boldsymbol{I}_p$ 的似然比统计量取为(以下记 $\exp(\mathrm{tr}\boldsymbol{A}) \stackrel{\mathrm{def}}{=\!=} \mathrm{etr}(\boldsymbol{A})$):

$$\lambda_2 = \exp\left\{-\frac{1}{2}\mathrm{tr}(\boldsymbol{A}^*)\right\} \mid \boldsymbol{A}^* \mid^{n/2} \left(\frac{\mathrm{e}}{n}\right)^{np/2}$$

$$= \operatorname{etr}\left(-\frac{1}{2}\boldsymbol{A}^*\right)|\boldsymbol{A}^*|^{n/2}\left(\frac{\mathrm{e}}{n}\right)^{np/2} \tag{1-53}$$

其中，$\boldsymbol{A}^* = \sum_{\alpha=1}^{n}(\boldsymbol{Y}_{(\alpha)}-\bar{\boldsymbol{Y}})(\boldsymbol{Y}_{(\alpha)}-\bar{\boldsymbol{Y}})^{\mathrm{T}} = \boldsymbol{DAD}^{\mathrm{T}}$。若注意到 $\boldsymbol{D}\Sigma_0\boldsymbol{D}^{\mathrm{T}}=\boldsymbol{I}_p$，则似然比统计量 λ_2 还可以表示为

$$\lambda_2 = \exp\left(-\frac{1}{2}\boldsymbol{A}\Sigma_0^{-1}\right\}|\boldsymbol{A}\Sigma_0^{-1}|^{n/2}\left(\frac{\mathrm{e}}{n}\right)^{np/2} \tag{1-54}$$

研究似然比统计量 λ_2 的抽样分布是很困难的，通常根据定理 1.3.1 由 λ_2 的近似分布来构造检验法。

样本容量 n 很大，在 H_0 成立时，$-2\ln\lambda_2$ 的极限分布为 $\chi^2\left(\frac{p(p+1)}{2}\right)$。除此之外，在不同试用范围下还有其他近似分布可用来构造检验法。

3）检验 H_0：$\Sigma=\sigma^2\Sigma_0$（σ^2 未知）

当 $\Sigma_0=\boldsymbol{I}_p$ 时此检验常称为**球性检验**。以下利用似然比原理来导出似然比统计量 λ_3。

$$\lambda_3 = \max_{\mu,\sigma^2>0} L(\mu,\sigma^2\Sigma_0)\Big/\max_{\mu,\Sigma>\boldsymbol{O}} L(\mu,\Sigma) \tag{1-55}$$

当 σ^2 给定时，似然函数 $L(\mu,\sigma^2\Sigma_0)$ 在 $\mu=\bar{\boldsymbol{X}}$ 时达最大值，且

$$L(\bar{\boldsymbol{X}},\sigma^2\Sigma_0) = (2\pi)^{-np/2}(\sigma^2)^{-np/2}|\Sigma_0|^{-n/2}\operatorname{etr}\left(-\frac{1}{2\sigma^2}(\Sigma_0^{-1}\boldsymbol{A})\right) \tag{1-56}$$

令

$$\begin{aligned}
&\frac{\partial L(\bar{\boldsymbol{X}},\sigma^2\Sigma_0)}{\partial\sigma^2}\\
&=(2\pi)^{-np/2}(\sigma^2)^{-np/2-2}|\Sigma_0|^{-n/2}\operatorname{etr}\left(-\frac{1}{2\sigma^2}(\Sigma_0^{-1}\boldsymbol{A})\right)\left[-\frac{np}{2}\sigma^2+\frac{1}{2}\operatorname{tr}(\Sigma_0^{-1}\boldsymbol{A})\right]\\
&=0
\end{aligned} \tag{1-57}$$

可得出 $\sigma^2=\frac{1}{np}\operatorname{tr}(\Sigma_0^{-1}\boldsymbol{A})$。从而有

$$\lambda_3\text{ 表示式的分子} = (2\pi)^{-np/2}\left(\frac{1}{np}\operatorname{tr}(\Sigma_0^{-1}\boldsymbol{A})\right)^{-np/2}|\Sigma_0|^{-n/2}\mathrm{e}^{-np/2} \tag{1-58}$$

$$\lambda_3\text{ 表示式的分母} = L\left(\bar{\boldsymbol{X}},\frac{1}{n}\boldsymbol{A}\right) = (2\pi)^{-np/2}\left(\frac{\mathrm{e}}{n}\right)^{-np/2}|\boldsymbol{A}|^{-n/2} \tag{1-59}$$

所以似然比统计量

$$\lambda_3 = \frac{|\Sigma_0^{-1}\boldsymbol{A}|^{n/2}}{[\operatorname{tr}(\Sigma_0^{-1}\boldsymbol{A})/p]^{np/2}} \tag{1-60}$$

或等价于

$$W=(\lambda_3)^{2/n}=\frac{|\Sigma_0^{-1}\boldsymbol{A}|\,P^p}{[\mathrm{tr}(\Sigma_0^{-1}\boldsymbol{A})]^p} \tag{1-61}$$

当样本容量 n 很大，在 H_0 为真时有以下近似分布：

$$-\left((n-1)-\frac{2p^2+p+2}{6p}\right)\ln W \text{ 近似为 } \chi^2\left(\frac{p(p+1)}{2}-1\right)$$

2. 多总体协方差阵的检验

设有 k 个总体 $N_p(\mu^t,\Sigma_t)(t=1,\cdots,k)$，$\boldsymbol{X}_{(\alpha)}^{(t)}(t=1,\cdots,k;\alpha=1,\cdots,n)$为来自第 t 个总体 $N_p(\mu^t,\Sigma_t)$的随机样本，记 $n=\sum_{i=1}^{k}n_i$。检验 H_0：$\Sigma_1=\Sigma_2=\cdots=\Sigma_k\stackrel{\text{def}}{=}\Sigma$，$H_1$：$\Sigma_1,\Sigma_2,\cdots,\Sigma_k$不全相等。

样本 $\boldsymbol{X}_{(\alpha)}^{(t)}$ 的似然函数为

$$L(\mu^{(1)},\Sigma_1,\cdots,\mu^{(k)},\Sigma_k)=\prod_{t=1}^{k}L_t(\mu^{(t)},\Sigma_k) \tag{1-62}$$

似然比统计量 λ_4 为

$$\lambda_4=\max_{\mu^{(i)},\Sigma>\boldsymbol{O}}L(\mu^{(1)},\cdots,\mu^{(k)},\Sigma)\Big/\max_{\mu^{(i)},\Sigma_i>\boldsymbol{O}}L(\mu^{(1)},\Sigma_1,\cdots,\mu^{(k)},\Sigma_k) \tag{1-63}$$

从而有

$$\lambda_4 \text{ 表示式的分母}=(2\pi)^{-np/2}\mathrm{e}^{-np/2}\prod_{t=1}^{k}\left|\frac{\boldsymbol{A}_t}{n_t}\right|^{-n_t/2} \tag{1-64}$$

$$\lambda_4 \text{ 表示式的分子}=(2\pi)^{-np/2}\mathrm{e}^{-np/2}\left|\frac{\boldsymbol{A}}{n}\right|^{-n/2} \tag{1-65}$$

（其中 $\boldsymbol{A}=\boldsymbol{A}_1+\cdots+\boldsymbol{A}_t$）

则似然比统计量 λ_4 为

$$\lambda_4=\left|\frac{\boldsymbol{A}}{n}\right|^{-n/2}\Big/\prod_{t=1}^{k}\left|\frac{\boldsymbol{A}_t}{n_t}\right|^{-n_t/2} \tag{1-66}$$

根据无偏性的要求进行修正，将 λ_4 中的 n_i 用 n_i-1 替代，n 用 $n-k$ 替代。然后对 λ_4 取对数，可得到统计量

$$M=-2\ln\lambda_4^*=(n-k)\ln\left|\frac{\boldsymbol{A}}{n-k}\right|-\sum_{t=1}^{k}(n_t-1)\ln\left|\frac{\boldsymbol{A}_t}{n_t-1}\right| \tag{1-67}$$

当样本容量 n 很大时，在 H_0 为真时 M 有以下近似分布：

$$(1-d)M=-2(1-d)\ln\lambda_4^*\sim\chi^2(f) \tag{1-68}$$

其中

$$f=\frac{1}{2}p(p+1)(k-1) \tag{1-69}$$

$$d=\begin{cases}\dfrac{2p^2+3p-1}{6(p+1)(k-1)}\left[\prod_{i=1}^{k}\dfrac{1}{n_i-1}-\dfrac{1}{n-k}\right], & \text{当 } n_i \text{ 不全相等}\\ \dfrac{(2p^2+3p-1)(k+1)}{6(p+1)(n-k)}, & \text{当 } n_i \text{ 全相等}\end{cases} \tag{1-70}$$

3. 多个正态总体的均值向量和协方差阵同时检验

设有 k 个总体 $n=\sum_{t=1}^{k}n_t\ (t=1,\cdots,k)$，$\boldsymbol{X}_{(\alpha)}^{(t)}(t=1,\cdots,k;\alpha=1,\cdots,n_t)$ 为来自第 t 个总体 $N_p(\mu^{(t)},\Sigma_t)$ 的随机样本。检验

$H_0: \mu^{(1)}=\mu^{(2)}=\cdots=\mu^{(k)}$ 且 $\Sigma_1=\Sigma_2=\cdots=\Sigma_k$，

$H_1: \mu^{(i)}(i=1,\cdots,k)$ 或 $\Sigma_i(i=1,\cdots,k)$ 至少有一对不相等。

记

$$\bar{\boldsymbol{X}}^{(t)}=\frac{1}{n_t}\sum_{j=1}^{n_t}\boldsymbol{X}_{(j)}^{(t)},\quad \bar{\boldsymbol{X}}=\frac{1}{n}\sum_{t=1}^{k}\sum_{j=1}^{n_t}\boldsymbol{X}_{(j)}^{(t)},\quad n=\sum_{t=1}^{k}n_t$$

$$\boldsymbol{A}_t=\sum_{j=1}^{n_t}(\boldsymbol{X}_{(j)}^{(t)}-\bar{\boldsymbol{X}}^{(t)})(\boldsymbol{X}_{(j)}^{(t)}-\bar{\boldsymbol{X}}^{(t)})^{\mathrm{T}},\quad \boldsymbol{A}=\sum_{i=1}^{k}\boldsymbol{A}_t$$

$$\begin{aligned}\boldsymbol{T}&=\sum_{t=1}^{k}\sum_{j=1}^{n_t}(\boldsymbol{X}_{(j)}^{(t)}-\bar{\boldsymbol{X}})(\boldsymbol{X}_{(j)}^{(t)}-\bar{\boldsymbol{X}})^{\mathrm{T}}\\&=\boldsymbol{A}+\sum_{t=1}^{k}n_t(\bar{\boldsymbol{X}}^{(t)}-\bar{\boldsymbol{X}})(\bar{\boldsymbol{X}}^{(t)}-\bar{\boldsymbol{X}})\end{aligned} \tag{1-71}$$

则检验以上假设 H_0 的似然比统计量为

$$\lambda_5=\frac{\prod_{t=1}^{k}|\boldsymbol{A}_t|^{n_t/2}}{|\boldsymbol{T}|^{n/2}}\cdot\frac{n^{np/2}}{\prod_{t=1}^{k}n_t^{n_tp/2}} \tag{1-72}$$

若用 Λ 表示当协方差阵均相同时检验 k 个总体均值向量是否相等的似然比估计量，将发现这里的似然比统计量 $\lambda_5=\Lambda\cdot\lambda_4$. 在实际应用中我们采用类似的修正方法，在 λ_5 中用 n_t-1 代替 n_t，用 $n-k$ 代替 n。修正后的统计量记为 λ_5^*，

$$\lambda_5^*=\frac{\prod_{t=1}^{k}|A_t|^{\frac{n_t}{2}}}{|\boldsymbol{T}|^{\frac{n-k}{2}}}\cdot\frac{(n-k)^{\frac{(n-k)p}{2}}}{\prod_{t=1}^{k}(n_t-1)^{\frac{(n_t-1)p}{2}}} \tag{1-73}$$

当样本容量 n 很大，在 H_0 为真时 λ_5^* 有以下近似分布：

$$-2(1-b)\ln\lambda_5^*\sim\chi^2(f) \tag{1-74}$$

其中

$$f = \frac{1}{2} p(p+3)(k-1) \tag{1-75}$$

$$b = \left(\sum_{i=1}^{k} \frac{1}{n_i - 1} - \frac{1}{n-k} \right) \left(\frac{2p^2 + 3p - 1}{6(p+3)(k-1)} \right) - \frac{p-k+2}{(n-k)(p+3)} \tag{1-76}$$

1.3.4 多元正态分布均值向量和协方差阵检验的上机实现

本书上机实现主要依靠 SPSS 19.0 版本来实现，下面利用 6.3 节中从《国际统计年鉴》搜集到的 2011 年 131 个国家的人文发展指数数据和类别数据，介绍多元正态分布均值向量和协方差阵检验的上机实现。在上面的数据中，不同的类别可以看作是不同的总体，因此，131 个国家的数据分别来自 4 个总体，下面尝试对 4 个不同类别的国家人文发展状况进行比较。

1. 单变量正态性检验

在进行比较分析之前，首先要对各变量是否遵从多元正态分布进行检验。然而遗憾的是，多元正态性检验在常见的统计软件中并不容易实现。在实际工作中，人们往往借助于考察每一个变量的结果来对向量的分布做出判断；并且，当数据量较大，且没有明显的证据表明所得数据不遵从多元正态时，通常认为数据来自多元正态总体。SPSS 软件提供了对单变量进行正态性检验的功能。

图 1-1　单变量正态性检验选择渠道

对上面的数据，选择“**分析**”→“**描述统计**”→“**探索**”命令(见图 1-1)，进入“**探索**”对话框(见图 1-2)，可以看到反映国家人文发展状况的所有变量名及变量标签均出现在左边的列表框中，将人文发展指数、出生时预期寿命、预期受教育年限、平均受教育年限、教育指数、收入指数、健康指数、性别不平等指数、预期寿命指数 9 个变量选入“**因变量列表**”框中，单击右侧的“**绘制**”按钮进入图形对话框(见图 1-3)，选中“**带检验的正态图**”复选框，单击“**继续**”、“**确定**”按钮，则可以得到有关正态性检验的结果(见表 1-1)。

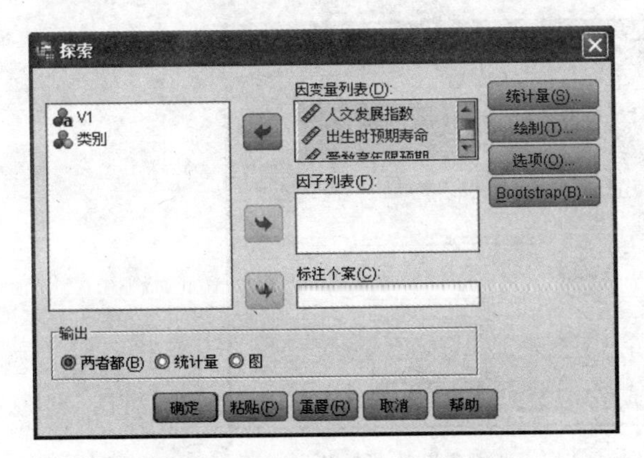

图 1-2　“探索”对话框(因变量选择)

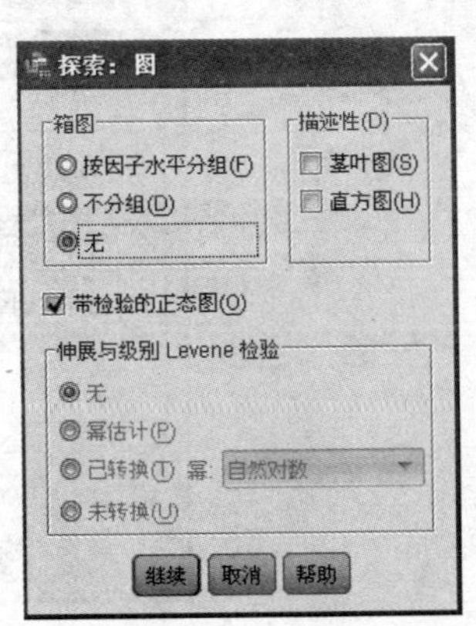

图 1-3　“探索：图”对话框

表 1-1　正态性检验表

类　别	Kolmogorov-Smirnov①			Shapiro-Wilk		
	统计量	df	Sig.	统计量	df	Sig.
人文发展指数	0.100	131	0.003	0.949	131	0.000
出生时预期寿命	0.177	131	0.000	0.896	131	0.000
受教育年限预期	0.063	131	0.200②	0.979	131	0.040
受教育年限平均	0.080	131	0.038	0.966	131	0.002
教育指数	0.076	131	0.062	0.965	131	0.002
收入指数	0.072	131	0.093	0.971	131	0.006
健康指数	0.176	131	0.000	0.896	131	0.000
性别不平等指数	0.084	131	0.024	0.958	131	0.000
预期寿命指数	0.177	131	0.000	0.896	131	0.000

注：① Lilliefors 显著水平修正。

② 这是真实显著水平的下限。

表 1-1 给出了对每一个变量进行正态性检验的结果,根据 Kolmogorov-Smirnov 统计量的 Sig. 值可以看到,人文发展指数、出生时预期寿命、平均受教育年限、健康指数、性别不平等指数、预期寿命指数均明显不遵从正态分布。因此,在下面的分析中,我们只对预期受教育年限、教育指数、收入指数这 3 个指标进行比较,并认为这 4 个变量组成的向量遵从正态分布(尽管事实上也许并非如此)。进一步,我们将类别变量放入因子列表,对预期受教育年限、教育指数、收入指数这 3 个指标进行正态性检验(见图 1-4),运行结果见表 1-2。

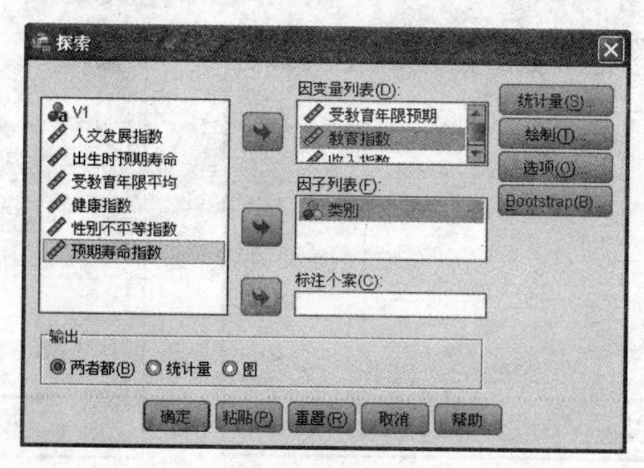

图 1-4 "探索"对话框(因子列表选择)

结果显示,除收入指数中的第 2 类和第 4 类数据不服从正态分布外,其余类别及预期受教育年限、教育指数的各类别均服从正态分布。

表 1-2 带分类变量的正态性检验

类别		Kolmogorov-Smirnov①			Shapiro-Wilk		
		统计量	df	Sig.	统计量	df	Sig.
受教育年限预期	1	0.107	36	0.200②	0.967	36	0.347
	2	0.104	31	0.200②	0.951	31	0.164
	3	0.098	32	0.200②	0.982	32	0.867
	4	0.097	32	0.200②	0.966	32	0.391
教育指数	1	0.124	36	0.178	0.965	36	0.306
	2	0.085	31	0.200②	0.977	31	0.711
	3	0.103	32	0.200②	0.949	32	0.133
	4	0.076	32	0.200②	0.985	32	0.923

续表

类别		Kolmogorov-Smirnov[①]			Shapiro-Wilk		
		统计量	df	Sig.	统计量	df	Sig.
收入指数	1	0.116	36	0.200[②]	0.962	36	0.249
	2	0.159	31	0.045	0.926	31	0.035
	3	0.078	32	0.200[②]	0.988	32	0.968
	4	0.203	32	0.002	0.907	32	0.009

注：① Lilliefors 显著水平修正。
② 这是真实显著水平的下限。

2. 多元正态分布均值与方差的检验

SPSS 的**一般线性模型**模块可以完成多元正态分布有关均值与方差的检验。依次选择"**分析**"→"**一般线性模型**"→"**多变量**"命令进入"**多变量**"对话框(见图 1-5)，将预期受教育年限、教育指数、收入指数这 3 个指标选入"**因变量**"列表框，将类别选入"**固定因子**"列表框，单击"**确定**"按钮，则可以得到表 1-3～表 1-5 的结果。

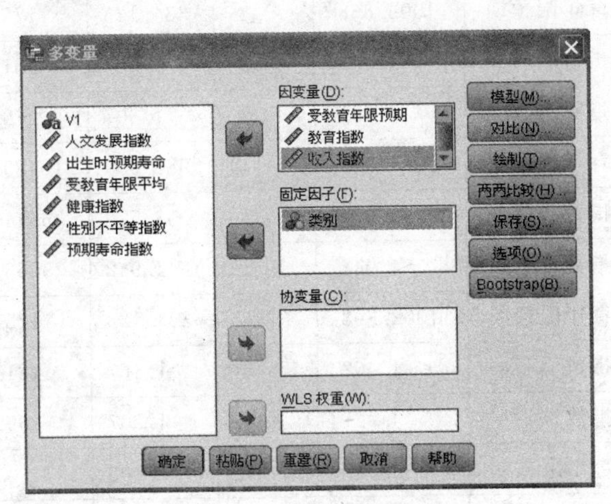

图 1-5 "多变量"对话框

表 1-3 主体间因子

类别	*N*	类别	*N*
1	36	3	32
2	31	4	32

表 1-4　多变量检验[3]

效　应		值	F	假设 df	误差 df	Sig.
截距	Pillai 的跟踪	0.994	6817.051[1]	3.000	125.000	0.000
	Wilks 的 lambda	0.006	6817.051[1]	3.000	125.000	0.000
	Hotelling 的跟踪	163.609	6817.051[1]	3.000	125.000	0.000
	Roy 的最大根	163.609	6817.051[1]	3.000	125.000	0.000
类别	Pillai 的跟踪	0.928	18.948	9.000	381.000	0.000
	Wilks 的 lambda	0.077	62.961	9.000	304.368	0.000
	Hotelling 的跟踪	11.857	162.927	9.000	371.000	0.000
	Roy 的最大根	11.852	501.727[2]	3.000	127.000	0.000

注：① 精确统计量。

② 该统计量是 F 的上限，它产生了一个关于显著性级别的下限。

③ 设计：截距＋类别。

表 1-5　主体间效应的检验

源	因变量	Ⅲ型平方和	df	均方	F	Sig.
校正模型	受教育年限预期	1002.368[1]	3	334.123	175.307	0.000
	教育指数	4.402[2]	3	1.467	181.968	0.000
	收入指数	3.921[3]	3	1.307	269.109	0.000
截距	受教育年限预期	19985.559	1	19985.559	10485.975	0.000
	教育指数	53.572	1	53.572	6644.339	0.000
	收入指数	44.942	1	44.942	9253.056	0.000
类别	受教育年限预期	1002.368	3	334.123	175.307	0.000
	教育指数	4.402	3	1.467	181.968	0.000
	收入指数	3.921	3	1.307	269.109	0.000
误差	受教育年限预期	242.053	127	1.906		
	教育指数	1.024	127	0.008		
	收入指数	0.617	127	0.005		
总计	受教育年限预期	21610.800	131			
	教育指数	60.274	131			
	收入指数	50.568	131			

续表

源	因变量	Ⅲ型平方和	df	均方	F	Sig.
校正的总计	受教育年限预期	1244.422	130			
	教育指数	5.425	130			
	收入指数	4.538	130			

注：① $R^2=0.805$(调整 $R^2=0.801$)。
② $R^2=0.811$(调整 $R^2=0.807$)。
③ $R^2=0.864$(调整 $R^2=0.861$)。

表 1-3 是样本数据分别来自 4 个类别的个数。表 1-4 是多变量检验表，该表给出了几个统计量，由 Sig. 值可以看到，无论从哪个统计量来看，4 个类别的预期受教育年限、教育指数、收入指数这 3 个指标都是有显著差别的。

表 1-5 给出了 3 个变量的分析结果，同时给出了每个变量的方差来源，包括校正模型、截距、主效应(类别)、误差及总的方差来源。还给出了自由度、均方、F 统计量及 Sig. 值。

其中，第二列给出了用 Type Ⅲ方法计算的偏差平方和，SPSS 软件给出了 4 种计算偏差平方和的方法，可以根据方差分析中是否存在交互效应及设计是否平衡等不同情况选用不同的计算方法，此处只有一个因素即类别，使用默认方法即可。由该表可以看到，4 个指标的 Sig. 值显示 4 个类别在 3 个变量上均有显著差别。

在实际工作中，我们往往更希望知道差别主要来自于哪些类别，或者不同类别变量之间的比较。对此，对**一般线性模型**模块的选项做如下设置：

在**一般线性模型**的“**多变量**”主对话框(见图 1-5)中单击“**对比**”按钮进入“**对比**”对话框(见图 1-6)，在“**更改对比**”选项组中，打开对比右侧的下拉列表框并选择“**简单**”，此时下侧的“**参考类别**”被激活，默认是“**最后一个**”单选按钮被选中，表明第 1、第 2、第 3 类别均与第 4 类别做比较，若选中“**第一个**”单选按钮，则将作第 2、第 3、第 4 类别数据与第 1 类别的比较。单击“**更改**”按钮，接着单击“**继续**”、“**确定**”按钮，则除上面的结果外，还可得到对比的相应输出结果(见表 1-6～表 1-8)。

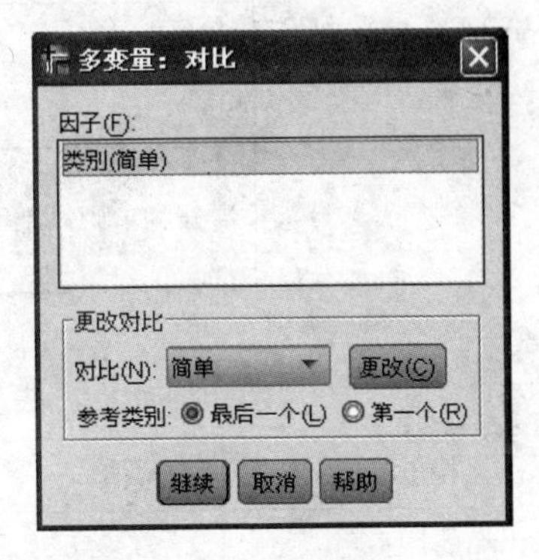

图 1-6　“多变量：对比”对话框

表 1-6 对比结果(*K* 矩阵)

类别的简单对比①			因变量		
			受教育年限预期	教育指数	收入指数
类别 1 和类别 4	对比估算值		7.466	0.496	0.463
	假设值		0	0	0
	差分(估计-假设)		7.466	0.496	0.463
	标准 误差		0.335	0.022	0.017
	Sig.		0.000	0.000	0.000
	差分的 95%置信区间	下限	6.802	0.453	0.430
		上限	8.130	0.539	0.497
类别 2 和类别 4	对比估算值		5.186	0.339	0.323
	假设值		0	0	0
	差分(估计-假设)		5.186	0.339	0.323
	标准 误差		0.348	0.023	0.018
	Sig.		0.000	0.000	0.000
	差分的 95%置信区间	下限	4.498	0.294	0.288
		上限	5.875	0.383	0.358
类别 3 和类别 4	对比估算值		3.309	0.218	0.190
	假设值		0	0	0
	差分(估计-假设)		3.309	0.218	0.190
	标准 误差		0.345	0.022	0.017
	Sig.		0.000	0.000	0.000
	差分的 95%置信区间	下限	2.626	0.174	0.155
		上限	3.992	0.263	0.224

注:① 参考类别 = 4。

表 1-7 多变量检验结果

检验方法	值	*F*	假设 df	误差 df	Sig.
Pillai 的跟踪	0.928	18.948	9.000	381.000	0.000
Wilks 的 lambda	0.077	62.961	9.000	304.368	0.000

续表

检验方法	值	F	假设 df	误差 df	Sig.
Hotelling 的跟踪	11.857	162.927	9.000	371.000	0.000
Roy 的最大根	11.852	501.727①	3.000	127.000	0.000

注：① 该统计量是 F 的上限，它产生了一个关于显著性级别的下限。

表 1-8　单变量检验结果

源	因变量	平方和	df	均方	F	Sig.
对比	受教育年限预期	1002.368	3	334.123	175.307	0.000
	教育指数	4.402	3	1.467	181.968	0.000
	收入指数	3.921	3	1.307	269.109	0.000
误差	受教育年限预期	242.053	127	1.906		
	教育指数	1.024	127	0.008		
	收入指数	0.617	127	0.005		

表 1-6 对比结果中的 Sig. 值显示，第 1、第 2、第 3 类与第 4 类均存在显著性差异，并由对比估算值可以看出，上述差异中第 1、第 4 类之间差异最大，第 2、第 4 类之间次之，第 3、第 4 类之间差异最小。表 1-7、表 1-8 是上面多重比较可信性的度量，由 Sig. 值可以看到，比较检验是可信的。

进一步，在"**多变量**"主对话框中单击"**选项**"按钮，进入"**选项**"对话框(见图 1-7)，在上面"**估计边际均值**"选项组中，把"**类别**"选入右面"**显示均值**"列表框中以输出各类别相应变量的均值，选中下方的"**比较主效应**"复选框，则输出不同类别相应变量比较的结果，在下方的"**输出**"选项组中，提供了很多可选的统计量或中间结果，选中"**方差齐性检验**"复选框进行各类别(总体)数据协方差阵相等的检验。单击"**继续**"、"**确定**"按钮，则可以得到输出结果表 1-9～表 1-12。

表 1-9 是协方差阵相等的检验，检验统计量是 Box's M，由 Sig. 值可以看出，4 个类别(总体)的协方差阵是不相等的。表 1-10 给出了各类别同一指标误差的方差相等的检验，在 0.1 水平下，受教育年限预期和教育指数的误差平方在 4 个类别之间存在显著差别，而收入指数的误差平方在 4 个类别中没有显著差别。

表 1-11、表 1-12 分别给出了不同类别相应变量的估计值、比较及检验与检验的可信性统计量。

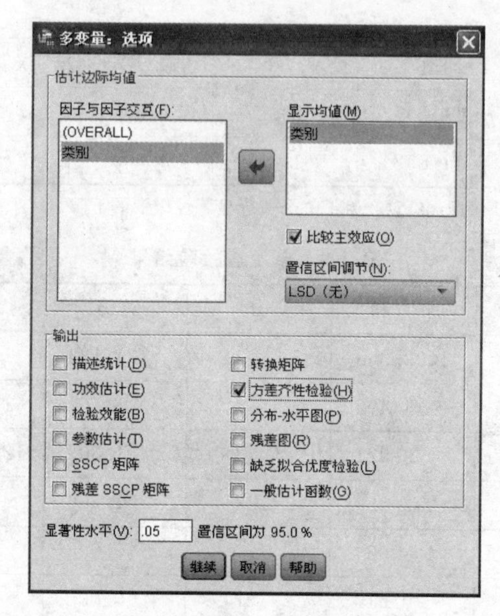

图 1-7 “多变量：选项”对话框

表 1-9 协方差矩阵等同性的 Box 检验[①]

Box's M	51.495
F	2.737
df1	18
df2	55558.410
Sig.	0.000

注：检验零假设，即观测到的因变量的协方差矩阵在所有组中均相等。

① 设计：截距＋类别。

表 1-10 误差方差等同性的 Levene 检验[①]

因变量	*F*	df1	df2	Sig.
受教育年限预期	2.141	3	127	0.098
教育指数	2.352	3	127	0.075
收入指数	1.089	3	127	0.356

注：检验零假设，即在所有组中因变量的误差方差均相等。

① 设计：截距＋类别。

表 1-11 估计

因变量	类别	均值	标准误差	95% 置信区间	
				下限	上限
受教育年限预期	1	15.847	0.230	15.392	16.303
	2	13.568	0.248	13.077	14.058
	3	11.691	0.244	11.208	12.174
	4	8.381	0.244	7.898	8.864

续表

因变量	类别	均值	标准误差	95% 置信区间	
				下限	上限
教育指数	1	0.873	0.015	0.844	0.903
	2	0.716	0.016	0.684	0.748
	3	0.595	0.016	0.564	0.627
	4	0.377	0.016	0.346	0.409
收入指数	1	0.806	0.012	0.783	0.829
	2	0.666	0.013	0.641	0.690
	3	0.532	0.012	0.508	0.557
	4	0.343	0.012	0.318	0.367

表 1 12　成对比较

因变量	类别 (I)	类别 (J)	均值差值 (I—J)	标准误差	Sig.[①]	差分的 95%置信区间[①]	
						下限	上限
受教育年限预期	1	2	2.279[②]	0.338	0.000	1.610	2.949
		3	4.157[②]	0.335	0.000	3.493	4.820
		4	7.466[②]	0.335	0.000	6.802	8.130
	2	1	−2.279[②]	0.338	0.000	−2.949	−1.610
		3	1.877[②]	0.348	0.000	1.189	2.566
		4	5.186[②]	0.348	0.000	4.498	5.875
	3	1	−4.157[②]	0.335	0.000	−4.820	−3.493
		2	−1.877[②]	0.348	0.000	−2.566	−1.189
		4	3.309[②]	0.345	0.000	2.626	3.992
	4	1	−7.466[②]	0.335	0.000	−8.130	−6.802
		2	−5.186[②]	0.348	0.000	−5.875	−4.498
		3	−3.309[②]	0.345	0.000	−3.992	−2.626
教育指数	1	2	0.157[②]	0.022	0.000	0.114	0.201
		3	0.278[②]	0.022	0.000	0.235	0.321
		4	0.496[②]	0.022	0.000	0.453	0.539

续表

因变量	类别(I)	类别(J)	均值差值(I—J)	标准误差	Sig.[1]	差分的95%置信区间[1]	
						下限	上限
教育指数	2	1	—0.157[2]	0.022	0.000	—0.201	—0.114
		3	0.121[2]	0.023	0.000	0.076	0.165
		4	0.339[2]	0.023	0.000	0.294	0.383
	3	1	—0.278[2]	0.022	0.000	—0.321	—0.235
		2	—0.121[2]	0.023	0.000	—0.165	—0.076
		4	0.218[2]	0.022	0.000	0.174	0.263
	4	1	—0.496[2]	0.022	0.000	—0.539	—0.453
		2	—0.339[2]	0.023	0.000	—0.383	—0.294
		3	—0.218[2]	0.022	0.000	—0.263	—0.174
收入指数	1	2	0.141[2]	0.017	0.000	0.107	0.174
		3	0.274[2]	0.017	0.000	0.240	0.307
		4	0.463[2]	0.017	0.000	0.430	0.497
	2	1	—0.141[2]	0.017	0.000	—0.174	—0.107
		3	0.133[2]	0.018	0.000	0.099	0.168
		4	0.323[2]	0.018	0.000	0.288	0.358
	3	1	—0.274[2]	0.017	0.000	—0.307	—0.240
		2	—0.133[2]	0.018	0.000	—0.168	—0.099
		4	0.190[2]	0.017	0.000	0.155	0.224
	4	1	—0.463[2]	0.017	0.000	—0.497	—0.430
		2	—0.323[2]	0.018	0.000	—0.358	—0.288
		3	—0.190[2]	0.017	0.000	—0.224	—0.155

注：基于估算边际均值。

① 对多个比较的调整：最不显著差别(相当于未作调整)。

② 均值差值在 0.05 级别上较显著。

习　题

1. 试述多元联合分布和边缘分布之间的关系。

2. 多元正态分布的性质有哪些?

3. 试述多元统计分析中的各种均值向量和协差阵检验的基本思想和上机实现步骤,并举例说明。

CHAPTER 2

第2章 多元数据图

统计数据的显示方法主要有统计表和统计图两种，统计表能精确地显示出各个指标的具体数据数值，而统计图则有助于对研究数据的直观了解。众所周知，图形是我们认识数据的可视化手段。如果能将所研究的数据直接显示在一个平面图上，便可以一目了然地看出分析变量间的数量关系。直方图、散点图等就是我们常用的二维平面图示方法。一维、二维数据的统计图形容易做出，三维图形虽也可以画出，但观测三维数据却存在一定难度，而且在现实问题中，多变量数据的维数通常又都大于3，那么如何用图形直观表现三维以上的数据呢？这里介绍几种常用的多变量可视化方法，这些方法较为实用且有效。

下面我们以SPSS自带数据集behavior.sav为例介绍各种多元数据图。该数据集是关于行为举止的调查数据。在这个案例中，52名学生被要求以10分的标度对15个人的15种行为组合进行评价打分。共包含有15个样本和15项指标来反映行为举止。

2.1 矩阵散点图

散点图又称散布图，它是以点的分布反映变量之间相关关系的可视化方法。矩阵散点图则是一种反映多变量之间相关关系的二维散点图。当有两个变量即$p=2$时，常把n次二元观测数据点在平面上生成一张散布图，由散布图可以直观地看出两个变量之间的相关关系及相关程度。当$p>2$时，我们也想借助散布图来直观给出变量之间的关系，可以对p个变量两两配对生成一张散布图矩阵，通过矩阵散点图了解每两个变量间的相关情况。

利用SPSS制作矩阵散点图的步骤如下。

(1) 打开数据集behavior.sav。

选择"文件"→"打开"→"数据"→IBM\SPSS\Statistics\19\Samples\English

→**behaveior. sav** 命令，打开数据集。

(2) 选择“**图形**”→“**旧对话框**”→“**散点/点状**”命令，打开“**散点图/点图**”对话框(见图 2-1)。该对话框用于选择散点图形式。选定“**矩阵分布**”，单击“**定义**”按钮，打开“**散点图矩阵**”对话框(见图 2-2)。

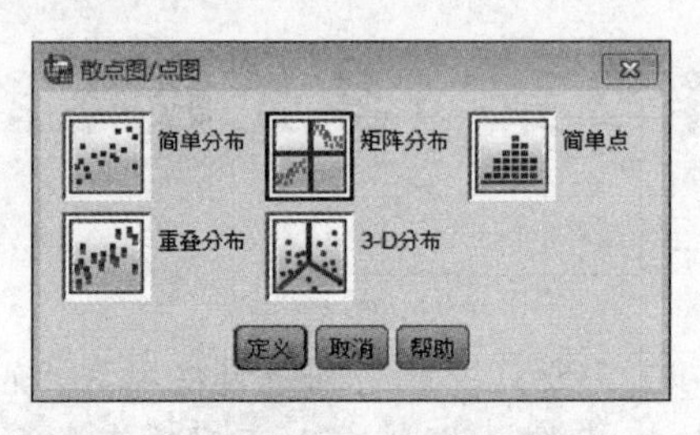

图 2-1 “散点图/点图”对话框

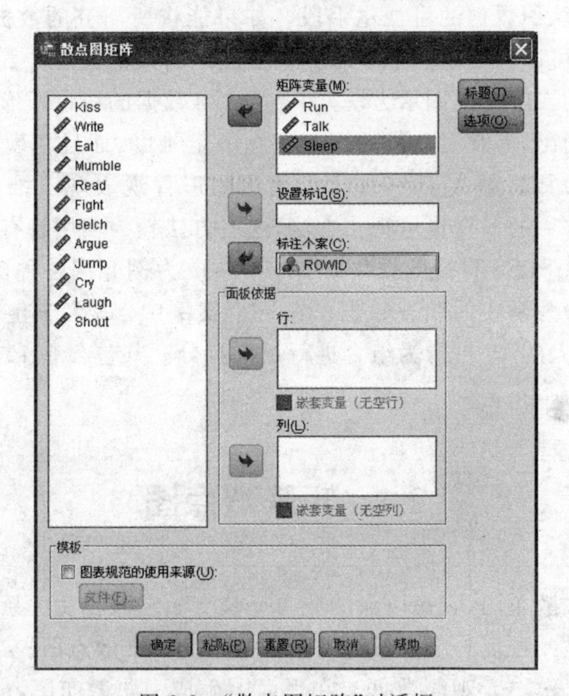

图 2-2 “散点图矩阵”对话框

(3) 在打开的“**散点图矩阵**”对话框中，将 Run、Talk、Sleep 3 个变量移入“**矩阵变量**”列表框中，将标志变量 ROWID 移入“**标注个案**”列表框中。

(4) 单击“**确定**”按钮，得到矩阵散点图(见图 2-3)。

从所作的图中我们不难看出，矩阵散点图不仅可以在二维平面上同时反映多个变量数值，而且可以直观地反映多个变量间是否存在某种关系，有很好的可视性。

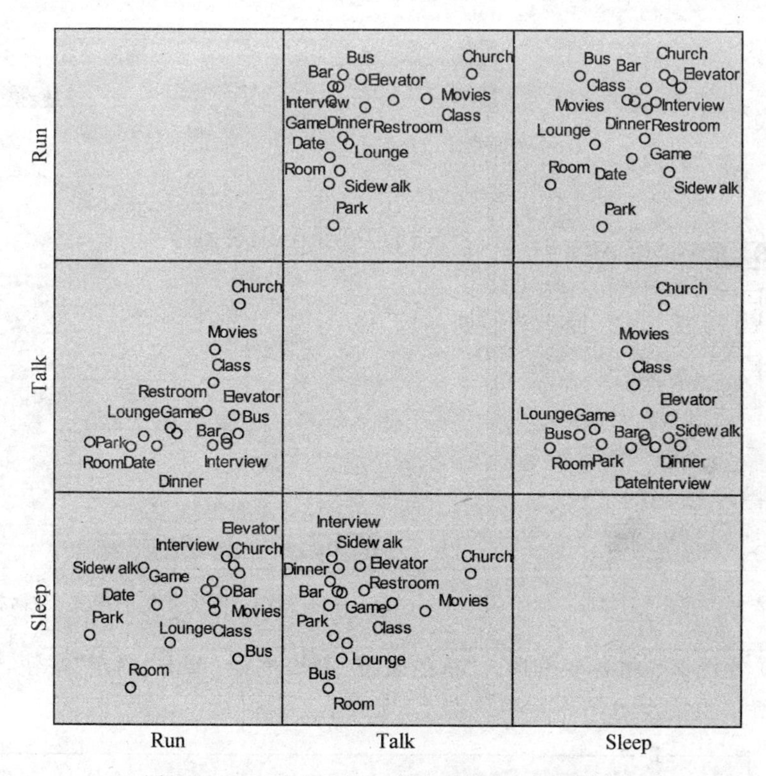

图 2-3　Run、Talk、Sleep 3 个变量的矩阵散点图

2.2　多维箱线图

箱线图(box-plot)又称箱须图，是利用数据中的 5 个数据变量——最小值、第一分位数(下四分位数)、中位数、第三分位数(上四分位数)与最大值来描述数据的一种方法，常用于显示未分组的原始数据或分组数据的分布，也可以粗略地看出数据是否具有对称性、数据分布的分散程度等信息，特别可以用于样本间的比较。

利用 SPSS 制作多维箱线图的步骤如下。

(1) 选择“**图形**”→“**旧对话框**”→“**箱图**”命令，打开“**箱图**”对话框(见图 2-4)。选定“**简单**”，在“**图表中的数据为**”选项组中选择“**各个变量的摘要**”单选按钮，单击“**定义**”按钮，打开“定义简单箱图：各个变量的摘要”对话框(见图 2-5)。

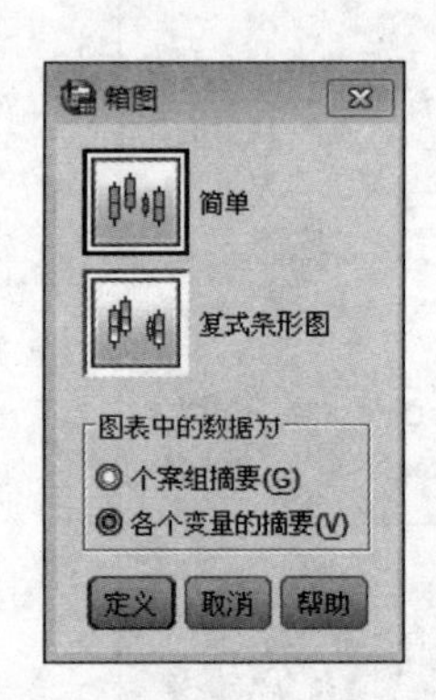

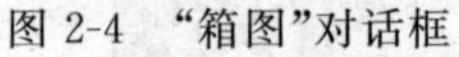

图 2-4 “箱图”对话框

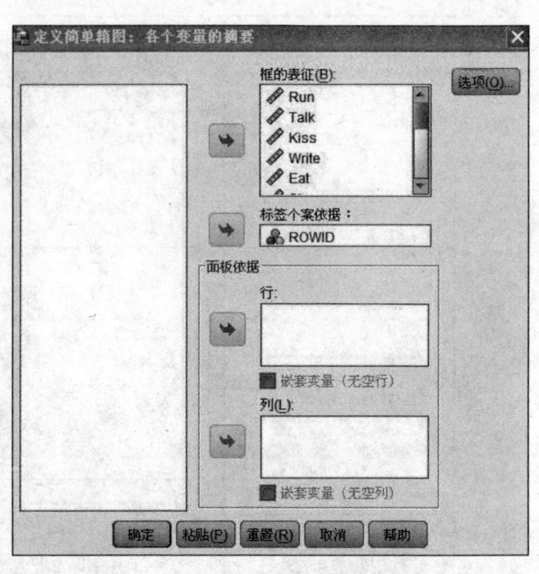

图 2-5 “定义简单箱图：各个变量的摘要”对话框

（2）在图 2-5 将各变量选入“**框的表征**”列表框中，单击“**确定**”按钮，得到如图 2-6 所示的箱线图。

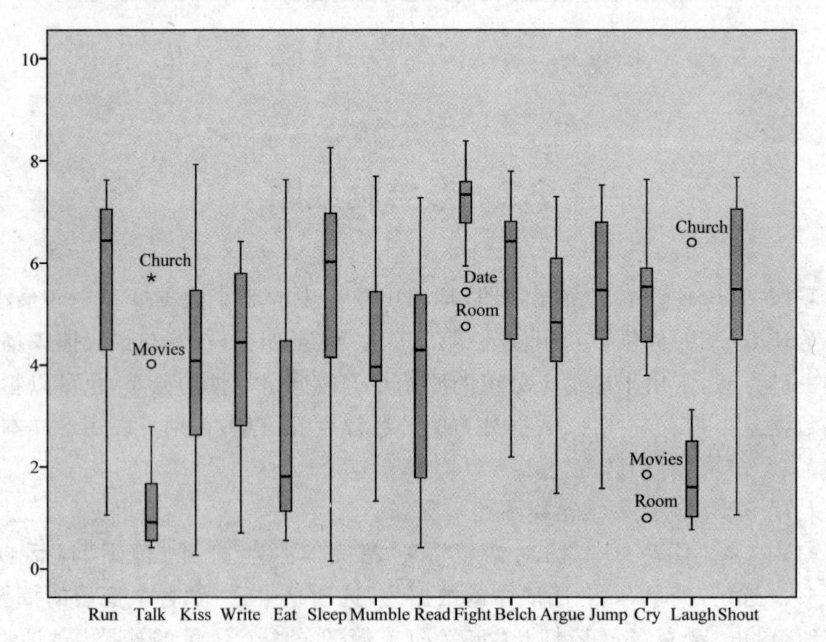

图 2-6 箱线图

(3) 箱线图中间的粗线为中位数,灰色的箱体为四分位(箱体的下端为下四分位数、上端为上四分位数),两头伸出的线条分别表示两个极端值(上边为最大值、下边为最小值),图中的孤立点为疑似异常点。

箱线图作为描述统计的工具之一,其功能具有独特之处,主要有以下几点。①可直观明了地识别变量的异常值。箱线图的绘制依靠实际数据,不需要事先假定数据服从特定的分布形式,没有对数据作任何限制性要求,它只是真实直观地表现数据形状的本来面貌;另一方面,箱线图判断异常值的标准是以四分位数和四分位距为基础,具有一定的耐抗性。多达 25%的数据可以变得任意远而不会很大地扰动四分位数,所以异常值不能对这个标准施加影响,箱线图识别异常值的结果比较直观。由此可见,箱线图在识别异常值方面有一定的优越性。②利用箱线图判断变量分布的偏态和尾重。异常值集中在较小值一侧,则分布呈现左偏态;异常值集中在较大值一侧,则分布呈现右偏态。这个规律揭示了变量分布偏态和尾重的部分信息,尽管它们不能给出偏态和尾重程度的精确度量,但可作为我们粗略估计的依据。③利用箱线图可以比较多变量的形状。同一数轴上,几个变量的箱线图并行排列,各变量的中位数、尾长、异常值、分布区间等信息便一目了然。通过比较各箱线图的异常值可看出这些数据点在同类其他群体中处于什么位置。观察各方盒和线段的长短,可看出正常值的分布是集中还是分散。各变量分布的偏态可以通过分析中位线和异常值的位置估计出来。

箱线图的局限之处:①箱线图反映的形状信息比较模糊,不能提供关于变量分布偏态和尾重程度的精确度量;②用中位数代表总体平均水平有一定的局限性等。

2.3 雷达图

雷达图是实践中应用较多且作图较简单的一种多元统计图形。它是在一个圆内,将圆的各个半径作为各个坐标轴,根据每个样品在各个变量上的数值,在各个坐标轴上标出该数值,并将同一样品在各个坐标轴上的数值点依次用直线连接,就得到类似于蜘蛛网一样的图形。根据该图的形状,人们称其为蛛网图。又由于图形就好像雷达荧光屏上的图像,故又称其为雷达图。在雷达图中,每个变量都有自己的数值轴,每个数值轴都是从中心向外辐射。

雷达图可以利用 Excel 来完成,其作图步骤如下。

(1) 打开数据集。

(2) 在“图表类型”列表框中选择“雷达图”(见图 2-7)。

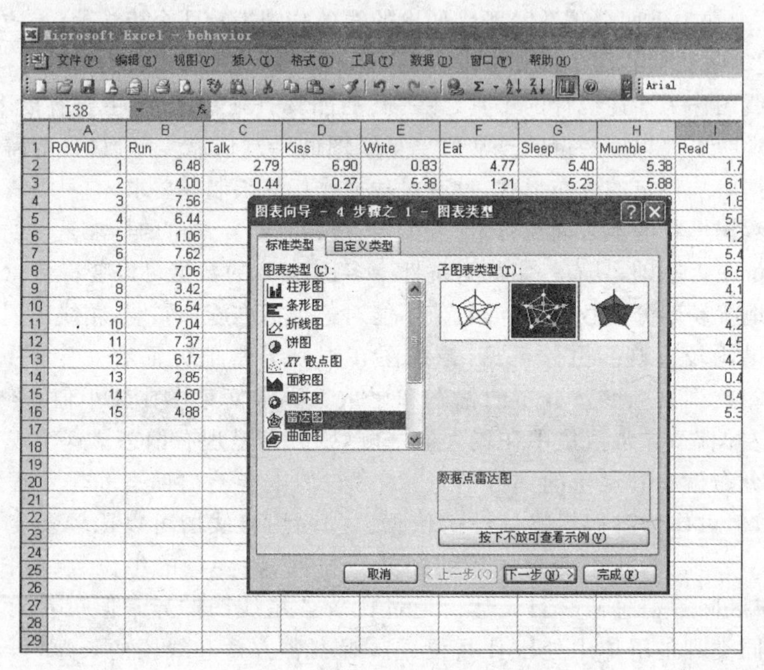

图 2-7　雷达图选择对话框

然后按图表向导提示选择作图数据区域,选择数据区域时要把变量名和相应数据都选进去,并在“系列”选项中修改系列名为相应的样本序号,即可制出如图 2-8 所示的雷达图。利用雷达图的形状、面积大小可以对观测进行初始分类分析。

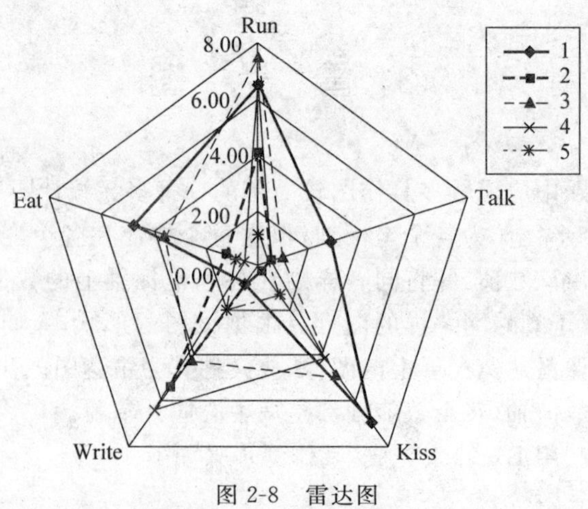

图 2-8　雷达图

为使图形效果更好，在雷达图中适当地分配坐标轴并选取合适尺度是十分重要的。例如可将要对比的指标分布在左、右或上、下方，以便于分析。具体的分配办法要结合分析的问题而定。图 2-9 中选择了 5 个样本、5 个变量。

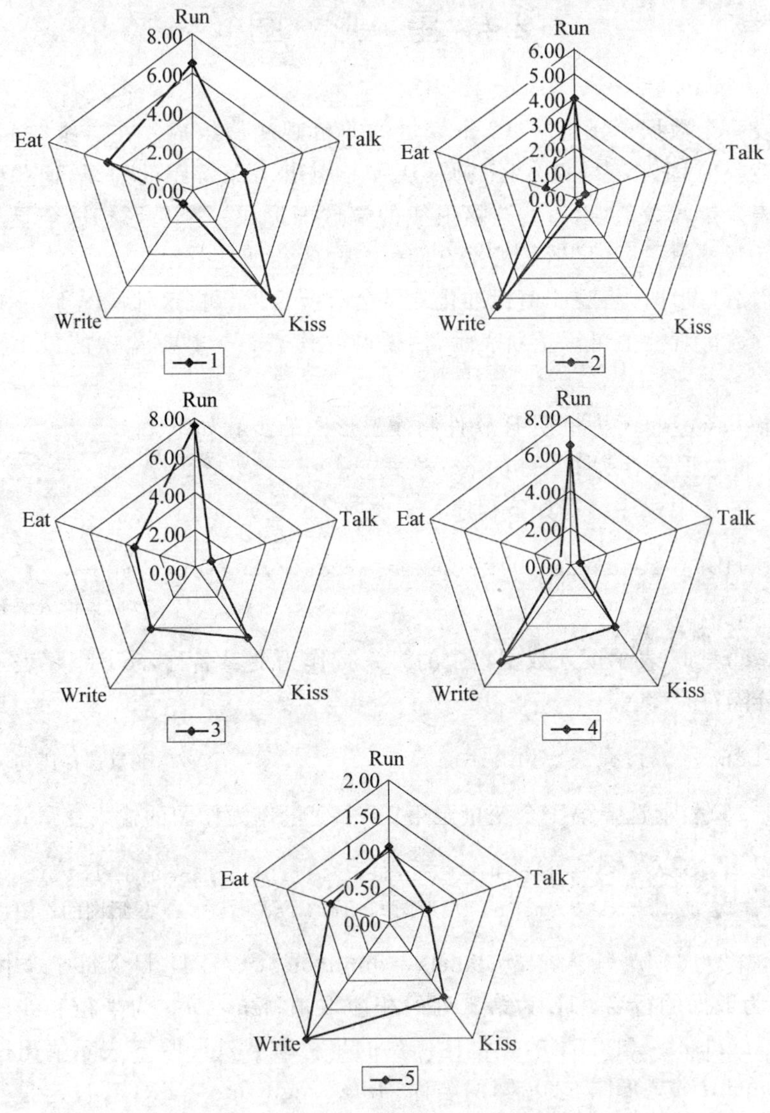

图 2-9　前 5 个样本各自独立雷达图

在作雷达图时，当观测次数 n 较大和指标较多时，画出的雷达图线段太多，显得杂乱无章，图形的效果会很差。为了获得较好的可视化效果，每张图上可以画少数几个样品的观测数据，甚至每张图只画一个样品的数据，对这些图进行比较分析，也可了解其特点。

2.4 星 形 图

假设每个数据单元由 $p\geqslant 2$ 个变量的非负观测值组成。在二维空间中，我们可构造具有固定(参照)半径的圆，从圆心引出 p 条等距的射线，这些射线的长度代表变量的数值，以直线连接射线的端点即形成一个星形。每个星形代表一个多元观测值，这些星形可根据它们(主观)的相似性分组。

在构造星形时，将观测值标准化常常会有所帮助。在这种情况下，一些观测值会是负数。观测值可以重新表示，使得圆心代表整个数据集中的最小标准化观测值。

以 behavior. sav 为例用 R 软件制作星形图的步骤如下。

(1) 将数据另存为 Excel 的 csv 格式。

(2) 在 R 中顺序编写如下程序：

```
behavior<-read.table('E:\behavior.csv',header=T,sep=',')
                                                  /*数据集读入语句*/
```

其中 header=T，表示读入数据集中的第一行作为变量名称，sep=","表示将逗号作为分隔符；

```
x<-behavior[,c(1:16)]                             /*变量选择语句*/
```

其中 c(1:16)表示选择第 1 个变量至第 16 个变量作为作图的输入变量；

```
stars (x[,c(2:16)], labels=dimnames(x)[[1L]], len=0.8, key.loc=c(10.
      5, 0), ncol=5, main="星形图", draw.segments /*星形图的作图程序*/
```

其中 x[,c(2:16)]为输入变量；labels＝dimnames(x)[[1L]]为每个个体的名称，默认为数据的行名，1L 为第 1 列的相应取值；len＝0.8 为半径和线段的缩放倍数；key. loc＝c(10.5, 0)提供比例尺的坐标位置；ncol＝5 表示输出图中列的个数；main＝“星形图”表示图的名称；draw. segments＝TRUE 设定是否作线段图，即每个变量以一个扇形表示。

作出的星形图如图 2-10 所示。初看星形图会觉得各样本的图形形状不一，各有特色。但仔细观察，可以发现很多图形之间有很强的相似性，如样本 3、10、11、14 以及样本 4、6、7、8、9 等。

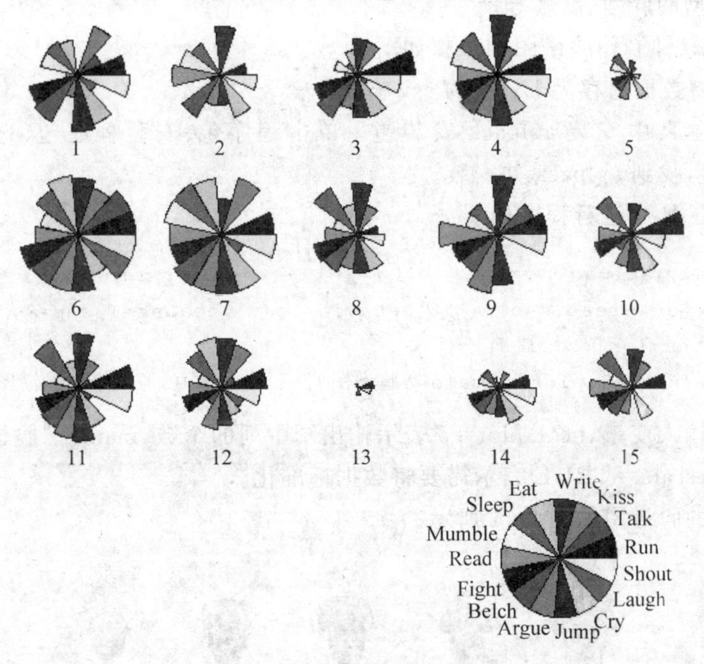

图 2-10　星形图

2.5 脸 谱 图

多元数据的图表示法中，最为浪漫的可能是脸谱图了。我们认识的人很多，但却很容易从彼此的脸型加以区别，也就是说，脸型是区分众多对象的一个非常有效的指标。受此启发，有人把多元数据表示成一张脸谱图。脸谱图是用脸谱来表达多变量的样本，最初由美国统计学家切尔诺夫（H. Chernoff）于 1970 年提出。该方法是将观测的各变量分别用脸的某一部位的形状或大小来表示，一个样本可以画成一张脸谱。利用这些脸谱的差异就反映了所对应的样本之间的差异特征，利用脸谱图的直观性，可以给我们的数据分析带来很大的方便。如果变量很多，脸谱可以刻画得细致些；变量不足，则把一部分器官形态固定，只让另一部分器官变化。

切尔诺夫首先将该方法用于聚类分析，引来了各国统计学家的极大兴趣，并且在实际应用中，对脸谱的画法作出了改进。例如有些人在脸谱图上加眼泪以表示某些很坏的情况的出现。有些人不仅画脸谱，甚至加上体型，即用一些变量值决定体型的胖瘦、高矮等。

用 R 软件制作脸谱图的步骤如下。

(1) 将数据另存为 Excel 的 csv 格式。

(2) 在 R 中安装 aplpack 安装包。单击程序包、安装程序包，选择 China (Beijing1)，找到 aplpack 并安装。

(3) 在 R 中运行程序如下：

```
library(aplpack)                                    /*调用程序包语句*/
behavior<-read.table('E:\behavior.csv',header=T,sep=',')
x<-behavior[,c(2:16)]
faces(x,ncol.plot=5,main="脸谱图",scale=TRUE)/*绘制脸谱图的语句*/
```

其中 x 为输入变量，ncol. plot＝5 表示输出图中列的个数，main＝"脸谱图"表示图的名称，scale＝TRUE 表示需要将数据标准化。

作出的脸谱图如图 2-11 所示。

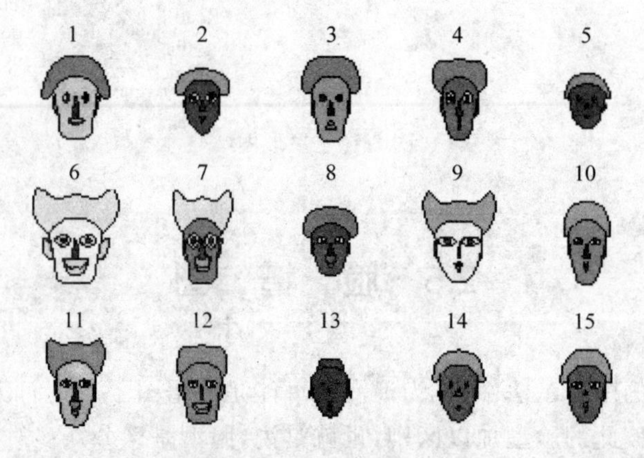

图 2-11　脸谱图

其中原变量及在脸谱中的作用如表 2-1 所示。

在利用脸谱图对观测进行比较时，值得注意的一点是脸谱的形状受各变量次序的影响很大，指标次序的变化直接影响脸谱图的形状。而且根据脸谱图对观测的归类有很大的主观性，因为不同的人所关注的脸的部位有很大的不同，如有些人对脸的胖瘦比较在意，而有的人对五官的印象特别深，因此对同样的脸谱图，不同的人可能得到不同的结论。利用星形图分类同样存在这样的问题，因此，在实际分析中，这两种方法必须与聚类分析、相关分析等定量分析相结合才能得到比较可信的结论。

表 2-1　原变量在脸谱中的作用表

原变量	脸谱中的作用	原变量	脸谱中的作用
Run	height of face	Mumble	height of eyes
Talk	width of face	Read	width of eyes
Kiss	structure of face	Fight	height of hair
Write	height of mouth	Belch	width of hair
Eat	width of mouth	Argue	style of hair
Sleep	smiling	Jump	height of nose

最后需要说明的是，自 20 世纪 70 年代以来，多变量数据的可视化分析研究就一直是人们关注的一个问题。从研究结果来看，主要可以分为两类：一类是将高维空间的点与平面上的某种图形对应，这种图形能反映高维数据的某些特点或数据间的某些关系；另一类是对多变量数据进行降维处理，在尽可能多地保留原始信息的原则下，将数据的维数降为二维或一维，然后再在平面上表示，因子分析就属于此类方法。

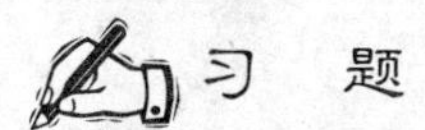

习　题

1. 散点图、箱线图、雷达图及星形图适用的场合及特点是什么？

2. 利用 2012 年《中国统计年鉴》中华北地区 5 省市的城镇居民家庭平均每人全年消费性支出的 6 项指标数据，作出各种多元数据图。

CHAPTER

3

第3章　数据预处理

在收集得到原始数据后，由于原始数据的形式与结构或许并不适合后续的多元统计分析，因此对原始数据进行数据预处理是统计分析中十分重要的一个环节。数据预处理是数据挖掘中的一个概念，它是指在数据挖掘前期对海量数据中的异构数据、缺失值数据、异常值数据和不一致数据进行相关处理的一些方法。通过对数据进行相关的预处理可以大大提高原始数据的质量，使数据分析结果更加准确。本章将按照数据集成、数据审核、数据清理和数据转换这4个步骤对数据预处理的过程以及各过程中数据预处理的一些方法进行介绍，其功能的实现可用SPSS中数据管理的基础功能结合描述统计来进行，这里不再一一叙述。

3.1　数据集成与数据审核

3.1.1　数据集成

数据集成主要是指将来自多个数据集或不同数据库中的不同结构的原始数据进行合并处理。这些来自不同数据库的异构数据一般在变量名称、变量单位等方面存在差异，同时存在语义冲突或语义模糊的问题，因此数据集成不是简单的数据合并而是对数据进行统一化和规范化的处理。

数据集成中主要处理三方面的数据问题。首先是变量名称之间的匹配性检测，比如在某学校学生成绩的不同数据集中，也许有些数据集中的变量名称为"数学成绩"，而在另一个数据集中却为sxcj，这就是变量名称之间的不匹配。其次是变量单位之间的不匹配，比如针对市场价格记录的数据库中，也许有些数据库中的价格是按照"欧元"作为单位计价，而有些数据库中的价格是按照"美元"计价，这就存在变量单位之间的差异。另外，有时不同数据集中还存在语义冲突或语义模糊的问题，比如在相同变量“居住地”中，有些数据集中记录为“石家庄”，有些数据集则记录为“河北省石家庄市”，而这两个数据所要表达的意思是相同的，即居住地是石家庄，这就是语义冲突、模糊的问题。

由此可见，数据集成是数据预处理过程中重要的一个环节，它是对数据的统一化、规范化处理。针对数据集成中常出现的三方面问题，可以首先通过统计软件进行汇总分析，发现存在的问题再调整数据中的有关变量名称，统一单位，对语义重复的数据进行替换以使数据规范化。

3.1.2 数据审核

数据审核又可称为数据审查，该步骤主要是检验数据的质量。这部分内容主要包括数据的观测值是否达到相关数据分析的最低要求，比如因子分析要求数据集中的观测值个数要大于变量个数；对数据的平均值、中位数、最小值、最大值、缺失值个数和可能的异常值个数的审查；检验数据各变量的名称、单位是否相同，各观测值的字符内容是否一致等。下面将具体介绍一些数据审核的方法。

1. 描述统计方法

描述统计中的频数统计、描述统计量分析和列联表分析法都是进行数据审核时最为有效且便捷的方法。频数统计可以对非连续变量进行统计分析，并给出各变量的观察值个数和缺失值个数，比如某产品质量共有 A、B、C、D 4 个级别，经过频数统计出现级别 E，这就说明数据中有错误的数据；描述统计量分析可以计算出变量的平均值、中位数、标准差、最小值、最大值、偏度和峰度等统计量，通过对以上统计量的检验可以发现数据中可能存在的异常值数据和极端值数据；列联表分析方法可以对数据进行交叉分类，以检查数据逻辑上是否都一致，例如经过列联表分析发现有 1 个数据，横向属性为“每周工作时间大于 30 小时”，而纵向属性却为“每月工作时间小于 20 小时”，这显然不符合逻辑，说明存在错误数据。

2. 探索性分析方法

探索性分析方法主要是指通过各种类型的统计图表发现数据中可能存在的相关数据问题，用于检验数据问题的统计图主要有箱线图、茎叶图、散点图和 Q-Q 图等。箱线图可以直观地表示数据的分布情况，箱线图上的数据点由上边缘值、上四分位数、中位数、下四分位数和下边缘值组成。茎叶图按照数据位数将数据分为茎和叶两部分，这样就可以清晰地比较数据的对称度并发现异常值。散点图可用来描述两个变量之间的相关性，Q-Q 图可以用于检验数据的分布，要利用 Q-Q 图鉴别样本数据是否近似于正态分布，只需看 Q-Q 图上的点是否近似地在一条直线附近。

3.2 数据清理

数据清理过程主要是对数据审核后发现的缺失值、异常值进行处理。当一个数据集中存在缺失值数据和异常值数据时，我们常将这类数据集称为"脏数据"，数据清理就是将这些"脏数据"进行清洗，使之成为"干净"的数据集，以便于后续的相关统计分析。

3.2.1 缺失值数据

1. 缺失值数据

在许多实际问题中经常有些数据无法获得，或因某些原因造成数据不完全，这些无法获得的数据、丢失的数据可称为缺失值数据。比如有些调查中会出现无回答问题，这就产生了缺失值数据；又或某些实验中由于客观原因而无法获得实验数据，也会产生缺失数据。缺失数据按照其与变量是否有关系可分为完全随机缺失（missing completely at random，MCAR）、随机缺失（missing at random，MAR）和不可忽略缺失（missing not at random，MNAR）。完全随机缺失指的是数据的缺失是随机的，数据的缺失与研究变量没有任何关系；随机缺失指的是数据的缺失不是完全随机的，即该类数据的缺失依赖于其他研究变量；不可忽略缺失指的是数据的缺失与研究变量有关系。当数据中存在缺失值时会使统计分析的结果存在偏差，比如对数据进行因子分析时若存在缺失数据就无法获得数据的因子得分；又例如当对数据进行聚类分析时若存在数据缺失会对结果造成直接影响。因此对缺失值进行有效的插补可以提高数据质量并使统计分析结果更加可靠。下面介绍一些缺失值的处理方法。

2. 缺失值的处理方法

1）直接删除

直接删除观测值的方法也可称为忽略，即对存在缺失值的数据直接将其排除在分析的数据之外。当数据集中的缺失数据仅占全部数据很小比例或者某个数据在多个变量上都有缺失时，直接删除的方法简便易行。比如上市公司财务经营的研究数据里当大部分公司的数据都完全而仅有一两家公司在某3个或3个以上的指标存在缺失时，就可以考虑删除掉这几家公司的观测值。但是直接删除的方法会使原始数据减少，尤其是当获取数据的成本很大时会造成资源浪费，而且若原始数据量本身就很少时，直接删除个案的方法将会使分析结果出现严重偏差进而得到错误的结论。

2）人工填补

人工填补法是利用某个固定的值对一个变量或多个变量下的缺失值进行插补。这种方法依赖于统计人员对问题的先验认识，当数据中某个变量的缺失数据较少时该方法是可行的，与直接删除法相比它可以避免数据资源的浪费，但当缺失数据较多时也会造成分析结果出现偏差。

3）利用均值插补

均值插补法是指用研究变量无缺失数据的全体样本均值作为缺失数据的填补值，这种插补法又分为总体均值插补和分类别总体均值插补。总体均值插补就是指当数据中无论存在或不存在类别数据时都用所有数据的均值对缺失数据插补，而分类别总体均值插补指当数据中存在分类别数据时用各类别的均值插补各类别中的缺失值，比如某车间生产零件时测量零件的直径，车间内共有5台设备，当第一台设备生产的零件的直径在测量时出现确缺失数据时，更适合用第一台设备生产的所有零件的直径的均值插补缺失值。利用均值插补还可以根据变量特征在加权算术平均数、中位数、众数中选用合适的平均数，其目的是尽量使替代值更接近缺失值，减少误差，均值差补法有利于增加替代值的稳定性，从而减小估计量方差。

均值插补的方法简便易行，节省成本，且当数据中的缺失数据不少时，其效果要好于人工填补的方法。但均值插补法也存在不足，当数据的某变量存在较多的缺失值时，如果都是用均值进行插补，会导致大量数据在均值点上形成尖峰，造成数据分布的扭曲。

4）加权调整

加权调整方法的基本思想是，利用调整因子来调整包含缺失数据所进行的总体推断，如将调查设计中赋予缺失数据的权数分摊到已获取数据身上，加权的方法主要有均值的加权类估计、倾向性加权以及利用加权的广义估计方程进行加权等。该方法的前提是缺失数据在可忽略机制下产生，即已获得数据与缺失数据之间没有显著差异，主要用于单位数据缺失情况下的调整。

5）用最可能的值插补

用最可能的值插补指的是借助相关的统计模型找出或计算出最可能的值对缺失数据进行插补。常用的几种方法有成数推导值法、回归法、近似值法和多重插补法，这些方法较以上 4 种方法相比要更复杂，但其得到的插补值包含了现存数据的大量信息，因此更准确。

成数推导值法是指利用某变量下数据的加权值对缺失数据进行插补。这种方法适合同一属性的记录值只有少量几种的情况，这时就可以计算各观测值在该属性中所占的比例，并对该属性中的缺失值同比例随机赋值，但该方法较适合缺失属性为是非标志的情况，比如某调查中只有城镇居民与农村居民，且其比例为 1∶2，则可按此比例对该属性进行插补。

回归法的基本思想是通过建立 Y 关于控制变量（$X_1, X_2, \cdots, X_p$）的回归方程来填补 Y 的缺失值。当控制变量是定性变量时，可以采用虚拟变量的处理方法。回归法通过模型得到的估计量往往更接近真值，但其过程较复杂且当变量不是线性相关或预测变量高度相关时会导致有偏差的估计，因此该方法更适合存在高相关性辅助变量时对缺失值进行插补。

近似值方法又常被称为热平台（Hot-dec）法或就近补齐法。该方法的思想是利用已有完整数据中与缺失数据最“相似”的数据作为插补值，这种方法被美国普查局广泛使用，这种方法的优点是简单易懂且成本很低，且又能保持原始数据类型，但这种“相似”却很难界定。

多重插补是由 Rubin 在 1978 年首先提出的，主要思想是指由包含 m 个插补值的向量代替每一个缺失值的过程，要求 $m \geqslant 2$。m 个完整数据集合能从插补向量中创建；由该向量的第一个元素代替每一个缺失值从而创建了第一个完整的数据集合，由它的向量中的第二个元素代替每一个缺失值从而创建了第二个完整数据的集合，以此类推，再利用这 m 个插补值估计缺失值。常用的多重插补法有随机回归填补法、趋势得分法和马尔科夫链的蒙特卡洛模拟法。多重填补的缺点是需要做大量的工作来创建插补集并进行结果分析。

3.2.2　异常值数据

1. 异常值的概念及其影响

依据诸多学者对异常值的研究，异常值（outlier）又叫奇异值或离群点，是指所获数据中相对误差较大的数据，该误差一般指与平均值的偏差超过两倍及两倍以上标准差的数据。出现异常值的原因有很多，有些可能是数据质量所致，比如统计员在录入数据时将“123”录成了“1234”，当其余数据均为100左右的数据时，“1234”就是一个异常值，而有些可能是事物反映的真实变化。当异常值不是错误数据时，它将是研究者研究的重点问题。但当异常值是由于各种原因造成的错误数据时就会影响到统计分析的结果，比如对数据进行回归分析时，由于异常值的存在会使结果产生较大误差，使回归的拟合效果大大降低。因此在数据预处理中检验是否存在异常值，并合理有效地处理异常值，是数据清理中重要的一个环节。

2. 异常值的检验方法

检验异常值的方法有很多，如数据审核中提到的箱线图法，箱线图法简便易操作，是检验异常值的常用方法之一。除此以外，本章依据前人对异常值的研究，还将介绍几种检验异常值的方法。

1）探索性统计方法检测异常值

检验异常值的方法有很多，数据审核中介绍的利用箱线图的方法都是十分简便直观的检验异常值的方法。箱线图是由数据的上边缘、上四分位数、中位数、下四分位数和下边缘组成的图形，其中上边缘和下边缘线所代表的就是临界值，该临界值为Q1－3QR和Q3＋3QR，其中Q1和Q3分别代表下四分位数和上四分位数，QR代表四分位间距，如图3-1所示，“。”就是一个异常值点。除了箱线图以外，折线图和茎叶图都可以很便捷地检测出异常值，这些探索性数据分析法检验异常值具有包含信息量大、且能简单直观地显示出极端值以及不需要过多数学计算、易于理解的特点，因此被广泛使用。

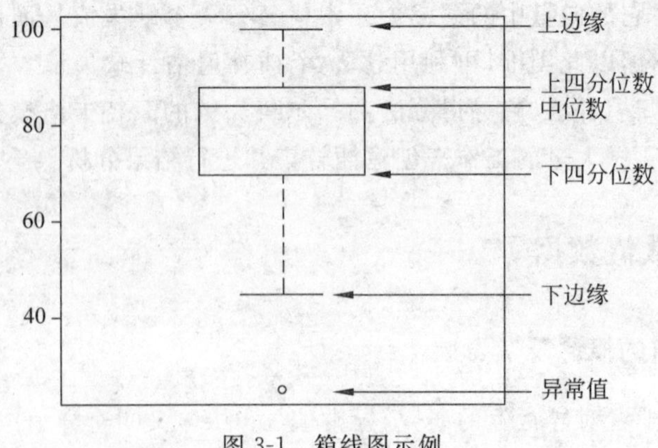

图3-1　箱线图示例

2）统计学方法检验异常值

统计学方法检验异常值是指首先在已知数据分布的基础上，采用相应的统计量作不一致性检验来确定孤立点。切比雪夫定理就是常用的一种检验异常值的统计学方法，其表述如下：任意一个数据集中，位于其平均数 m 个标准差范围内的比例（或部分）总是至少为 $1-\frac{1}{m^2}$，其中 m 为大于 1 的任意正数。

利用切比雪夫定理构建相应的统计量，就可以检测出哪些数据是异常值，统计学方法检验异常值的前提在于需要预先知道数据的分布，因此具有一定的局限性。

3）距离法

距离法的思想是原始数据中的观察值至少有 p 个与数据对象 x 的距离大于 d，则数据对象 x 是一个带参数 p 和 d 的基于距离（DB）的孤立点，即 DB(p,d)。目前常用的是基于欧几里得距离的方法检验该孤立点。

4）基于偏离的方法

基于偏离的检测方法是指通过检查一组数据对象的主要特征来确定孤立点，与给出的描述相“偏离”的数据对象被认为是孤立点。目前基于偏离方法的孤立点检测主要有两种技术：序列异常技术和 OLAP 数据立方体技术。

3. 异常值的处理方法

检测出异常值后就要对异常值进行处理，异常值的处理方法主要有分箱法、聚类法和回归法。

1）分箱法

分箱法是通过考察“邻居”（周围的值）来平滑数据的值，分箱方法考虑相邻的值，因此是一种局部平滑方法。当数据中存在异常值时让其分布到一些“箱”中，然后用箱中的平均值或中位数来代替异常值。如一组数据如下：3、31、15、9、17、24、8、28、105。经检验发现 105 是异常值，利用分箱技术将 9 个数分为 3 个箱，箱 1 中为 3、31、15，箱 2 中为 9、17、24，箱 3 中为 8、28、105。对于存在异常值的箱 3，利用箱 3 的平均值 47，来替代异常值 105，或者利用中位数 28 替代异常值 105。这就是分箱法处理异常值的主要思想。

2）回归法

回归法也是平滑数据处理异常值的一种方法，回归法通过构建一个适合数据的回归函数，计算出异常值数据的“合适”值，用这个值来代替异常值。

3）聚类法

聚类法既可以检测出异常值也可以处理异常值。聚类法将类似的数据聚为一类,在聚类分析中异常值往往单独被聚为一类,这时找出距离异常值最近的一类数据,用这类数据的组内均值代替异常值,这就是利用聚类法处理异常值。

3.3 数据转换

表 3-1 中列出了某班级学生的考试成绩,假设现在需要解决以下两个问题:第一,计算各个学生的总分以评价学生的综合学习水平;第二,根据总成绩对学生分组,成绩好的学生分组为 A,成绩一般的学生分组为 B,成绩较差的学生分组为 C。但是从数据中可以看出,如果不对数据作一些调整是无法完成上面的问题的。因为首先数学成绩是以 500 分为总分的,而语文和英语是以 100 分为总分的,如果简单地对三门成绩加总是无法衡量学生综合水平的。其次,无法确定利用什么样的原则来界定成绩的好与坏以实现对学生的分组。那么要如何解决这些问题使数据可比呢?这就需要对原始数据进行数据转换。

表 3-1 某班级学生考试成绩

学号	数学成绩	语文成绩	英语成绩	学号	数学成绩	语文成绩	英语成绩
1	450	76	82	9	316	82	76
2	352	83	81	10	409	86	84
3	386	79	75	11	416	79	68
4	330	83	79	12	377	80	70
5	405	90	93	13	363	66	74
6	359	88	86	14	391	81	85
7	437	67	74	15	412	75	82
8	394	71	81				

数据转换是数据预处理中重要的步骤之一,它是指将数据从一种表示形式变为另一种表示形式。进行数据的比较注重数据之间的可比性,当数据的计算单位或计量方式不同时数据之间就不具备可比性,因此数据转换就是对数据进行适当的处理,使相关变量的数据之间具有相同的计算单位或计量方式,从而使数据具有比较性。数据转换主要包括数据的标准化处理、数据的代数运算、离散化等,本章将对这些内容进行详细介绍。

3.3.1　数据标准化

数据标准化又称为数据的无量纲化处理，本节给出的考试成绩的例子中由于数学成绩与英语、语文成绩总分不同，因此不能简单地加总比较，这时就需要首先对数据进行标准化处理使这 3 门考试成绩具有相同的量纲。数据标准化的方法有很多，在标准化方法的选择上应当遵循以下几个准则：一是客观性原则，要对被评价对象的横纵数据作深入的分析，以客观反映指标值与评价值之间的关系；二是简易性原则，尽量选择简便易行的方法对数据进行标准化处理；三是可行性原则，选用方法时要注意标准化公式的特点，还要结合评价对象、研究数据的特点。本章主要介绍 3 种数据标准化的方法，其余方法感兴趣的读者可以自学。

1. Z-Score 值标准化方法

Z 值标准化的方法是利用数据的均值与标准差对数据进行处理，方法如下。设一组数据为$(x_1,x_2,\cdots,x_n)$，其均值为$\bar{x}$，标准差为 σ，标准化公式如下：

$$y_i=\frac{x_i-\bar{x}}{\sigma} \tag{3-1}$$

经过 Z 值标准化后，各变量将有约一半观察值的数值小于 0，另一半观察值的数值大于 0，变量的平均数为 0，标准差为 1。Z 值标准化的方法比较适用于数据中存在异常值时，或不知最大值最小值时，对数据的标准化处理。

2. 最小最大值标准化方法

最小最大值方法也叫极值法，极值法的特点是当数据中的最小值和最大值已知时，利用最小值和最大值对数据标准化。对于正向指标(即数值越大越好的指标)，公式如下：

$$y_i=\frac{x_i-\min\limits_{1\leqslant j\leqslant n}x_j}{\max\limits_{1\leqslant j\leqslant n}x_j-\min\limits_{1\leqslant j\leqslant n}x_j} \tag{3-2}$$

对于逆向指标(即数值越小越好的指标)，公式如下：

$$y_i=\frac{\max\limits_{1\leqslant j\leqslant n}x_j-x_i}{\max\limits_{1\leqslant j\leqslant n}x_j-\min\limits_{1\leqslant j\leqslant n}x_j} \tag{3-3}$$

最小最大值标准化后新数据的取值范围也将在区间[0,1]内。

3. 归一化标准化方法

归一化方法是指对正项序列$\{x_1, x_2, \cdots, x_i\}$进行如下变换：

$$y_i = \frac{x_i}{\sum_{i=1}^{p} x_i} \tag{3-4}$$

归一化的方法可以用于对数据标准化也可以用于计算权数。

4. 适度指标和逆指标的标准化处理

在实际解决问题时时常会遇到适度指标或者逆指标，适度指标是指某个指标越接近某个值越好，比如财务数据中的流动比率越接近于2越好，速动比率越接近于1越好。而逆指标是指数值越低越好。对这类指标在进行标准化处理时，首先要进行相应的变化将其转换为正指标后再标准化。对于逆指标的处理，最小最大值法已经给出了一个公式，另外一种对逆指标转换为正指标的方法是取数值的倒数，即

$$y_i = \frac{1}{x_i} \tag{3-5}$$

取倒数后就将逆指标转换为了正指标。而对于适度指标，则可按照如下公式处理：

$$y_i = \frac{1}{|x_i - k|} \tag{3-6}$$

其中k表示相应的适度值，按照式(3-6)处理后便将适度值转换为了正指标，就可以继续按照前文的方式对数据标准化了。

3.3.2 数据的代数运算

数据的代数运算是指对数据进行相应的计算转换，以使数据转变为更适合分析的形式。比如在研究时间序列数据时，习惯对数据进行对数化处理，即令$y=\ln x$。取对数后的数据可克服异方差，宏观数据也可以从非线性转换为线性。另外，对数据进行回归分析时变量之间的关系并不都是线性关系，但是通过对因变量或自变量进行相关的数据转换后可以转换为线性关系。例如若两个变量满足关系式：

$$y = \beta_0 + \beta_1 x + \beta_2 x^2 + \cdots + \beta_p x^p + \varepsilon \tag{3-7}$$

对变量x可以做如下数据变换，令$x_1 = x, x_2 = x^2, \cdots, x_p = x^p$，于是得到$y$关于

变量 $x_1, x_2, \cdots, x_p$ 的线性关系式,即

$$y = \beta_0 + \beta_1 x_1 + \beta_2 x_2 + \cdots + \beta_p x_p + \varepsilon \tag{3-8}$$

其他的数据代数运算方法还包括利用现有变量构造新变量,以前文学生考试成绩的例子来说,现有的 3 个变量在标准化处理后还需要计算一个总得分的变量。总之,数据的代数运算主旨思想使数据转换为便于后续分析的形式。

3.3.3 数据的离散化

数据离散化是指将连续的数据人为地"切"为几段,是数据转换以及数据分析中常用的方法之一。对数据离散化的原因主要有 3 点。第一,有些数据分析方法要求数据是离散化的形式,比如数据挖掘中的 Apriori 关联规则分析或有些决策树算法建模时就要求输入变量是离散化的形式。第二,离散化可以有效地克服数据中隐藏的缺陷,使模型结果更加稳定。例如,若数据中存在异常值,利用等距离散的方法可有效减弱异常值对数据分析的影响。第三,有利于对非线性关系进行诊断和描述。对连续型数据进行离散处理后,自变量和目标变量之间的关系变得清晰化。如果两者之间是非线性关系,可以重新定义离散后变量每段的取值,如采取 0,1 的形式,由一个变量派生为多个哑变量分别确定每段和目标变量间的联系。

数据的离散化方法主要有两种,一种是基于等距的思想,另一种是基于等频的思想。等距离散化是指将连续型变量的取值范围均匀划成 n 等份,且每份的间距相等。比如某调查中被调查人员的年龄从 20 岁到 70 岁不等,这时为便于分析就可以将数据按照 20～30 岁,30～40 岁的方法等距分为 5 组,20～30 岁年龄组取值为"1",并以此类推。等频离散化是指把观察点均匀分为 n 等份,每份内包含的观测值相同。比如本节学生考试成绩的例子中共有 15 名学生,对数据标准化计算出总分后可以将数据三等分,总分前五名的为一组取值为"1",以此类推共分为 3 组。等距和等频两种离散化方法在大多数情况下会出现不同的结果,等距离散化可以保持数据原有的分布,分段越多对数据原貌保持得越好。等频离散化处理则把数据转换成了均匀分布,但其各段内样本数相同这一点是等距分割做不到的。同时,离散化处理不免要损失一部分原始数据中的信息,对连续型数据进行分段后,同一个段内的样本之间的差异便消失了,这是数据离散化时需要注意的。

习　题

1. 为什么要进行数据预处理？
2. 数据的质量评估的原则是什么？
3. 如何确定异常值？异常值的处理方法有哪些？
4. 现实数据中，数据缺失是经常发生的事，描述处理该问题的各种方法。
5. 为什么要进行数据标准化？常用的数据标准化的方法有哪些？

CHAPTER

第4章　因子分析

多元统计分析以多变量数据为研究对象，如上市公司经营业绩的数据资料，包括资产负债率、流动比率、速动比率、主营业务收入、总资产周转率等十多个变量，而你希望对上市公司的经营业绩做出综合评价，这时你就希望用少数的几个变量来“代表”原始的诸多变量来综合反映公司的经营业绩。此类问题还有很多，对全国各个地区、城市的经济发展的诸多变量，各个学校、各个班级学生学习状况的多变量研究等。由于变量较多，增加了分析问题的复杂性。但在实际问题中，各个变量之间或多或少都存在一定的相关性，因此，变量中可能存在信息的重叠，比如上文提到的公司经营业绩分析中，资产负债率和股东权益比率就存在较高的相关性。所以人们自然希望通过克服相关性、重叠性，用较少的变量来代替原来较多的变量，而这种代替可以反映原来多个变量的大部分信息，这实际上是一种“降维”的思想。主成分分析方法和因子分析方法都是常用的降维方法，由于主成分分析方法在某种程度上可以说是因子分析方法的一种特例，因此本章将侧重介绍因子分析方法。

4.1　因子分析的基本理论

4.1.1　主成分分析的基本思想与模型

1. 主成分分析的基本思想

主成分分析(principle components analysis)是在1933年由Hotelling首先提出的，其基本思想是在损失较少信息的基础上采取线性组合的方式从诸多变量中提取原始数据中的信息。当第一个线性组合无法提取更多信息时，再考虑用第二个线性组合继续这个过程，以此类推，直到将原指标的大部分信息提取出来为止。我们把由上述方式得到的线性组合称为主成分。一般来说，主成分与原始变量之间的关系可以归纳为：

(1) 每一个主成分都是原始变量的线性组合；

(2) 主成分的数量少于原始变量的个数；

(3) 主成分能够保留原始变量的大部分信息；

(4) 各个主成分之间是互不相关的。

2. 主成分分析的数学模型

设某数据集 $\boldsymbol{X}$ 共有 p 个变量，m 个样本($m\geqslant p$)，则

$$\boldsymbol{X}=\begin{bmatrix} x_{11} & x_{12} & \cdots & x_{1p} \\ x_{21} & x_{22} & \cdots & x_{2p} \\ \vdots & \vdots & & \vdots \\ x_{m1} & x_{m2} & \cdots & x_{mp} \end{bmatrix}$$

用矩阵形式表示有 $\boldsymbol{X}=(X_1,X_2,\cdots,X_p)$。用 $\boldsymbol{Y}$ 表示对 $\boldsymbol{X}$ 进行线性变换得到的主成分，则

$$\begin{cases} Y_1=b_{11}X_1+b_{12}X_2+\cdots+b_{1p}X_p \\ Y_2=b_{21}X_1+b_{22}X_2+\cdots+b_{2p}X_p \\ \vdots \\ Y_p=b_{p1}X_1+b_{p2}X_2+\cdots+b_{pp}X_p \end{cases} \tag{4-1}$$

从式(4-1)可以看出，原始变量的线性组合可以有很多，从而主成分也可以有很多，为了取得较好的效果，我们对线性变换做如下限制：①$\boldsymbol{Y}$ 的第一个分量 Y_1 的方差是最大的，第二个分量 Y_2 的方差次之，以此类推；②Y_i 与 Y_j 是无关的($i\neq j$)；③$b_{i1}^2+b_{i2}^2+\cdots+b_{ip}^2=1$ ($i=1,2,\cdots,p$)。

3. 主成分分析的几何意义

以二维空间为例，假设原始数据只是两个变量 X_1、X_2 的观测值。由 X_1、X_2 组成了坐标空间，m 个观测值大致分布在一个如图 4-1 所示的椭圆内，椭圆的长轴方向可以理解为散点的分布总有可能沿着某一个方向略显扩张。

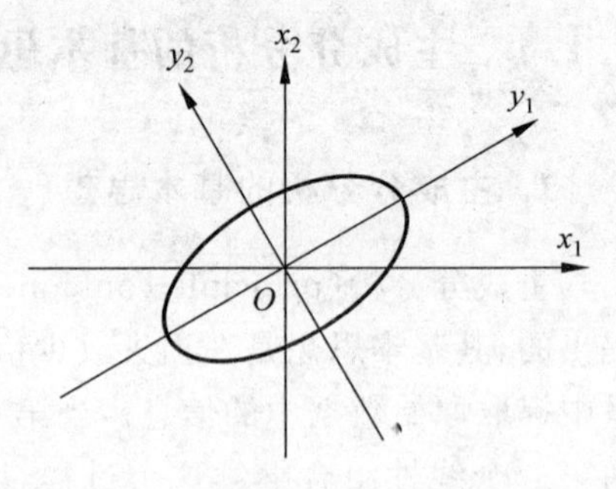

图 4-1　主成分分析的几何意义

从图中还可以发现，这 m 个观测值在 x_1 轴和 x_2 轴方向均有较大的离散性，若只考虑 x_1 轴和 x_2 轴中的一个都会造成信息

的损失。但是,如果我们考虑 X_1 和 X_2 的线性组合,线性变换后的变量由 Y_1 和 Y_2 表示,在几何上实际就是将该坐标系按逆时针方向旋转某个角度 θ 变成新坐标系 y_1Oy_2,这里 y_1 是椭圆的长轴方向,y_2 是椭圆的短轴方向。旋转公式为

$$\begin{cases} Y_1 = X_1\cos\theta + X_2\sin\theta \\ Y_2 = -X_1\sin\theta + X_2\cos\theta \end{cases} \tag{4-2}$$

它的矩阵表示形式为

$$\begin{bmatrix} Y_1 \\ Y_2 \end{bmatrix} = \begin{bmatrix} \cos\theta & \sin\theta \\ -\sin\theta & \cos\theta \end{bmatrix} \begin{bmatrix} X_1 \\ X_2 \end{bmatrix} = \boldsymbol{BX} \tag{4-3}$$

其中,$\boldsymbol{B}$ 是正交阵,满足 $\boldsymbol{B}'=\boldsymbol{B}^{-1}$,$\boldsymbol{B}'\boldsymbol{B}=\boldsymbol{I}$。

在新坐标系下,m 个观测值在 y_1 轴的方差达到最大,这样 Y_1 变量就包含了原始数据的大部分原始信息,我们称 Y_1 为第一主成分,称 Y_2 为第二主成分。椭圆越是扁平,m 个点在 y_1 轴上的方差就相对越大,在 y_2 轴上的方差就相对越小,用第一主成分代替所有样本所造成的信息损失也就越小。

4.1.2　因子分析的基本思想与模型

因子分析(factor analysis)的思想起源于 1904 年斯皮尔曼发表的文章《对智力测验得分进行统计分析》,也是一种降维、简化数据的技术。目前,随着计算机技术的高速发展,因子分析的理论在心理学、经济学、统计评价中都有十分广泛的应用。

1. 因子分析的基本思想

因子分析的基本思想是根据原始变量相关性大小进行分组,使得同组内的变量之间相关性较高,而不同组的变量间的相关性则较低。每组变量代表一个基本结构,并用一个不可观测的综合变量表示,这个基本结构就称为公共因子。对于所研究的某一具体问题,原始变量就可以分解成两部分之和的形式,一部分是少数几个不可测的所谓公共因子的线性函数,另一部分是与公共因子无关的特殊因子。

因子分析的另一个重要应用是对变量或样本进行分类。当处理得到因子的表达式之后,将原始数据代入表达式后就可以计算得到因子得分,在各因子所组成的空间中描绘出因子得分所在的点,这样就能形象地对变量或样本进行分类。

因子分析通常分为 R 型因子分析和 Q 型因子分析两类,R 型因子分析是指研究变量之间相关关系,Q 型因子分析主要研究样本之间的相关关系,本章侧重介绍 R 型因子分析。

2. 因子分析的数学模型

设有 n 个样本，每个样本有 m 个指标，且这 m 个指标之间存在显著的相关关系。在进行因子分析之前首先要求对数据进行标准化处理，标准化后每个变量均值为 0，方差为 1。因子分析中的公共因子是不可直接观测但又客观存在的共同影响因素，每一个变量都可以表示成公共因子的线性函数与特殊因子之和，即

$$\begin{cases} X_1 = a_{11}F_1 + a_{12}F_2 + \cdots + a_{1m}F_m + \varepsilon_1 \\ X_2 = a_{21}F_1 + a_{22}F_2 + \cdots + a_{2m}F_m + \varepsilon_2 \\ \vdots \\ X_n = a_{n1}F_1 + a_{n2}F_2 + \cdots + a_{nm}F_m + \varepsilon_n \end{cases} \tag{4-4}$$

这就是因子分解的数学模型，用矩阵形式表示为

$$\boldsymbol{X}=\boldsymbol{AF}+\varepsilon \tag{4-5}$$

模型满足：

(1) $m<n$；

(2) $\mathrm{cov}(\boldsymbol{F},\varepsilon)=0$，即公共因子与特殊因子之间不相关；

(3) 各个公因子不相关且方差为 1；

(4) 各个特殊因子不相关，方差不要求相等。

3. 因子分解的相关概念

(1) 因子载荷

如果把变量 X_i 看成 m 维空间中的一个点，则 a_{ij} 表示它在坐标轴 F_j 上的投影，是第 i 个变量在第 j 个因子上的载荷，称为因子“载荷”。矩阵 A 称为因子载荷矩阵。如果对数据进行标准化后，a_{ij} 也是 X_i 与 F_j 的相关系数。它一方面表示 X_i 对 F_j 的依赖程度，绝对值越大，密切程度越高；另一方面也反映了变量 X_i 对公共因子 F_j 的相对重要性。

(2) 变量共同度

变量共同度一般记为 h_i^2，$h_i^2=a_{i1}^2+a_{i2}^2+\cdots+a_{im}^2$，记 $\mathrm{var}(\varepsilon_i)=\sigma^2$，由因子分析模型可知

$$\mathrm{var}(X_i) = h_i^2 + \varepsilon^2 \tag{4-6}$$

说明 h_i^2 越大表明 X_i 对公共因子的依赖程度越大，公共因子能解释 X_i 方差的比重越大，因子分析的效果也就越好。

(3) 方差贡献率

公因子 F_j 的方差贡献是研究 m 个公共因子与同一个原始变量之间的关

系，记 $g_j^2=a_{1j}^2+a_{2j}^2+\cdots+a_{pj}^2$，所以 g_j^2 表示公共因子对每个变量 X_i 所提供的方差综合，该指标衡量公共因子的相对重要性，其值越高表明该公共因子越重要，按照方差贡献的大小对所有公共因子进行排序，可以找到影响力最大的公因子。

4.1.3　因子分析的主要步骤

对原始数据进行因子分析前，首先对数据进行标准化处理，然后对数据是否适合因子分析进行适用性检验，在 SPSS 软件中检验的方法是 KMO 检验法和巴特莱特球形度检验法，一般二者有一个通过检验就表明数据适合因子分析。也就是说，KMO 检验值大于 0.5 或巴特莱特球形度检验 P 值小于 0.05 即可。因子分析一般可以分为三个步骤，首先确定因子的个数；再对因子载荷求解和旋转；最后计算因子得分。

1. 因子个数的确定

在因子个数的选择原则上，国内学者有的主张用特征根 $\lambda_i\geqslant 1$，有的主张累计贡献率达到 85%以上，也有的提议增加碎石图作为辅助判断。我们认为，因子个数的选择是为了更好地解释因子的含义，更好地进行因子的命名和后续的因子分析，从这一点来说，因子个数的选择在特征根和累计贡献率的基础上，更需要增加对因子载荷矩阵(特别是旋转后的因子载荷矩阵)的分析和判断，以能否客观合理地解释因子的含义作为因子个数决定的一个重要因素。

2. 因子载荷的求解和旋转

因子载荷的求解方法有很多，比如主成分法、主轴因子法、极大似然法等。主成分方法是应用较多的求解方法，它是指对数据进行一次主成分分析，然后选取方差贡献大的因子作为公共因子。但主成分方法求出的特殊因子 ε_i 之间并不相互独立，但正如式(4-6)所示，若共同度较大，特殊因子的作用就不大。主轴因子法也是从探索矩阵的结构出发，与主成分方法不同的是，主轴因子法假定 m 个公共因子不能解释原始变量的所有方差，因此利用公共因子方差(或共同度)来代替相关矩阵主对角线的元素 1，并以新得到的矩阵为出发点，对其求解特征根与特征向量得到最后的因子解。极大似然法的思想是如果假定公共因子 F 和特殊因子 ε 服从正态分布，则能够得到因子载荷和特殊因子方差的极大似然估计。

求解出因子载荷后，最重要的就是了解每一个因子载荷的意义。由于得到的因子载荷矩阵不是唯一的，可能有些变量在多个公共因子上都有较大的载荷，有些公共因子对许多变量的载荷也不小，说明它对多个变量都有较明显的影响作用。这时就需要进行因子旋转，通过因子旋转的方法使每个变量仅在一个公共因子上有较大的载荷，而在其余的公共因子上的载荷比较小。因子旋转的方法主要分为正交旋转和斜交旋转，比较常用的方法是正交旋转中的方差最大化正交旋转。

3. 因子得分

因子分析的最后一个步骤就是计算因子得分。因子得分就是计算公因子 $F_1, F_2, \cdots, F_m$ 在每一个样本点上的得分。首先我们需要用回归的思想给出公因子用原始变量表示的线性表达式：

$$F_j = \beta_{j1} X_1 + \beta_{j2} X_2 + \cdots + \beta_{jp} X_p \tag{4-7}$$

β_{jk} 称为因子得分系数，在得到这样的表达式后，我们就可以利用原始变量计算因子得分了。也可以用因子得分作进一步的分析，如进行样本间的比较分析、进行样本的聚类分析等。

4.1.4 因子分析与主成分分析的区别与联系

从主成分分析和因子分析的基本思想与数学模型，我们可以看出两者是紧密联系但又有所区别的。主成分分析可以理解为因子分析的一个特例，而因子分析也可以运用主成分法来提取因子载荷。二者之间的区别主要体现在以下几方面。

(1) 主成分分析的数学模型是一种线性变换，是将原始坐标变换到变异程度大的方向上去，突出数据变异的方向，以发现和归纳重要信息。而因子分析从本质上看是从显在变量去“提炼”潜在因子的过程。正因为因子分析是一个寻找潜在因子的过程，因子的个数 m 取多大是要通过一定规则确定的，并且公因子不是唯一的。

(2) 主成分分析不需要有假设，而因子分析假设公因子之间、公因子和特殊因子之间是不相关的。

(3) 因子分析中公因子的个数是人为确定的，根据碎石图或者特征值大于1或者研究者的意愿确定公因子个数；而主成分分析中，一般有几个变量就有几个主成分。

(4) 因子分析中因子旋转技术可以增强因子的解释能力，使公因子的含义更加清晰，应当说这也是因子分析与主成分分析相比最大的优势之一。

4.2　因子分析的上机实现

在 SPSS 中主成分分析与因子分析都在因子分析模块中，接下来用 SPSS 软件自带的数据集 Judges. sav 来详细介绍如何用 SPSS 实现因子分析。Judges. sav 数据集是 Italy、South Korea、Romania、France、China、United States、Russia 7 个国家的专业评委和热心观众(Enthusiast)对 300 名参赛选手的表现进行打分的结果。judge1～judge7 依次为 Italy、South Korea、Romania、France、China、United States、Russia 7 个国家专业评委的打分，judge8 为热心观众(Enthusiast)的打分。打开 Judges. sav 文件后，选择"**分析**"→"**降维**"→"**因子分析**"命令，打开"因子分析"对话框。将 judge1～judge8 这 8 个变量选定为分析变量，放在"**变量**"列表框中，如图 4-2 所示。

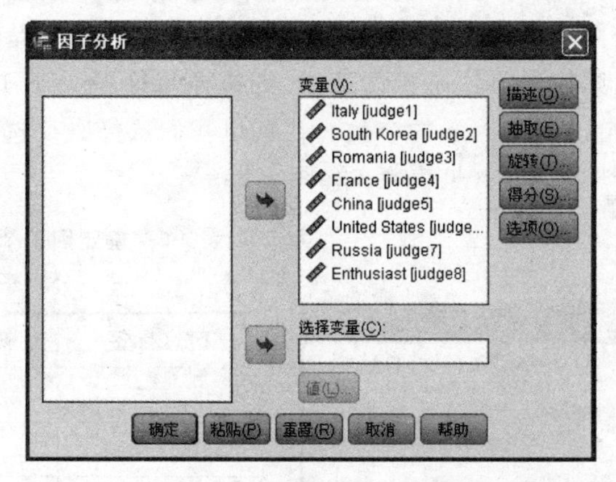

图 4-2　"因子分析"对话框

4.2.1　因子分析的适用性检验

在图 4-2 中单击"**描述**"按钮，进入如图 4-3 所示的描述统计对话框。选中"**KMO 和 Bartlett 的球形度检验**"复选框，运行得到输出结果(见表 4-1)。

由表 4-1 可以看出，该数据集适合采用因子分析方法。

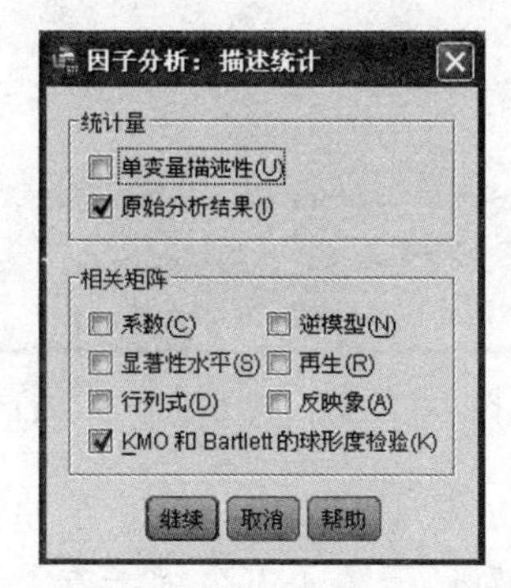

图 4-3　"因子分析：描述统计"对话框

表 4-1　因子分析适用性检验——KMO 和 Bartlett 的检验

取样足够度的 Kaiser-Meyer-Olkin 度量		0.951
Bartlett 的球形度检验	近似卡方	3971.995
	df	28
	Sig.	0.000

4.2.2　主因子个数的确定

接下来要确定因子的个数,单击"**抽取**"按钮进行因子提取,得到如图 4-4 所示的对话框。"**方法**"选项表示提取因子的方法,即求解因子载荷矩阵的方法,默认是主成分方法,单击下拉箭头还可以选择主轴因子分解和最大似然等方法。默认因子分析的基础矩阵是相关系数矩阵,在"**输出**"选项组选中"**碎石图**"选项,SPSS 会输出碎石图辅助确定主因子的个数。"**抽取**"选项组提供了两种确定主因子个数的方法,第一种方法是默认选项,即按照特征值大于 1 的原则,第二种方法是由研究者自己确定因子的个数。在这里我们选择默认选项,单击"**继续**"、"**确定**",运行得到输出结果(见表 4-2 和图 4-5)。

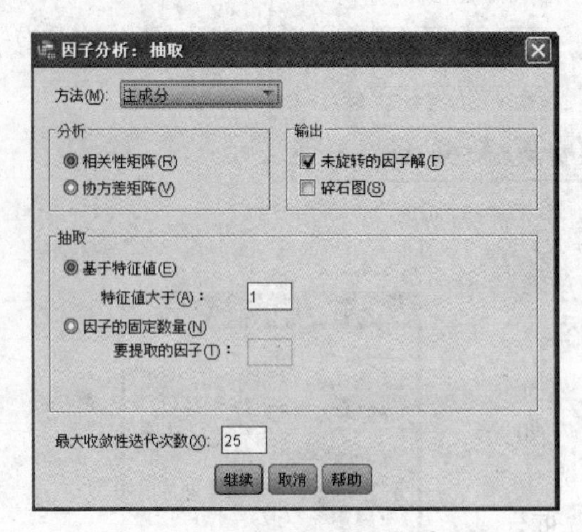

图 4-4　"因子分析：抽取"对话框

表 4-2　确定因子个数输出结果(1)
——公因子方差

变量(标签)	初始	提取
Italy	1.000	0.933
South Korea	1.000	0.904
Romania	1.000	0.911
France	1.000	0.904
China	1.000	0.919
United States	1.000	0.896
Russia	1.000	0.885
Enthusiast	1.000	0.514

注：提取方法为主成分分析。

由表 4-3(解释的总方差)显示第一个主因子的信息量已经达到了 85.807%,但表 4-2(公因子方差)也显示出热心观众的信息量仅提取了 51.4%,

为了更好地反映热心观众的评价需增加因子的个数，因此在图 4-4 中选择“**因子的固定数量**”为 2。

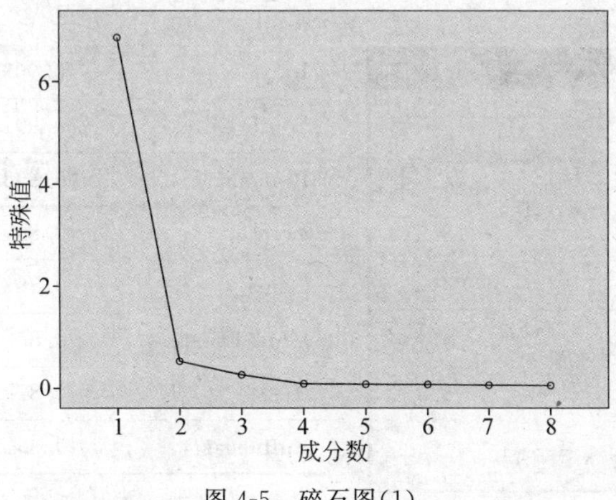

图 4-5　碎石图(1)

表 4-3　确定因子个数输出结果(2)——解释的总方差

成分	初始特征值			提取平方和载入		
	合计	方差的 %	累积 %	合计	方差的 %	累积 %
1	6.865	85.807	85.807	6.865	85.807	85.807
2	0.526	6.578	92.385			
3	0.260	3.250	95.635			
4	0.087	1.086	96.721			
5	0.076	0.954	97.675			
6	0.072	0.900	98.575			
7	0.060	0.745	99.320			
8	0.054	0.680	100.000			

注：提取方法为主成分分析。

4.2.3　因子旋转

为了进一步准确确定两个主因子的“**名称**”、“**含义**”，在图 4-2 的对话框中单击“**旋转**”按钮，打开“**旋转**”对话框(见图 4-6)。“**方法**”选项组中给出了因子旋转的方法，在这里选择“**最大方差法**”单选按钮，其余选项默认执行，运行得到因子旋转结果(见表 4-4)。

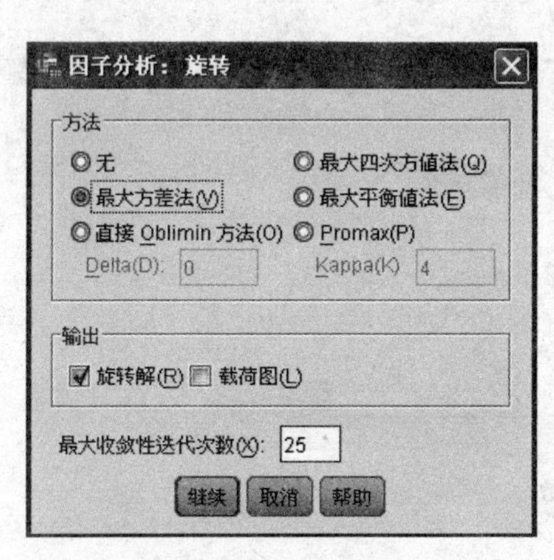

图 4-6 “因子分析：旋转”对话框

表 4-4 旋转成分矩阵

变量(标签)	成分	
	1	2
Italy	0.909	0.336
South Korea	0.901	0.318
Romania	0.893	0.345
France	0.896	0.329
China	0.893	0.353
United States	0.892	0.328
Russia	0.871	0.358
Enthusiast	0.352	0.936

注：1. 提取方法为主成分分析。
2. 旋转法为具有 Kaiser 标准化的正交旋转法。

由旋转成分矩阵可以看出，第 1 主因子在 7 个国家的专业评委变量上有较大的载荷，第 2 个主因子在热心观众评委变量上有较大的载荷。从而，第 1 主因子可以命名为**“专业评委因子”**，第 2 主因子可以命名为**“业余评委因子”**。且由旋转后的总方差解释结果(见表 4-5)得出，第 1 主因子的贡献率为 71.426%，第 2 主因子的贡献率为 20.959%。

表 4-5 旋转后解释的总方差

成分	初始特征值			旋转平方和载入		
	合计	方差的 %	累积 %	合计	方差的 %	累积 %
1	6.865	85.807	85.807	5.714	71.426	71.426
2	0.526	6.578	92.385	1.677	20.959	92.385
3	0.260	3.250	95.635			
4	0.087	1.086	96.721			
5	0.076	0.954	97.675			
6	0.072	0.900	98.575			
7	0.060	0.745	99.320			
8	0.054	0.680	100.000			

4.2.4　因子得分

得到因子旋转的结果后，最后一步就是计算因子得分。在图 4-2 的对话框中单击“**得分**”按钮，会出现如图 4-7 所示的对话框，在该对话框中选中“**保存为变量**”复选框，这表示因子得分将以变量的形式出现在数据集中。在 SPSS 中计算因子得分的方法有三种，回归法、Bartlett 法和 Anderson-Rubin 法，通常比较常用的是回归法，这里我们选择回归法。另外再选中“**显示因子得分系数矩阵**”复选框，这样就可以得到因子得分的系数矩阵。单击“**继续**”按钮后，运行得到输出结果，表 4-6 所示为各因子基于原始变量的系数矩阵。

图 4-7　“因子分析：因子得分”对话框

表 4-6　因子(成分)得分系数矩阵

变量(标签)	成分		变量(标签)	成分	
	1	2		1	2
Italy	0.195	−0.083	China	0.176	−0.045
South Korea	0.203	−0.107	United States	0.192	−0.084
Romania	0.181	−0.059	Russia	0.162	−0.023
France	0.194	−0.086	Enthusiast	−0.470	1.242

如果 7 个国家专业评委和热心观众评委打分的变量依次用 $X_1 \sim X_8$ 来表示，由表 4-6 可以给出各因子得分的计算公式：

$$F_1 = 0.195X_1 + 0.203X_2 + 0.181X_3 + 0.194X_4 + 0.176X_5 + 0.192X_6 + 0.162X_7 - 0.47X_8$$

$$F_2 = -0.083X_1 - 0.107X_2 - 0.059X_3 - 0.086X_4 - 0.045X_5 - 0.084X_6 - 0.023X_7 + 1.242X_8$$

因子总分的计算，在实际问题分析中，有时不仅需要计算因子得分，进行样本在各因子上的评价，也需要计算因子总分，进行样本的总体排名和评价。利用因子得分计算因子总分的方法是对因子得分利用各因子的方差贡献率加权求和得到。即

$$F = \sum_{i=1}^{n} \alpha_i F_i \tag{4-8}$$

其中，F_i 为各因子得分；α_i 为其相应的方差贡献率(旋转后)。

4.3　因子分析的案例分析

4.3.1　我国各地区社会发展状况的因子分析

选取 1995 年我国各地区社会发展状况数据(数据来源：《中国统计年鉴》)。其中：

X_1 为人均 GDP(元)；

X_2 为新增固定资产(亿元)；

X_3 为城镇居民人均年可支配收入(元)；

X_4 为农村居民家庭人均纯收入(元)；

X_5 为高等学校数(所)；

X_6 为卫生机构(个)。

具体数据见表 4-7。

表 4-7　1995 年我国各地区社会发展状况数据表

地区	X_1	X_2	X_3	X_4	X_5	X_6
北京	10 265	30.81	6235	3223	65	4955
天津	8164	49.13	4929	2406	21	3182
河北	3376	77.76	3921	1668	47	10 266
山西	2819	33.97	3305	1206	26	5922
内蒙古	3013	54.51	2863	1208	19	4915
辽宁	6103	124.02	3706	1756	61	6719
吉林	3037	28.65	3174	1609	43	3891
黑龙江	4427	48.51	3375	1766	38	7637
上海	15 204	128.93	7191	4245	45	5286
江苏	5785	101.09	4634	2456	67	12 039
浙江	6149	41.88	6221	2966	37	8721
安徽	2521	55.74	3795	1302	35	6593
福建	5386	18.35	4506	2048	30	4537

续表

地区	X_1	X_2	X_3	X_4	X_5	X_6
江西	2376	26.28	3376	1537	31	5423
山东	4473	102.54	4264	1715	48	10 463
河南	2475	71.36	3299	1231	50	7661
湖北	3341	37.75	4028	1511	56	9744
湖南	2701	43.10	4699	1425	47	9137
广东	6380	51.82	7438	2699	42	8848
广西	2772	32.52	4791	1446	27	5571
海南	4820	5.35	4770	1519	5	1653
四川	2516	80.97	4002	1158	64	18 885
贵州	1553	22.07	3931	1086	22	3934
云南	2490	48.48	4085	1010	26	6395
陕西	2344	26.31	3309	962	46	6215
甘肃	1925	14.84	3152	880	17	4131
青海	2910	4.16	3319	1029	7	1176
宁夏	2685	7.94	3382	998	7	1028
新疆	3953	26.65	4163	1136	21	3932

在 SPSS 软件中选择“**分析**”→“**降维**”→“**因子分析**”命令进入“因子分析”对话框，选取分析变量进入变量对话框，单击“**描述**”按钮进入描述统计选择对话框，选中“**KMO 和 Bartlett 的球形度检验**”复选框后单击“**继续**”按钮；单击“**抽取**”按钮，选中“**碎石图**”复选框；单击“**旋转**”按钮，选中“**最大方差法**”单选按钮，然后单击“**确定**”按钮运行。运行结果见表 4-8～表 4-11 和图 4-8。

表 4-8　KMO 和 Bartlett 的检验

取样足够度的 Kaiser-Meyer-Olkin 度量		0.637
Bartlett 的球形度检验	近似卡方	147.458
	df	15
	Sig.	0.000

表 4-9　公因子方差(1)

变量(标签)	初始	提取
人均 GDP/元	1.000	0.931
新增固定资产/亿元	1.000	0.722
城镇居民人均年可支配收入/元	1.000	0.800
农村居民家庭人均纯收入/元	1.000	0.959
高等学校数/所	1.000	0.847
卫生机构/个	1.000	0.857

注：提取方法为主成分分析。

表 4-10　解释的总方差(1)

成分	初始特征值			旋转平方和载入		
	合计	方差的 %	累积 %	合计	方差的 %	累积 %
1	3.327	55.456	55.456	2.800	46.661	46.661
2	1.789	29.824	85.280	2.317	38.618	85.280
3	0.491	8.185	93.465			
4	0.261	4.358	97.824			
5	0.088	1.473	99.296			
6	0.042	0.704	100.000			

表 4-11　旋转成分矩阵(1)

变量(标签)	成分	
	1	2
人均 GDP/元	0.960	0.094
新增固定资产/亿元	0.342	0.778
城镇居民人均年可支配收入/元	0.889	0.104
农村居民家庭人均纯收入/元	0.959	0.197
高等学校数/所	0.203	0.898
卫生机构/个	−0.097	0.921

注：1. 旋转在 3 次迭代后收敛。
2. 提取方法为主成分分析。
3. 旋转法为具有 Kaiser 标准化的正交旋转法。

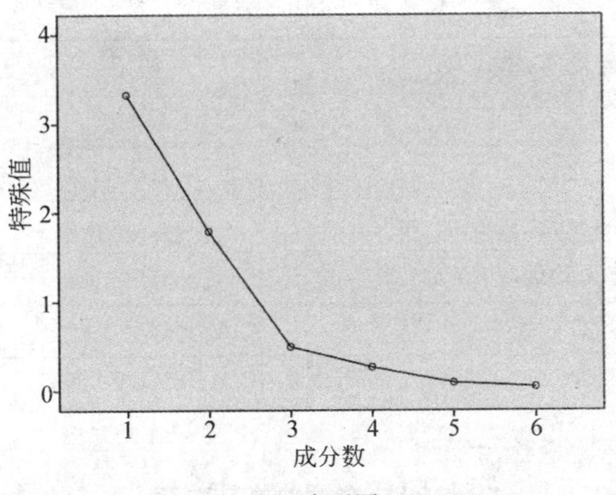

图 4-8　碎石图(2)

由运行结果可以看出,KMO 和 Bartlett 球形度检验显示,数据适合做因子分析。由特征值≥1 选取了 2 个主因子,其累积贡献率也达到了 85%以上,碎石图也显示取 2 个主因子较为合适。但用于因子含义解释和命名的因子载荷(成分)矩阵(特别是旋转后的因子载荷矩阵)显示,2 个主因子无法对因子的含义进行很好的解释。因此尝试选取 3 个因子(见图 4-9),选择固定因子的个数为 3,继续运行因子分析程序。运行结果见表 4-12～表 4-14。

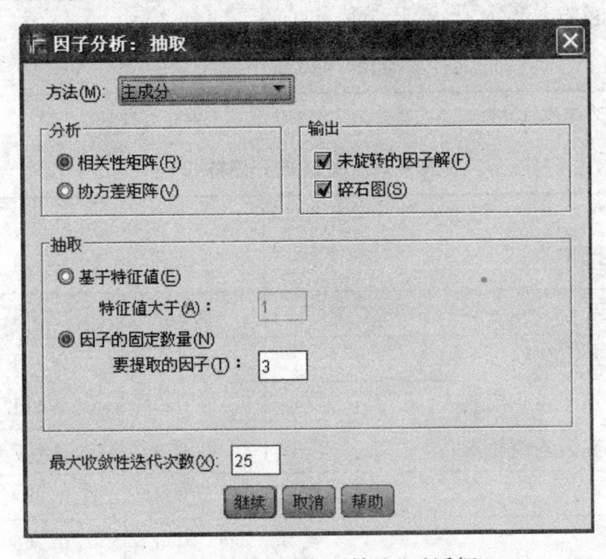

图 4-9　“因子分析：抽取”对话框

表 4-12　公因子方差(2)

变量(标签)	初始	提取
人均 GDP/元	1.000	0.966
新增固定资产/亿元	1.000	0.944
城镇居民人均年可支配收入/元	1.000	0.942
农村居民家庭人均纯收入/元	1.000	0.960
高等学校数/所	1.000	0.853
卫生机构/个	1.000	0.944

注：提取方法为主成分分析。

表 4-13　解释的总方差(2)

成分	初始特征值			旋转平方和载入		
	合计	方差的 %	累积 %	合计	方差的 %	累积 %
1	3.327	55.456	55.456	2.678	44.638	44.638
2	1.789	29.824	85.280	1.914	31.893	76.531
3	0.491	8.185	93.465	1.016	16.934	93.465
4	0.261	4.358	97.824			
5	0.088	1.473	99.296			
6	0.042	0.704	100.000			

注：提取方法为主成分分析。

表 4-14　旋转成分矩阵(2)

变量(标签)	成分		
	1	2	3
人均 GDP/元	0.895	−0.071	0.400
新增固定资产/亿元	0.225	0.491	0.807
城镇居民人均年可支配收入/元	0.949	0.171	−0.111
农村居民家庭人均纯收入/元	0.939	0.107	0.257
高等学校数/所	0.208	0.832	0.341
卫生机构/个	−0.036	0.966	0.096

注：1. 提取方法为主成分分析。
　　2. 旋转法为具有 Kaiser 标准化的正交旋转法。
　　3. 旋转在 5 次迭代后收敛。

结果显示,3 个因子可以更好地进行解释,第 1 主因子为人均收入因子,是人均 GDP、城镇和农村人均收入的反映;第 2 主因子是教育卫生因子,是高等学校和卫生机构的反映;第 3 主因子是新增固定资产因子。进一步,在因子得分对话框中选中**"显示因子得分系数矩阵"**复选框(见图 4-10)。运行结果见表 4-15~表 4-16。

图 4-10　"因子分析:因子得分"保存对话框

表 4-15　成分得分系数矩阵

变量(标签)	成分		
	1	2	3
人均 GDP/元	0.270	−0.251	0.382
新增固定资产/亿元	−0.176	−0.093	0.993
城镇居民人均年可支配收入/元	0.493	0.225	−0.637
农村居民家庭人均纯收入/元	0.350	−0.035	0.023
高等学校数/所	0.001	0.428	0.018
卫生机构/个	−0.018	0.660	−0.382

注:1. 提取方法为主成分分析。
　2. 旋转法为具有 Kaiser 标准化的正交旋转法。

表 4-16　我国各地区社会发展状况的因子得分(总分)排名表

地区	FAC1_1	排名	FAC2_1	排名	FAC3_1	排名	因子总分	排名
北京	2.153 40	2	0.256 44	11	−0.554 60	21	0.949 11	2
天津	0.957 18	5	−1.208 38	26	0.532 18	8	0.132	11
河北	−0.422 84	15	0.873 35	6	0.558 08	7	0.184 29	9
山西	−0.687 81	24	−0.343 69	18	−0.062 48	12	−0.427 22	23
内蒙古	−0.957 07	29	−0.852 56	25	0.908 21	5	−0.545 33	26
辽宁	−0.443 84	16	0.163 52	12	2.791 15	1	0.326 68	8

续表

地区	FAC1_1	排名	FAC2_1	排名	FAC3_1	排名	因子总分	排名
吉林	−0.503 70	17	−0.345 15	19	0.119 89	11	−0.314 62	19
黑龙江	−0.343 25	14	0.064 01	13	0.392 54	9	−0.066 33	14
上海	2.949 81	1	−0.732 73	22	2.464 65	2	1.500 41	1
江苏	0.320 73	8	1.503 35	2	1.041 12	4	0.798 93	4
浙江	1.570 36	4	0.591 93	8	−1.190 53	28	0.688 16	5
安徽	−0.585 24	22	0.049 20	14	0.220 83	10	−0.208 15	17
福建	0.517 62	6	−0.484 62	20	−0.661 19	23	−0.035 47	13
江西	−0.508 93	18	−0.254 10	17	−0.320 38	14	−0.362 47	21
山东	−0.287 38	13	0.832 20	7	1.233 99	3	0.3461	7
河南	−0.914 72	28	0.473 92	9	0.846 74	6	−0.113 78	15
湖北	−0.237 71	12	1.138 79	3	−0.631 01	22	0.150 23	10
湖南	−0.081 09	10	0.983 79	4	−0.867 16	25	0.130 72	12
广东	1.929 13	3	0.931 66	5	−1.538 03	29	0.897 81	3
广西	0.045 04	9	−0.102 62	15	−0.868 58	26	−0.159 71	16
海南	0.420 41	7	−1.449 90	27	−1.003 43	27	−0.444 67	24
四川	−0.754 20	25	2.940 88	1	−0.400 48	17	0.533 46	6
贵州	−0.525 73	19	−0.531 22	21	−0.720 17	24	−0.526 05	25
云南	−0.558 40	20	−0.113 14	16	−0.151 76	13	−0.311 04	18
陕西	−0.798 82	26	0.267 24	10	−0.372 01	15	−0.334 34	20
甘肃	−0.871 55	27	−0.767 88	24	−0.496 69	20	−0.718 05	27
青海	−0.573 57	21	−1.572 66	28	−0.470 80	19	−0.837 32	28
宁夏	−0.601 18	23	−1.576 95	29	−0.407 96	18	−0.840 38	29
新疆	−0.206 67	11	−0.734 65	23	−0.392 11	16	−0.392 96	22

进一步，可用**“转换、计算变量”**（见图 4-11）生成因子总分，并排序进行横向比较（见表 4-16）。

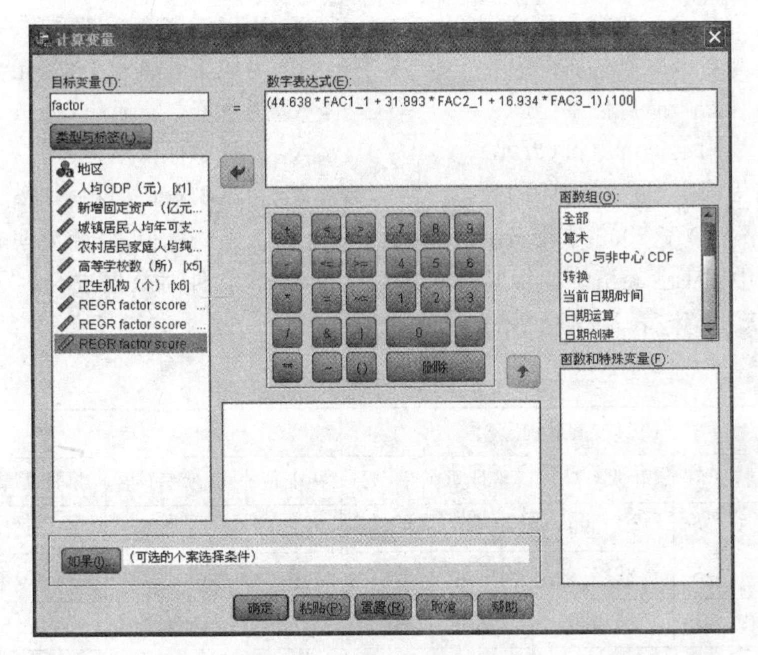

图 4-11　“计算变量”对话框(生成因子总分)

4.3.2　我国制造业产业竞争力的因子分析

产业竞争力是个相比较的概念,因此,它是可以通过选择一定评价产业竞争力的指标体系进行比较分析的。产业竞争力综合评价指标体系设计的基本出发点是既要能够客观、准确地反映产业竞争力,又要尽可能利用现有的统计资料提供的数据。指标体系的规模要适当,如果指标太少,虽然能够减少评价的工作量,但是难以综合反映评价对象的特征;指标太多,虽然有利于把握评价对象的特征,但是加大了评价的工作量。为了科学、全面、准确地选择产业竞争力评价的指标体系,遵循科学性和可行性相结合的原则、重点和准确相结合的原则、过程指标和状态指标相结合的原则,我们选取了如下指标体系来评价我国制造业的竞争力。

X_1 为工业总产值(万元);

X_2 为工业增加值(万元);

X_3 为增加值率(%);

X_4 为成本费用利润率(%);

X_5 为全员劳动生产率(%);

X_6 为产品销售率(%);

X_7 为产品外销率(%);

X_8 为科技活动人员(人);

X_9 为高级技术人员投入强度(%);

X_{10} 为经费支出总额(万元);

X_{11} 为技术经费投入强度(%)；
X_{12} 为新产品产值(万元)；
X_{13} 为新产品产值率(%)；
X_{14} 为固定资产原值(万元)；
X_{15} 为固定资产净值(万元)；
X_{16} 为固定资产新度系数(%)；
X_{17} 为职工装备水平(万元/人)；
X_{18} 为总资产贡献率(%)；
X_{19} 为资本保值增值率(%)；
X_{20} 为流动资产周转率(次)。

本节搜集了 2002 年我国制造业 28 个行业的上述指标值，原始数据略(数据来源：《中国工业经济统计年鉴 2003》)，运用 SPSS 软件对数据进行因子分析，结果如表 4-17～表 4-20 所示。

表 4-17　方差分析表

因子	旋转前			旋转后		
	特征值	贡献率/%	累计贡献率/%	特征值	贡献率/%	累计贡献率/%
1	5.520	27.599	27.599	4.253	21.265	21.265
2	4.515	22.573	50.172	3.825	19.124	40.389
3	2.991	14.956	65.128	3.623	18.113	58.502
4	1.830	9.150	74.277	2.534	12.668	71.170
5	1.355	6.776	81.053	1.756	8.781	79.951
6	1.192	5.960	87.013	1.412	7.062	87.013

注：因子提取方法为主成分分析法。

按照特征值大于等于 1 的原则，选取了 6 个因子，即 6 个初始因子，由表 4-17 可知，前 6 个因子的累积方差贡献率已达 87.013%，保留了原始数据绝大部分的信息；同时，从表 4-18 中变量共同度的数值来看，除了固定资产新度系数(0.618)和资本保值增值率(0.688)及产品销售率(0.701)的变量共同度略低以外，其他变量的共同度均在 0.775～0.976 之间，可见 6 个因子对大多数数据给出了比较充分的概括，因此可以确定保留 6 个因子。

表 4-18　变量共同度

变量	X_1	X_2	X_3	X_4	X_5	X_6	X_7	X_8	X_9	X_{10}
共同度	0.910	0.901	0.976	0.973	0.959	0.701	0.838	0.949	0.819	0.937
变量	X_{11}	X_{12}	X_{13}	X_{14}	X_{15}	X_{16}	X_{17}	X_{18}	X_{19}	X_{20}
共同度	0.850	0.938	0.863	0.931	0.916	0.618	0.900	0.962	0.688	0.775

为了更好地对因子进行命名和解释，本文选择方差最大化方法将矩阵旋转，

使系数向 0 和 1 两极分化。旋转后的因子载荷矩阵如表 4-19 所示。

表 4-19　旋转后的因子载荷矩阵

变量(标签)	因子					
	1	2	3	4	5	6
总资产贡献率	0.968	0.045	−0.041	−0.116	−0.007	0.088
工业增加值率	0.954	−0.056	−0.125	0.029	0.197	−0.087
成本费用利润率	0.948	−0.137	0.047	0.048	0.210	−0.087
全员劳动生产率	0.932	0.211	0.042	−0.099	−0.056	0.179
固定资产原价/万元	−0.127	0.800	0.389	0.266	0.046	−0.226
固定资产净值/万元	−0.142	0.775	0.390	0.286	0.070	−0.237
资本保值增值率	0.088	−0.775	0.015	0.242	−0.109	0.094
职工装备水平	0.394	0.747	−0.087	−0.127	−0.053	0.401
固定资产新度系数	−0.362	−0.514	−0.321	−0.019	0.338	−0.070
新产品产值/万元	−0.043	0.035	0.965	0.050	0.021	−0.003
新产品产值率	0.001	−0.093	0.884	0.180	0.176	0.096
工业总产值/万元	−0.116	0.450	0.783	0.221	−0.123	−0.132
工业增加值/万元	0.129	0.469	0.753	0.250	−0.023	−0.185
科技活动人员	−0.031	0.016	0.220	0.947	0.010	0.052
经费支出总额/万元	−0.017	0.130	0.333	0.899	0.010	−0.019
产品销售率	0.299	0.424	0.201	−0.524	−0.304	0.156
高级技术人员投入强度	0.127	0.102	0.127	−0.062	0.852	0.214
产品外销率	−0.243	−0.558	0.169	−0.259	−0.594	−0.136
流动资产周转率	−0.332	0.342	−0.223	−0.289	−0.533	0.362
技术经费投入强度	0.040	−0.153	−0.028	0.035	0.175	0.890

从表 4-19 中可知，在第 1 因子上总资产贡献率、工业增加值率、成本费用利润率、全员劳动生产率的载荷较大，第 1 因子主要反映这些个变量的信息，因此第 1 因子可命名为效率因子。它解释了原变量 21.265％的信息。

第 2 因子上固定资产原价、固定资产净值、资本保值增值率、职工装备水平和固定资产新度系数的载荷较大，第 2 因子主要反映这几个变量的信息，因此第 2 因子可命名为固定资产因子。它解释了原变量 19.124％的信息。

第 3 因子上新产品产值、新产品产值率、工业总产值和工业增加值的载荷较大，因此第 3 因子可命名为产值因子。它解释了原变量 18.113%的信息。

第 4 因子、第 5 因子、第 6 因子从不同的侧面反映了科技投入的状况，第 4 因子在科技活动人员、经费支出总额上的载荷较大，它从总量方面反映了科技人员和经费的投入情况；第 5 因子上高级技术人员投入强度的载荷较大，它反映了制造业各行业中科学家和工程师的投入强度；第 6 因子上技术经费投入强度的载荷较大，主要反映了科技经费支出在经费支出总额中所占的比重，所以我们可以把第 4、第 5 和第 6 因子合并在一起，并将其命名为科技因子。它解释了原变量 28.511%的信息，其方差贡献率超过了第 1 因子，因此科技因子为第 1 因子，效率因子、固定资产因子和产值因子分别为第 2、第 3 和第 4 因子。

在所有的变量中，产品销售率、产品外销率和流动资产周转率 3 个变量在所保留的 6 个主因子上的载荷都不大，它们与各个主因子的相关系数没有很明显的差别，说明在目前，产品销售率、产品外销率和流动资产周转率几个指标对我国制造业的影响比较均衡，没有突出的表现，差别不是特别明显。

为对我国制造业各行业竞争力进行综合评价，首先计算各行业的各主因子得分，然后用主因子的贡献率对相应的主因子得分进行加权，加总后得到各行业的因子综合得分，各因子得分和因子总分及相应排序结果见表 4-20。

表 4-20　各行业竞争力排名及聚类分析的结果

行业名称	科技因子		效率因子		固定资产因子		产值因子		因子综合	
	得分	名次	得分	名次	得分	名次	得分	名次	得分	名次
烟草加工业	−0.16	16	4.88	1	0.22	8	−0.13	11	1.01	1
交通运输设备制造业	0.37	5	−0.14	11	0.09	9	2.92	2	0.62	2
化学原料及化学制品制造业	0.93	3	−0.17	12	1.42	3	0.03	8	0.5	3
电子及通信设备制造业	−0.41	23	−0.12	9	−0.29	16	3.37	1	0.41	4
黑色金属冶炼及压延加工业	−0.54	26	−0.20	16	2.91	1	0.26	6	0.41	5
专用设备制造业	1.52	1	0.02	6	−0.42	18	−0.03	9	0.35	6
石油加工及炼焦业	−0.3	20	−0.18	14	2.71	2	−0.75	26	0.26	7
医药制造业	1.35	2	0.46	3	−0.93	25	−0.36	17	0.24	8

续表

行业名称	科技因子		效率因子		固定资产因子		产值因子		因子综合	
	得分	名次	得分	名次	得分	名次	得分	名次	得分	名次
电气机械及器材制造业	−0.11	15	−0.13	10	−0.19	14	1.25	3	0.13	9
普通机械制造业	0.12	11	−0.02	7	−0.02	13	0.45	4	0.11	10
饮料制造业	0.27	7	0.34	4	0.03	11	−0.44	19	0.07	11
非金属矿物制造业	0.04	12	−0.32	20	0.75	4	−0.40	18	0.02	12
化学纤维制造业	0.16	10	−0.53	26	0.65	5	−0.48	20	−0.03	13
有色金属冶炼及压延加工业	0.01	13	−0.41	22	0.49	6	−0.36	16	−0.06	14
纺织业	−0.39	22	−0.45	24	0.35	7	0.21	7	−0.1	15
食品制造业	0.53	4	−0.22	18	−0.59	21	−0.58	22	−0.11	16
造纸及纸制品业	0.25	8	−0.43	23	−0.02	12	−0.66	24	−0.14	17
食品加工业	0.23	9	−0.56	27	0.06	10	−0.58	23	−0.15	18
印刷业记录媒介的复制	−0.35	21	0.52	2	−0.38	17	−0.85	27	−0.22	19
金属制品业	−0.27	19	−0.32	19	−0.19	15	−0.19	12	−0.22	20
仪器仪表及文化办公用机械制造业	−0.47	24	0.15	5	−0.97	26	0.38	5	−0.22	21
塑料制品业	−0.19	17	−0.21	17	−0.44	19	−0.30	15	−0.24	22
橡胶制品业	−0.06	14	−0.12	8	−0.84	23	−0.29	13	−0.25	23
木材加工及竹藤棕草制品业	0.32	6	−0.73	28	−0.49	20	−0.69	25	−0.28	24
皮革毛皮羽绒及其制品业	−0.2	18	−0.47	25	−1.13	27	−0.09	10	−0.39	25
文教体育用品制造业	−0.51	25	−0.33	21	−1.25	28	−0.29	14	−0.51	26
服装及其他纤维制品制造业	−1.03	27	−0.19	15	−0.69	22	−0.48	21	−0.55	27
家具制造业	−1.11	28	−0.17	13	−0.84	24	−0.92	28	−0.68	28

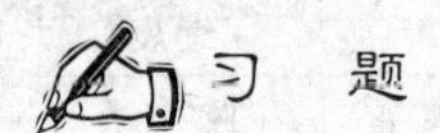

1. 主成分分析与因子分析的基本思想各是什么？有什么异同？

2. 因子载荷 a_{ij} 的统计定义是什么？它在实际问题分析中的作用是什么？

3. 对 2011 年全国 31 个省、市、自治区经济发展状况做因子分析，指标选取如下：GDP(亿元)、年末总人口(万人)、财政收入(万元)、固定资产投资(亿元)、居民消费水平(元)、居民消费价格指数、商品零售价格指数、职工平均工资(元)、工业总产值(亿元)。

4. 对 2011 年我国 30 个房地产上市公司做因子分析，数据指标如下：市盈率、净资产收益率、总资产报酬率、毛利率、资产现金率、应收应付比、营业利润占比、流通市值、总市值、成交量(手)。

5. 对 2011 年 12 家已上市的全国性商业银行的 8 个指标做因子分析，进行上市商业银行的绩效评价。数据如表 4-21 所示。

表 4-21　2011 年 12 家上市银行指标　　单位：%

银行名称	总资产收益率	净资产收益率	主营业务利润率	主营业务收入增长率	营业利润增长率	净利润增长率	资本充足率	不良贷款率
工商银行	1.44	23.44	57.03	24.95	26.35	25.55	13.17	0.94
建设银行	1.47	22.51	54.82	22.75	25.31	25.48	13.68	1.09
农业银行	1.11	20.46	41.49	30.06	31.24	28.50	11.94	1.55
中国银行	1.17	18.27	51.36	18.55	18.55	18.81	12.97	1.00
交通银行	1.19	20.49	51.12	21.80	30.58	29.95	12.44	0.86
招商银行	1.39	24.17	48.48	34.72	41.41	40.20	11.53	0.56
民生银行	1.40	23.95	45.27	50.39	62.03	60.80	10.86	0.63
光大银行	1.12	20.44	52.41	29.66	41.49	41.36	10.57	0.64
兴业银行	1.20	24.67	56.23	37.77	40.24	38.21	11.04	0.38
浦发银行	1.12	20.07	52.65	36.23	42.62	42.63	11.83	0.44
中信银行	1.27	21.07	53.84	37.99	48.11	41.62	12.27	0.60
深圳发展银行	1.07	18.35	46.38	38.68	48.33	65.35	11.08	0.58

CHAPTER 5

第5章 聚类分析

在自然科学和社会经济的各个研究领域中,存在着大量量化分类问题,如在生物学中,为了研究生物的演变,生物学家需要根据各生物体的综合特征对生物进行分类;在经济学中,为了了解不同地区的城镇居民的收入以及消费情况,往往需要划分不同的类型去研究;在考古学中,将某些古生物化石进行科学的分类;在金融领域,可以根据各个银行网点的储蓄量、人力资源状况、营业面积、网点级别、所处区域等因素,将网点分成几个等级;在商业上,需要发现不同的客户群,并且通过购买模式刻画不同客户群的特征;在电子商务上,通过对具有相似浏览行为的客户进行分组,并分析各组客户的特征,可以更好地帮助电子商务的用户了解自己的客户,向客户提供更合适的服务。聚类分析就是解决这类问题的有效工具,有着极其广泛的应用背景。

5.1 聚类分析的基本理论

5.1.1 聚类分析的概念和基本思想

1. 聚类分析的概念

聚类分析也称群分析、点群分析,就是研究如何对样本(或变量)进行量化分类的多元数据分析方法。聚类分析是根据样本自身的属性,用数学方法按照某种相似性或差异性指标,定量地确定样本(或变量)之间的亲疏关系,并按这种亲疏关系程度对样本(或变量)进行分类的多元统计方法。

"物以类聚,人以群分。"对事物进行分类,是人们认识事物的出发点,也是人们认识世界的一种重要方法,因此分类学便成为人类认识世界的基础科学。对社会生活的众多领域中存在的大量的分类问题,最初人们主要依靠经验和专业知识做定性分类，致使许多分类带有主观性和任意性，不能很好地揭示客观事物内在的本质差别与联系，特别是对于多因素、多指标的分类问题，定性分类的准确性就更不好把握。随着生产技术和科学的发展，人类的认识不断加深，分类越来越细，对分类的要求也越来越高，光凭经验和专业知识分类不能取得令人满意的结果。为了克服定性分类存在的不足，数学方法被引进分类学中，形成了数值分类学，后来随着多元分析的引进，聚类分析又逐渐从数值分类学中分离出来，形成一个相对独立的分支。随着计算机技术的不断发展，利用数学方法研究分类问题不仅非常必要而且完全可能。因此，自计算机问世和专业分析软件开发应用以来，聚类分析的理论和应用得到了迅速的发展，取得了许多令人满意的成果。

2. 聚类分析的基本思想

聚类分析的基本思想是认为所研究的样本或指标（变量）之间存在程度不同的相似性。根据一批样本的多个观测指标，具体找出一些能够度量样本或指标之间相似程度的统计量，以这些统计量为划分类型的依据，把一些相似程度较大的样本（或指标）聚合为一类，把另外一些彼此之间相似程度较大的样本（或指标）聚合为另一类，直到把所有的样本（或指标）聚合完毕。聚类分析是依据分析数据本身所具有的定量特征来对大量的数据进行分组归类，以了解数据的内在结构，使分类更具客观性，并能反映出事物的内在必然联系。聚类的目的在于通过把原来的对象分成相似的组，来获得数据的某种内在规律，衡量聚类结果优劣的标准是类内的相关性尽量大，类间相关性尽量小。

从统计学的观点看，聚类分析是通过数据建模简化数据的一种方法。聚类分析方法包括系统聚类法、K 均值聚类、两步聚类、有序样本聚类、模糊聚类、图论聚类等。有些聚类分析方法已被加入到许多著名的统计分析软件包中，如 SAS、SPSS 等。

聚类与分类的不同在于，聚类所要求划分的类是未知的。聚类分析是一种探索性的分析，在分类的过程中，人们不必事先给出一个分类的标准，聚类分析能够从样本数据出发进行分类。聚类分析所使用的方法不同，常常会得到不同的结论。不同研究者对于同一组数据进行聚类分析，所得到的聚类数未必一致。

在聚类分析中，根据分析对象的不同分为 Q 型聚类分析和 R 型聚类分析。Q 型聚类分析是对样本进行分类处理，R 型聚类分析是对变量进行分类处理，用于了解样本（或变量）之间的亲疏程度。聚类分析实质上是寻找一种能客观反映样本（或变量）之间亲疏关系的统计量，如何来度量样本（或变量）之间的相似程度是非常重要的。在聚类分析中需重点把握好两个环节：一个是点和点之间的相似性度量,一个是类和类之间的相似性度量。

5.1.2　点与点之间的相似性度量方法

点和点之间相似性度量的统计量与变量的测量尺度有关,通常变量的测量尺度可以分为间隔、有序和名义尺度 3 类。

间隔尺度:用连续的实值变量来表示,是由测量或计数、统计所得到的量。如经济统计数据、长度、重量、速度、温度等。

有序尺度:没有明确的数量表示,而是划分一些等级,等级之间有次序关系。如某产品分为一等品、二等品、三等品 3 个等级等;毕业论文成绩有优、良、中、及格、不及格之分;体质状况有好、中、差 3 个等级。

名义尺度:既没有数量表示,也没有次序关系,而是表现为某种状态,其值通常是非数值数据。如性别有男、女;颜色有红、黄、蓝、绿等;医疗诊断有阴性、阳性等。

不同尺度类型的变量,其距离和相似系数的定义方法有很大差异。用得较多的是间隔尺度,因此本章只介绍间隔尺度的距离和相似系数的定义。

1. 样本相似性度量的统计量

Q 型聚类分析,常用距离来测度样本之间的相似程度。每个样本有 p 个指标(变量),从不同方面描述其性质,形成一个 p 维的向量。如果把 n 个样本看成 p 维空间中的 n 个点,则两个样本间的相似程度就可用 p 维空间中两点间的距离来度量。距离是事物之间差异性的测度,差异性越大,则相似性越小,所以距离是 Q 型聚类分析的依据和基础。

在高等数学中,距离的概念是在欧氏距离的基础上发展引申而成的。设 $\boldsymbol{X}_i=(x_{i1},x_{i2},\cdots,x_{ip})(i=1,2,\cdots,n)$ 为 n 个样本,$d_{ij}=f(\boldsymbol{X}_i,\boldsymbol{X}_j)$ 是 $\boldsymbol{X}_i$、$\boldsymbol{X}_j$ 的函数,如果满足

(1) $d_{ij}\geqslant 0$($d_{ij}=0$ 当且仅当 $i=j$)　　非负性

(2) $d_{ij}=d_{ji}$,对一切 i,j　　对称性

(3) $d_{ij}\leqslant d_{ik}+d_{kj}$,对一切 i,j,k　　三角不等式

则称 d_{ij} 是 $\boldsymbol{X}_i$、$\boldsymbol{X}_j$ 之间的距离。

两点间的距离 d_{ij} 可以从不同角度进行定义,经典的距离公式有如下几种。

1) 明考夫斯基距离

$$d_{ij}(q)=\left(\sum_{k=1}^{p}\mid x_{ik}-x_{jk}\mid^{q}\right)^{1/q} \tag{5-1}$$

明考夫斯基距离简称明氏距离，按取值的不同又可分成三种。

(1) 绝对值距离($q=1$)

$$d_{ij}(1)=\sum_{k=1}^{p}|x_{ik}-x_{jk}| \tag{5-2}$$

(2) 欧氏距离($q=2$)

$$d_{ij}(2)=\left(\sum_{k=1}^{p}|x_{ik}-x_{jk}|^2\right)^{1/2} \tag{5-3}$$

(3) 切比雪夫距离($q=\infty$)

$$d_{ij}(\infty)=\max_{1\leqslant k\leqslant p}|x_{ik}-x_{jk}| \tag{5-4}$$

欧氏距离是最常用的距离，但由于它没有考虑到总体的变异对“距离”远近的影响，在处理问题时有一定的局限性。为了克服这方面的不足，引入“马氏距离”的概念。

2) 马氏距离

$$d_{ij}^2(M)=(\boldsymbol{X}_i-\boldsymbol{X}_j)^{\mathrm{T}}\Sigma^{-1}(\boldsymbol{X}_i-\boldsymbol{X}_j) \tag{5-5}$$

其中，Σ 为协方差矩阵。马氏距离又称为广义欧氏距离。显然，马氏距离与明氏距离的主要不同在于它考虑了变量之间的相关性。如果各变量之间相互独立，即变量的协方差矩阵是对角矩阵，则马氏距离就退化为用各个观测指标的标准差的倒数作为权数的加权欧氏距离。马氏距离还考虑了变量之间的变异性，不再受各指标量纲的影响。将原始数据作线性变换后，马氏距离不变。

3) 兰氏距离

$$d_{ij}(L)=\frac{1}{p}\sum_{k=1}^{p}\frac{|x_{ik}-x_{jk}|}{x_{ik}+x_{jk}} \tag{5-6}$$

兰氏距离仅适用于一切 $x_{ij}>0$ 的情况。这是一个自身标准化的量，由于它对奇异值不敏感，因此特别适合处理高度偏倚的数据。它不受各指标量纲的影响，但没有考虑指标之间的相关性。

一般来说，对同一批数据采用不同的距离公式，会得到不同的聚类结果。产生不同结果的原因，主要在于不同距离公式的侧重点和实际意义有所不同。样本间距离公式的选择是一个比较复杂且带有一定主观性的问题，我们应根据研究对象的特点做出具体分析。在实际应用时，不妨试探性地多选择几个距离公式分别进行聚类，然后对聚类的结果进行对比分析，以确定最合适的距离测度方法。

2. 变量间相似程度度量的统计量

聚类分析方法不仅可用来对样本进行分类，而且可用来对变量进行分类，在对变量进行分类时，常常采用相似系数来度量变量之间的相似性。多元数据中的变量表现为向量形式，在几何上可用多维空间中的一个有向线段表示。在对多元数据进行分析时，相对于数据的大小，我们更多地对变量的变化趋势或方向感兴趣。因此，变量间的相似性，我们可以从它们的方向趋同性或“相关性”进行考察，从而得到“夹角余弦法”和“相关系数”两种度量方法。

设 $\boldsymbol{x}_i=(x_{1i},x_{2i},\cdots,x_{ni})'(i=1,2,\cdots,p)$ 是 p 个变量，将其看作 n 维空间的向量，则两个变量 $\boldsymbol{x}_i$ 与 $\boldsymbol{x}_j$ 之间的夹角余弦为

$$\cos\theta_{ij}=\frac{\sum_{k=1}^{n}x_{ki}x_{kj}}{\sqrt{\left(\sum_{k=1}^{n}x_{ki}^2\right)\left(\sum_{k=1}^{n}x_{kj}^2\right)}} \tag{5-7}$$

其相关系数为

$$r_{ij}=\frac{\sum_{k=1}^{n}(x_{ki}-\bar{\boldsymbol{x}}_i)(x_{kj}-\bar{\boldsymbol{x}}_j)}{\sqrt{\left(\sum_{k=1}^{n}(x_{ki}-\bar{\boldsymbol{x}}_i)^2\right)\left(\sum_{k=1}^{n}(x_{kj}-\bar{\boldsymbol{x}}_j)^2\right)}} \tag{5-8}$$

无论是夹角余弦还是相关系数，作为变量近似性的度量工具，我们把它们统一记为 c_{ij}。当 $|c_{ij}|=1$ 时，说明变量 $\boldsymbol{x}_i$ 与 $\boldsymbol{x}_j$ 完全相似；当 $|c_{ij}|$ 接近于 1 时，说明变量 $\boldsymbol{x}_i$ 与 $\boldsymbol{x}_j$ 关系密切；当 $|c_{ij}|=0$ 时，说明变量 $\boldsymbol{x}_i$ 与 $\boldsymbol{x}_j$ 完全不相似；当 $|c_{ij}|$ 接近于 0 时，说明变量 $\boldsymbol{x}_i$ 与 $\boldsymbol{x}_j$ 差别很大。据此，我们就可以把比较相似的变量聚为一类，把不太相似的变量归到不同的类内。

在实际聚类过程中，为了计算方便，我们把变量间相似性的度量公式变换为

$$d_{ij}=1-|c_{ij}| \tag{5-9}$$

或者

$$d_{ij}^2=1-c_{ij}^2 \tag{5-10}$$

可以这样来理解式(5-10)，两点间相似度越大，就相当于距离越短，这比较符合人们的一般思维习惯。

在实际应用中，对样本分类常用距离来度量相似性，对指标分类常用相似系数来度量；用距离度量时找最小的元素并类，用相似系数度量时找最大的元素并类。

5.1.3　类与类的相似性度量方法

点与点之间的相似性可以有不同的度量方法，类与类之间的相似性也有多

种度量方法，主要有最短距离法、最长距离法、中间距离法、重心法、类平均法和离差平方和法。它们的归类步骤基本上是一致的，主要差异是类间距离的计算方法不同。以样本聚类为例。

1）最短距离法

用 D_{ij} 表示类 G_i 与 G_j 之间的距离。定义类 G_i 与 G_j 之间的最短距离为两类最近样本的距离（见图 5-1），即

$$D_{ij} = \min_{x_i \in G_p, x_j \in G_q} d_{ij} \tag{5-11}$$

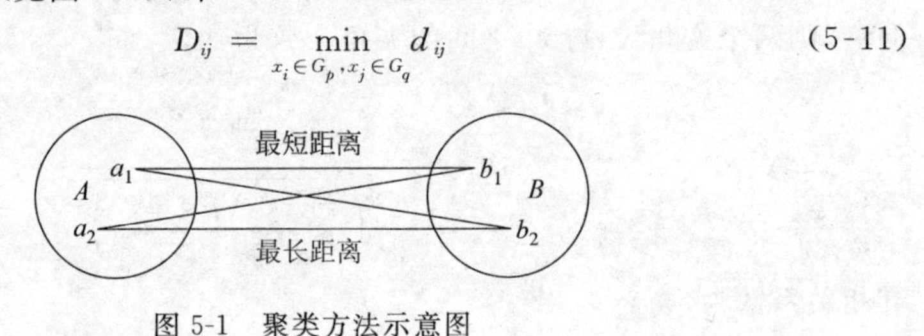

图 5-1　聚类方法示意图

用最短距离法进行聚类分析的步骤如下。

(1) 假设共有 n 个样本，首先构造 n 个类，每一类中只包含一个样本，共有 n 类。

(2) 定义样本之间距离，计算 n 个样本两两之间的距离，得一距离矩阵，记为 $\boldsymbol{D}(0)$，这时 $D_{ij}=d_{ij}$。

(3) 把距离最近的两个样本聚为一类，其他的样本仍各自为一类，共聚成 $n-1$ 类。

(4) 计算新类与其他类的距离，将距离最近的两个类进一步聚成一类，共聚成 $n-2$ 类，以此类推。如果某一步距离最小的元素不止一个，则这些最小元素对应的类可以同时合并。

(5) 重复步骤(3)和步骤(4)，直到所有元素并成一类为止。为了直观地反映以上的系统聚类过程，可以把整个分类过程画成一张谱系图，所以有时系统聚类也称为谱系分析。

(6) 决定类的个数和类成员。系统聚类允许一类整个地包含在另一类内，但在这两类间不能有其他类与之重叠。

2）最长距离法

最长距离法定义类 G_i 与 G_j 之间的距离为两类最远样本的距离（见图 5-1），即

$$D_{ij} = \max_{x_i \in G_p, x_j \in G_q} d_{ij} \tag{5-12}$$

此方法受极端值的影响较大。最长距离法与最短距离法的并类步骤完全一样。

3）中间距离法

定义类间距离可以既不采用两类之间最近的距离也不采用两类之间最远的距离，而是采用介于两者之间的距离，称为中间距离法。

4）重心法

重心法是以两类重心之间的距离作为两类间的距离。重心即该类样本的均值。重心对类有很好的代表性，在处理异常值方面较稳健，但利用各样本的信息不充分。每合并一次类，都要重新计算新类的重心，计算量较大。

5）类平均法

定义类间距离平方为这两类元素两两之间距离平方的平均数，即

$$D_{ij} = \frac{1}{n_i n_j} \sum_{X_i \in G_i} \sum_{X_j \in G_j} d_{ij}^2 \tag{5-13}$$

其中，n_i 为 G_i 中的样本数。

6）离差平方和法

该方法是 Ward 提出来的，所以又称为 Ward 法。该方法的基本思想来源于方差分析，如果分类正确，同类样本的离差平方和应当较小，类与类的离差平方和应当较大。先将 n 个样本各自成一类，然后每次缩小一类，每缩小一类，离差平方和就要增大，选择使方差增加最小的两类合并，直到所有的样本归为一类为止。

设 X_{ki} 是 G_i 中的第 k 个样本，则 G_i 的样本离差平方和为

$$S_i = \sum_{k=1}^{n_i} (X_{ki} - \overline{X}_i)^{\mathrm{T}} (X_{ki} - \overline{X}_i) \tag{5-14}$$

如果 $G_r = G_i \cup G_j$，则定义

$$D_{ij}^2 = S_r - S_i - S_j \tag{5-15}$$

离差平方和法分类效果较好，应用也广泛，但对异常值较敏感。

5.1.4　聚类的方法

1. 系统聚类法

聚类分析包括很多种方法，不同的方法适合解决不同类型的问题。其中系统聚类法是最基本的一种，系统聚类分析也叫分层聚类分析，是目前国内外使用得最多的一种方法。

系统聚类法的基本思想是：在样本之间定义距离，在变量之间定义相似系数，距离或者相似系数代表着样本或者变量之间的相似程度。按照相似程度的

大小，将样本(或变量)逐一归类，关系密切的先参与并类，关系疏远的后参与并类，过程一直进行下去，直到所有的样本(或变量)都聚到合适的类中，形成一个表示亲疏关系的谱系图，可据此对样本(或者变量)进行分类。

一般情况下，对同一数据用不同的方法聚类的结果是不会完全相同的，怎样比较各种聚类方法的优劣呢？至今还没有客观的评价标准。类的结构(规模、形状、个数)、奇异值、相似测度选择都会影响到聚类结果。在实际应用中，一般采用以下两种处理方法。

(1) 根据分类问题本身的专业知识，可将聚类结果与实际问题对照，看哪一个结果更符合经验，结合实际需要来选择分类方法，并确定分类个数。Bemirmen 于 1972 年提出了应根据研究目的来确定适当的分类方法，并提出了一些根据谱系图来分类的准则。

准则 A：各类重心之间的距离必须很大。

准则 B：确定的类中，各类所包含的元素都不要太多。

准则 C：类的个数必须符合使用目的。

准则 D：若采用几种不同的聚类方法处理，则在各自的聚类图中应发现相同的类。

(2) 多用几种分类方法去做，把结果中的共性提出来，对有争议的样本用判别分析去归类。

2. K 均值聚类

系统聚类法需要计算出不同样本或变量的距离，还要在聚类的每一步都要计算“类间距离”，相应的计算量自然比较大；特别是当样本容量很大时，需要占据非常大的计算机内存空间，这给应用带来一定的困难。而 K 均值聚类是一种快速聚类法，样本量大于 100 时有必要考虑采用该方法，得到的结果比较简单易懂，对计算机的性能要求不高，因此应用也比较广泛。

K 均值法是一种比较流行的动态聚类法。动态聚类法的基本思想是，选择一批凝聚点或给出一个初始的分类，让样本按某种原则向凝聚点凝聚，对凝聚点进行不断的修改或迭代，直至分类比较合理或迭代稳定为止。类的个数 k 可以事先指定，也可以在聚类过程中确定。K 均值法是由麦奎因(MacQueen)于 1967 年提出并命名的一种算法，这种算法至少包括以下 3 个步骤。

(1) 选择 k 个样本作为初始凝聚点，或者将所有样本分成 k 个初始类，然后将这 k 个类的重心(均值)作为初始凝聚点。

(2) 对除凝聚点之外的所有样本逐个归类，将每个样本归入离它最近的凝聚点所代表的那个类中，并对获得样本与失去样本的类，重新计算中心坐标。

(3) 重复步骤(2),直至所有的样本都不能再分配为止。

K均值法最终的聚类结果在一定程度上依赖于初始凝聚点或初始分类的选择。经验表明,聚类过程中的绝大多数重要变化均发生在第一次再分配中。

K均值法和系统聚类法一样,都是以距离的远近亲疏为标准进行聚类的,但是两者也有明显的不同之处:系统聚类产生一系列类数不同的聚类结果,而K均值聚类只能产生指定类数的聚类结果;K均值法具体分类数的确定,离不开实践经验的积累,有时也可以借助系统聚类法以一部分样本为对象进行聚类,其结果作为K均值聚类法确定类数的参考;K均值聚类只能做Q型聚类,系统聚类能做Q型聚类和R型聚类。

3. 两步聚类

两步聚类又称两阶段聚类,它与系统聚类相似,是揭示数据所蕴含的自然组别的一种探索性分析方法,可以有效地分析大样本数据。

两步聚类法聚类的特点有3个。

(1) 聚类变量可以是连续变量,也可以是分类变量。两步聚类充分考虑到这两种变量的不同性质,采用对数似然距离和欧氏距离来衡量相似性。当聚类指标中含有分类变量时必须选择对数似然距离。

(2) 它能自动确定出类的个数。通过"自动确定"选项,可以在限定类个数上限内自动进行类别个数的选择,类别个数上限默认为15(可以修改)。当然也可以指定固定值,输入你想要的类别个数。

(3) 能够有效地分析大数据集。K均值聚类和两步聚类在模型选择上依据AIC和BIC两个准则,AIC或者BIC的值越小,模型越好。

5.2 聚类分析的上机实现

在SPSS软件中,在"**分析**"→"**分类**"下包含3种聚类分析过程:两步聚类、K均值聚类和系统聚类。

5.2.1 系统聚类方法

【例5-1】 为了研究我国各地区城镇居民家庭收入来源状况,选取了反映城镇居民家庭收入来源的4个变量:

x_1 为工资性收入；

x_2 为经营净收入；

x_3 为财产性收入；

x_4 为转移性收入。

搜集了 2010 年我国各地区城镇居民家庭平均每人收入来源数据资料，如表 5-1 所示。

表 5-1　2010 年我国各地区城镇居民家庭平均每人收入来源　单位：元

地区	工资性收入 x_1	经营净收入 x_2	财产性收入 x_3	转移性收入 x_4
北京	23 099.09	1170.65	655.91	8434.77
天津	16 780.41	931.81	333.17	8896.61
河北	10 566.3	1043.72	323.97	5400.43
山西	10 784.74	1044.85	198.59	4864.81
内蒙古	12 614.46	2013.77	432.82	3953.19
辽宁	11 712.68	1797.82	249.59	6254.48
吉林	10 621.43	1363.73	163.83	4645.45
黑龙江	9087.59	1266.72	102.05	4639.19
上海	25 439.97	1628.22	512.12	8158.2
江苏	14 816.87	2519.06	471.04	7308.57
浙江	18 313.6	3640.87	1470.13	6710.19
安徽	11 442.43	1172.36	427.01	4584.91
福建	15 682.48	2135.92	1420.84	4910.35
江西	10 613.83	1266.21	344.77	4333.2
山东	15 731.23	1703.72	490.22	3811.78
河南	10 804.88	1478.06	222.07	4636.8
湖北	11 460.49	1391.83	378.34	4342.17
湖南	10 782.04	1880.9	541.11	4453.02
广东	18 902.43	2666.53	956.6	4371.3
广西	12 061.82	1474.9	576.87	4628.62
海南	10 957.92	1716.74	559.76	3695.21
重庆	12 738.2	1263.2	312.64	4676.51
四川	11 310.7	1198.69	378.08	4241.43
贵州	9627.99	1174.02	213.83	4122.96

续表

地区	工资性收入 x_1	经营净收入 x_2	财产性收入 x_3	转移性收入 x_4
云南	10 845.21	1122.89	1162.12	4348.7
西藏	14 707.14	395.66	233.04	1203.14
陕西	12 078.35	573.19	187.39	4225.78
甘肃	9882.5	687.96	72.23	3664.59
青海	10 061.58	943.96	73.9	4401.37
宁夏	10 821.22	2238.13	189.52	4287.91
新疆	11 327.91	1131.78	151.94	2809.96

资料来源：《中国统计年鉴》，中国统计出版社，2011。

在 SPSS 数据编辑窗口中选择“**分析**”→“**聚类**”→“**系统聚类**”命令，调出系统聚类分析主界面，并将 $x_1 \sim x_4$ 4 个变量选定为分析变量，放入“**变量**”列表框中，选择“**省区**”放入“**标注个案**”列表框中，如图 5-2 所示。

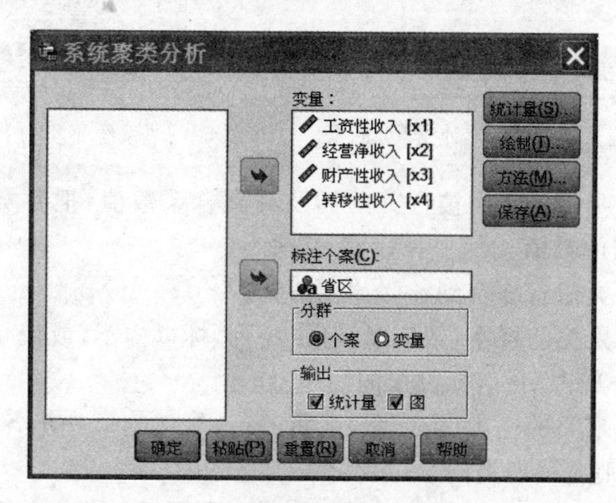

图 5-2　“系统聚类分析”对话框

在“**分群**”选项组中选择“**个案**”单选按钮，即对样本进行聚类；若选择“**变量**”单选按钮，则对变量进行聚类，在对变量进行聚类时度量标准就选择夹角余弦或相关系数，其余选项及结果分析与样本聚类类同，不再赘述。

在“**输出**”选项组中选中“**统计量**”和“**图**”复选框，这样在结果输出窗口中可以同时得到聚类结果统计量和统计图。

单击“**统计量**”按钮，弹出“**系统聚类分析：统计量**”对话框，如图 5-3 所示。

合并进程表：凝聚状态表，或称为聚类进度表，显示聚类过程的每一步合并的类或样本、被合并的类或样本之间的距离、样本或变量加入到一类的类水平。

相似性矩阵：给出各类之间的距离或相似度量值。

聚类成员：在输出窗口中显示每个样本的分类结果。在“**保存**”中有相同选择。

单击“**绘制**”按钮，弹出“**系统聚类分析：图**”对话框，如图 5-4 所示。

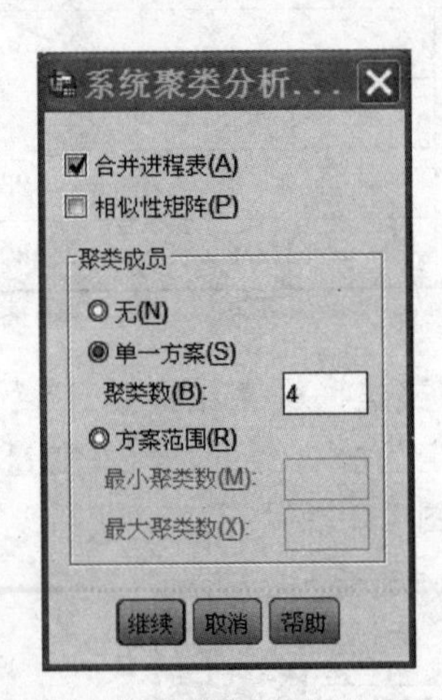

图 5-3 “系统聚类分析:统计量”对话框

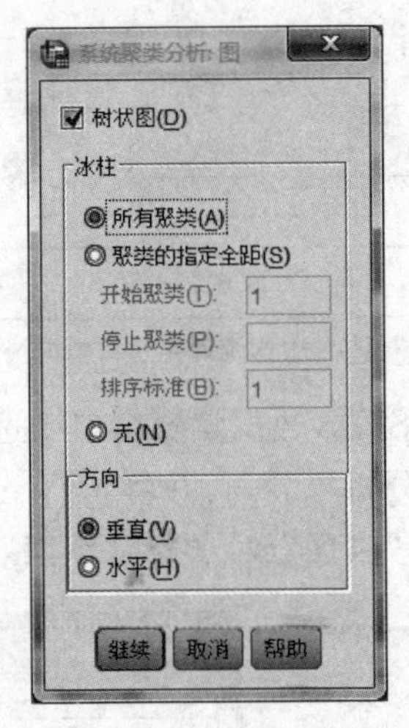

图 5-4 “系统聚类分析:图”对话框

树状图：表明每一步中被合并的类及其聚合系数值，把各类之间的距离转换成 1～25 之间的数值。

冰柱：把聚类信息综合到一张冰柱图上。

垂直：参与聚类的样本(或变量)各占一列，标以样本(或变量)号或标签；聚类过程中的每一步占一行，标以步的顺序号。

水平：参与聚类的样本(或变量)各占一行，聚类的每一步各占一列；如果不加限定选择项，则显示聚类的全过程。

选中“**树状图**”复选框，单击“**继续**”按钮返回“系统聚类分析”对话框。

单击“**方法**”按钮，弹出“**系统聚类分析：方法**”对话框，如图 5-5 所示。

聚类方法：

Between-groups linkage——类间平均法；

Within-groups linkage——类内平均法；

Nearest neighbor——最近邻居法，即最短距离法；

Furthest neighbor——最远邻居法，即最长距离法；

Centroid clustering——重心法，应与欧氏距离平方一起使用；

Median clustering——中间距离法，应与欧氏距离平方一起使用；

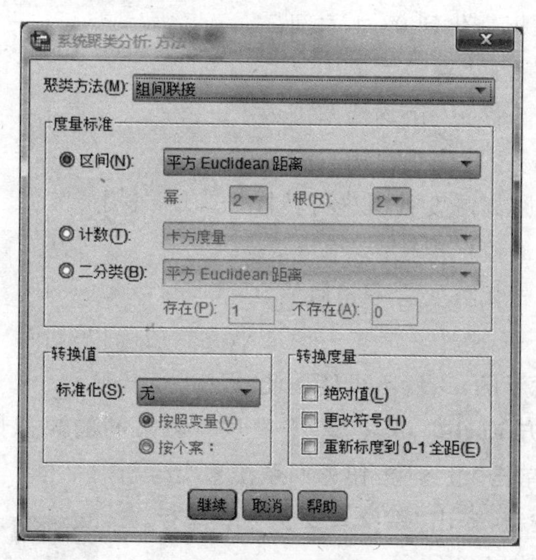

图 5-5　“系统聚类分析:方法”对话框

Ward's method——离差平方和法,应与欧氏距离平方一起使用。

度量标准:对距离和相似系数的不同测量方法。

在相似性度量上,**“区间”**提供了 8 种距离和相似系数供用户选择:

Euclidean 距离——欧式距离;

平方 Euclidean 距离——欧式距离平方;

Cosine——夹角余弦,变量相似性的度量;

Pearson correlation——皮尔逊相关系数,变量相似性的度量;

Chebychev——切比雪夫距离;

Block——绝对值距离;

Minkowski——明考夫斯基距离;

Customized——距离是一个绝对幂的度量,即变量绝对值的 p 次幂之和的 r 次根,p 与 r 由用户指定。

转换值:标准化方法。聚类分析中如果参与聚类的变量的量纲不同会导致错误的聚类结果。因此在聚类过程进行之前必须对变量值进行标准化,即消除量纲的影响。不同方法进行标准化,会导致不同的聚类结果。采用何种标准化的方法,要注意变量的分布,如果是正态分布应该采用 Z 分数法。如果参与聚类的变量的量纲相同,可以使用系统默认值无,即不进行标准化处理。

标准化处理方法有如下几种。

Z 得分:把数值减去标准差后再除以标准差。

全距从 $-1\sim1$:标准化到 $-1\sim1$ 之间。

全距从 0～1：标准化到 0～1 之间。

1 的最大量：标准化到最大值 1。

均值为 1：标准化在一个均值范围内。

标准差为 1：标准化到单位标准差。

转换度量：对距离测度数值进行转换，有 3 种方法。

绝对值：把距离值标准化。

更改符号：把相似值变为不相似值，或相反。

重新标度到 0～1 全距：首先去掉最小值然后除以范围。对于已经按照某种换算方法标准化了的，一般不再使用此方法进行转换。

本例选用"**平方 Euclidean 距离**"来度量观测之间的相似性，聚类方法选择"**组间联接**"选项，单击"**继续**"按钮返回系统聚类分析对话框。

单击"**保存**"按钮，弹出"**系统聚类分析：保存新变量**"对话框，如图 5-6 所示。

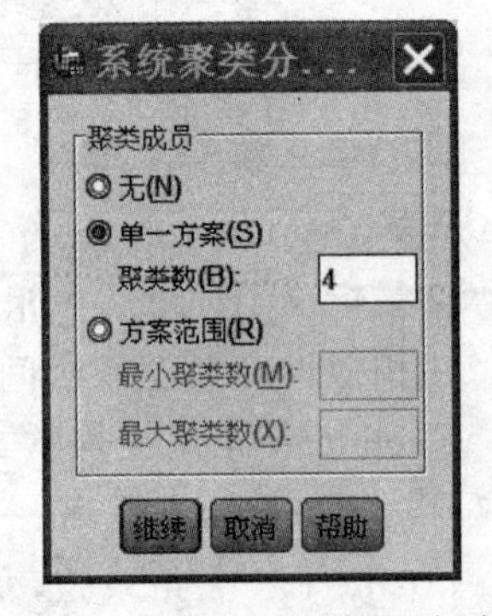

图 5-6 "系统聚类分析：保存新变量"对话框

此对话框内容与统计量对话框内容相同，但分类结果出现的位置不同，统计量对话框中定义的每个样本的分类结果在输出窗口中显示，而保存新变量对话框中定义的是把每个样本的分类结果作为新变量保存在数据编辑窗中。

选择"**单一方案**"单选按钮，在"**聚类数**"文本框输入 4，单击"**继续**"按钮返回系统聚类分析对话框，再单击"**确定**"按钮即完成分析。

运行结果如下。

表 5-2 案例处理汇总

有效		缺失		总计	
N	百分比	*N*	百分比	*N*	百分比
31	100.0	0	0.0	31	100.0

注：1. 平方 Euclidean 距离已使用。

2. 平均联接(组之间)。

从表 5-2 中看出，观测数为 31 个，没有缺失值，采用平方 Euclidean 距离度量样本间的相似性，聚类方法为平均联接法。

相似性矩阵显示的是用平方 Euclidean 距离计算的近似矩阵表，其实质是一个不相似矩阵，其中的数值越大，表示两样本距离越远。它是一个对角矩阵，只需看上三角或下三角，把矩阵中除对角线上数值外的最小值对应的两个观测聚为一类。本例中由于距离矩阵太庞大，因此不再列示。

表 5-3 所示为凝聚状态表，第 1 列"**阶**"表示聚类分析的第几步；第 2 列、第 3 列"**群集组合**"表示本步聚类中哪两个观测或小类聚成一类；第 4 列"**系数**"是相应的聚合系数；第 5 列、第 6 列"**首次出现阶群集**"表明本步聚类中，参与聚类的是样本还是小类——其中 0 表示样本，数字 n(非 0)表示由第 n 步聚类产生的小类参与本步聚类；第 7 列"**下一阶**"表示本步聚类的结果将在下面聚类的第几步中用到。本例中，7 号样本和 16 号样本首先聚为一类，它们之间的聚合系数最小，为 50 191.971，第 1 步并成的类在第 4 步又参与并类，这个类又和 14 号样本并类，本步骤结束后新形成的类里就包含 7 号样本、16 号样本和 14 号样本，这个类在第 5 步又参与并类，以此类推，直到所有观测并为一类。

表 5-3　聚类表

阶	群集组合		系数	首次出现阶群集		下一阶
	群集 1	群集 2		群集 1	群集 2	
1	7	16	50 191.971	0	0	4
2	17	23	69 888.719	0	0	3
3	12	17	124 101.719	0	2	10
4	7	14	164 208.016	1	0	5
5	4	7	266 828.778	0	4	10
6	18	30	280 025.186	0	0	11
7	24	29	338 020.425	0	0	9
8	20	22	574 417.739	0	0	14
9	24	28	585 818.242	7	0	15
10	4	12	677 293.390	5	3	12
11	18	21	705 705.734	6	0	13
12	4	25	1 014 754.680	10	0	13
13	4	18	1 069 322.246	12	11	17
14	5	20	1 094 524.951	0	8	16
15	8	24	1 202 458.127	0	9	19
16	5	27	1 584 971.894	14	0	21

续表

阶	群集组合		系数	首次出现阶群集		下一阶
	群集 1	群集 2		群集 1	群集 2	
17	3	4	1 673 764.253	0	13	19
18	13	15	2 262 083.032	0	0	26
19	3	8	2 639 576.079	17	15	20
20	3	31	3 928 814.607	19	0	21
21	3	5	4 345 805.727	20	16	22
22	3	6	5 760 126.475	21	0	28
23	1	9	5 786 256.008	0	0	30
24	11	19	7 030 178.697	0	0	26
25	2	10	8 915 731.073	0	0	27
26	11	13	13 720 378.422	24	18	27
27	2	11	19 143 075.466	25	26	29
28	3	26	26 302 299.071	22	0	29
29	2	3	43 500 936.745	27	28	30
30	1	2	1.667E8	23	29	0

表 5-4 所示为在输出窗口中显示的把 31 个样本分为 4 类的结果。它将 31 个地区分为以下 4 类：

第 1 类：北京、上海。

第 2 类：天津、江苏、福建、山东、浙江和广东。

第 4 类：西藏。

其余观测为第 3 类。

图 5-7 为冰柱图，因其样子非常像冬天房顶垂下的冰柱而得名，它以图形的方式显示聚类情况。一般从冰柱图的最下面一行开始观察，开始时各个观测自成一类，到最上面一行时所有观测连成一片，体现所有观测合并成了一类。两观测之间的空白就代表了并类的距离，空白越短则越先并类，空白越长则越后并类。

表 5-4　群集成员

案例	群集	案例	群集	案例	群集
1. 北京	1	12. 安徽	3	23. 四川	3
2. 天津	2	13. 福建	2	24. 贵州	3
3. 河北	3	14. 江西	3	25. 云南	3
4. 山西	3	15. 山东	2	26. 西藏	4
5. 内蒙古	3	16. 河南	3	27. 陕西	3
6. 辽宁	3	17. 湖北	3	28. 甘肃	3
7. 吉林	3	18. 湖南	3	29. 青海	3
8. 黑龙江	3	19. 广东	2	30. 宁夏	3
9. 上海	1	20. 广西	3	31. 新疆	3
10. 江苏	2	21. 海南	3		
11. 浙江	2	22. 重庆	3		

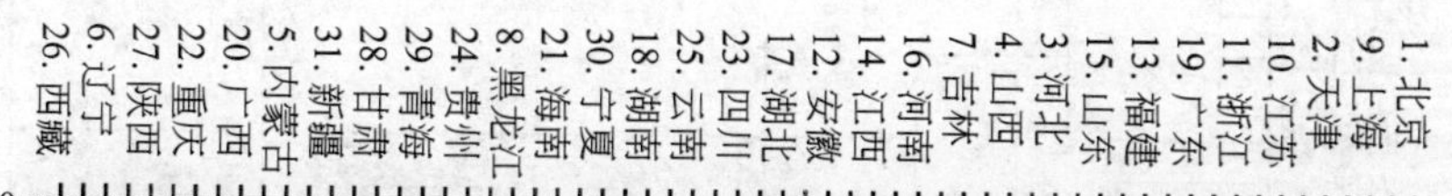

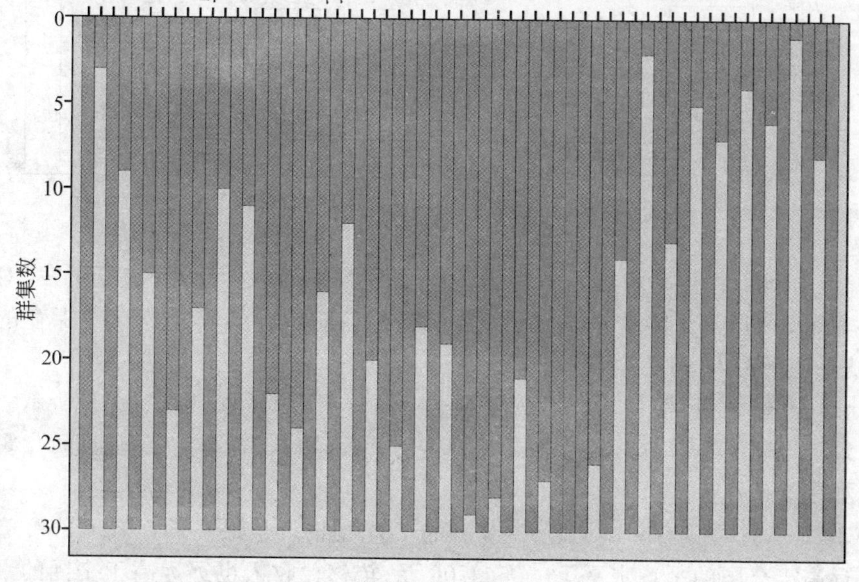

图 5-7　冰柱图

图 5-8 为用平均联接法生成的聚类谱系图。展现了聚类分析中每一次类合并的情况。SPSS 自动将各类间的距离映射在 0～25 之间，并将聚类过程近似地表示在图上。

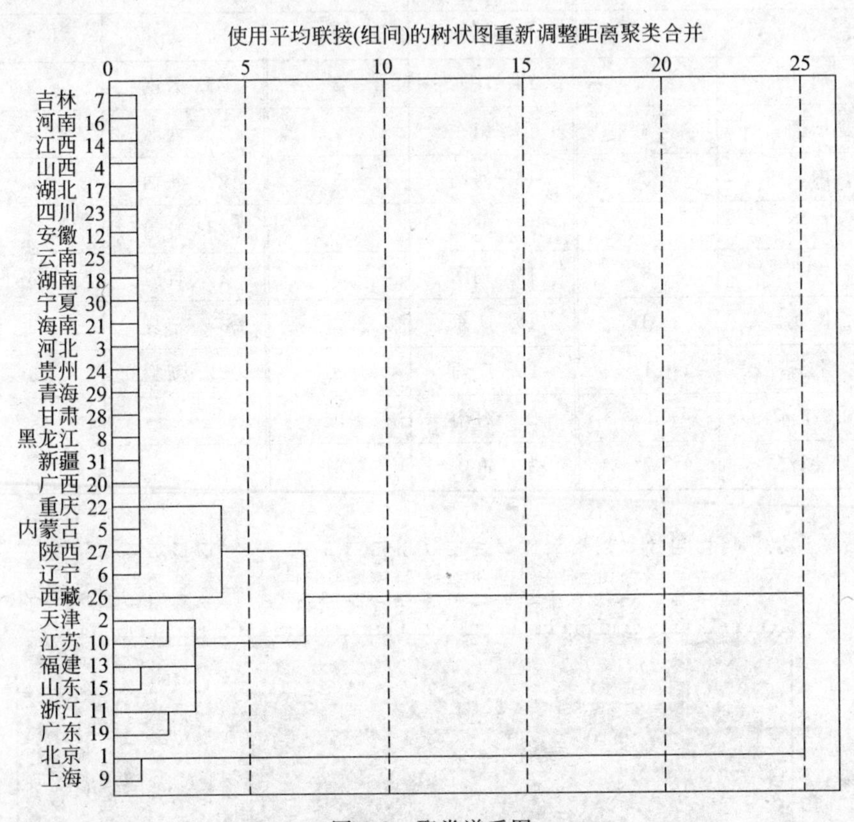

图 5-8　聚类谱系图

在 SPSS 中选择“**分析**”→“**报告**”→“**个案汇总**”命令，打开“**摘要个案**”对话框，如图 5-9 所示。将变量 x_1～x_4 移入“**变量**”列表框中，将主窗口中保存的聚类结果变量选入“**分组变量**”列表框中。

单击“**统计量**”按钮，弹出“**摘要报告：统计量**”对话框，如图 5-10 所示。选择“**均值**”统计量，单击“**继续**”按钮返回主对话框，再单击“**确定**”按钮即可出现报告，如表 5-5 所示。

从表 5-5 看到，第 1 类北京、上海的工资性收入是最高的，为 24 269.5300 元，远高于全国的平均水平 13 086.3706 元；转移性收入也远远高于全国的平均水平；第 2 类天津、江苏、福建、山东、浙江和广东，这些省区是我国经济发达、城镇居民收入水平高的沿海地区，收入来源结构基本相似，主要依靠工资性收入和

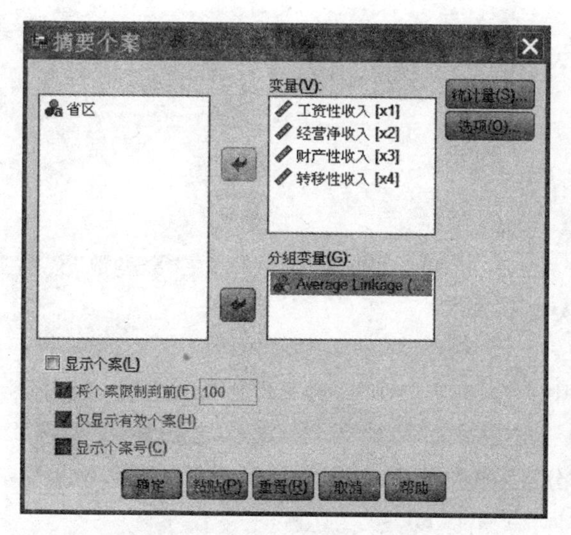

图 5-9　“摘要个案”对话框

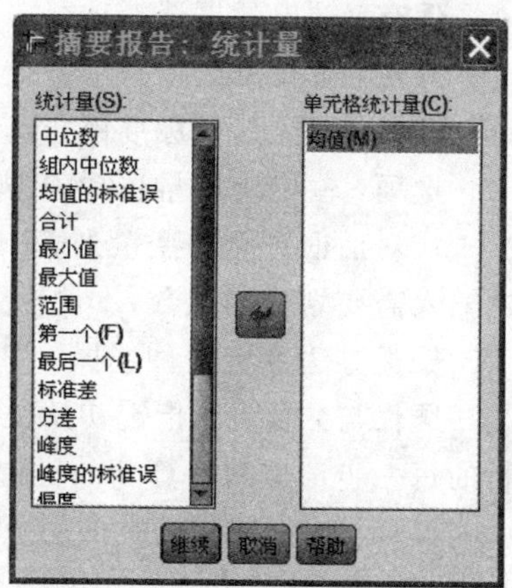

图 5-10　定义统计量对话框

表 5-5　个案汇总(类均值表)　　单位:元

类别	工资性收入	经营净收入	财产性收入	转移性收入
1	24 269.5300	1399.4350	584.0150	8296.4850
2	16 704.5033	2266.3183	857.0000	6001.4667
3	11 009.2850	1329.3377	330.1105	4418.6677
4	14 707.1400	395.6600	233.0400	1203.1400
平均	13 086.3706	1485.0926	445.3387	4871.4710

转移性收入。这几个省份的工资性收入虽然达不到第 1 类的水平,但是每项收入都高于全国的平均水平,并且经营净收入和财产性收入的水平都是这 4 类里面最高的,与其他类别相比,收入来源可以说比较均衡。

第 4 类:西藏的工资性收入略高于全国的平均水平,其他 3 项远远低于平均水平,收入来源主要依靠工资性收入,来源比较单一。

第 3 类的观测除转移性收入外各项收入都低于全国平均水平,基本上是西部省区和一些内陆省区,经济较落后,城镇居民的收入水平也是较低的。

5.2.2　K 均值聚类

选择 SPSS 中“**分析**”→“**分类**”→“**K 均值聚类**”选项,弹出“**K 均值聚类分**

析”对话框,如图 5-11 所示。

聚类中心:类中心数据的输入与输出选项。

保存:输出数据选择项。

方法:聚类方法选择项。

迭代:聚类迭代标准停止选择项。

选项:输出统计量选择项。

从对话框左侧的变量列表中选 $x_1 \sim x_4$ 进入“**变量**”列表框;在“**聚类数**”文本框输入需要划分的组数,本例输入 4。

聚类方法上有两种选择。

迭代与分类:先指定初始类中心点,而后按 K 均值算法作迭代分类,聚类分析的每一步都重新计算新的类中心点。

仅分类:仅按初始类中心点分类,聚类分析过程类中心点始终为初始类中心点,仅作一次迭代。

本例选用前一方法。

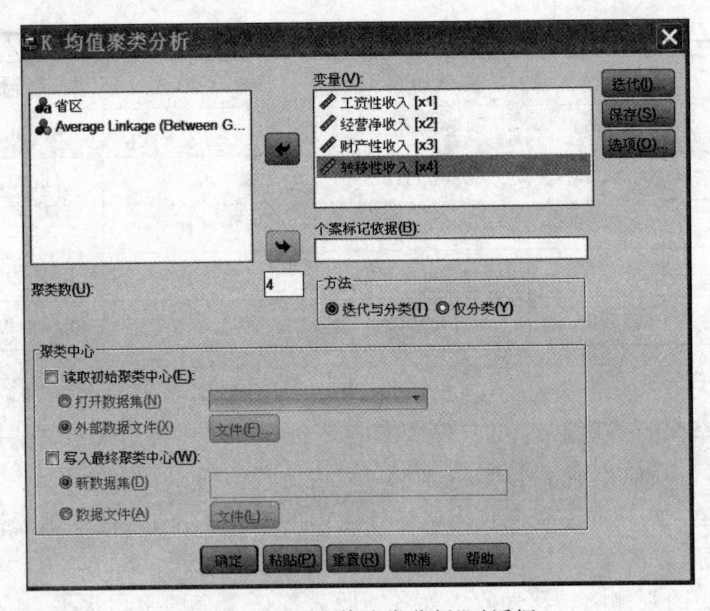

图 5-11 “K 均值聚类分析”对话框

为在原始数据文件中逐一显示分类结果以及观测与所属类中心的距离,单击“**保存**”按钮弹出“**K 均值聚类:保存新变量**”对话框(见图 5-12)。选中“**聚类成员**”以及“**与聚类中心的距离**”复选框,单击“**继续**”按钮返回“**K 均值聚类分析**”对话框。

要对聚类结果进行方差分析，单击“**选项**”按钮弹出“**K 均值聚类分析：选项**”对话框(见图 5-13)。在“**统计量**”选项组中选中“**ANOVA 表**”复选框，单击“**继续**”按钮返回“**K 均值聚类分析**”对话框，再单击“**确定**”按钮即完成分析。

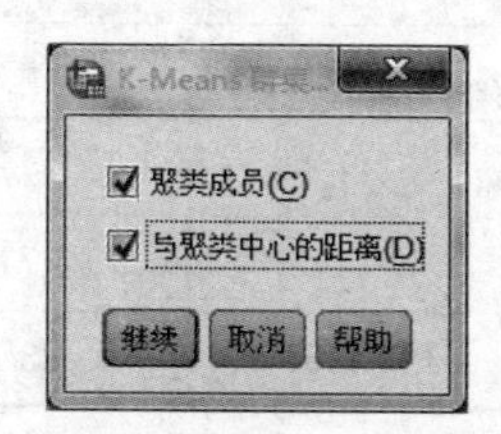

图 5-12　K 均值聚类保存新变量对话框

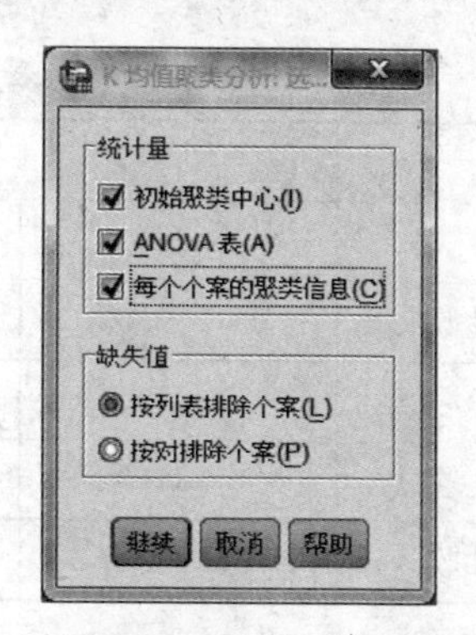

图 5-13　“K 均值聚类分析：选项”对话框

表 5-6 所示为初始类中心，也就是种子点。

表 5-6　初始聚类中心

变　量	聚　类				
	1	2	3	4	5
工资性收入 x_1	25 439.97	16 780.41	18 313.60	9087.59	14 707.14
经营净收入 x_2	1628.22	931.81	3640.87	1266.72	395.66
财产性收入 x_3	512.12	333.17	1470.13	102.05	233.04
转移性收入 x_4	8158.20	8896.61	6710.19	4639.19	1203.14

表 5-7 所示为迭代历史记录。在迭代过程中，完成第一次迭代后形成的 4 个新类中心点距初始类中心点的欧氏距离分别为 1202.732、2642.497、1948.711 和 2478.080。第二次迭代后形成的 5 个新类中心点几乎与上次确定的中心点

表 5-7　迭代历史记录

迭代	聚类中心内的更改			
	1	2	3	4
1	1202.732	2642.497	1948.711	2478.080
2	0.000	0.000	0.000	0.000

注：由于聚类中心内没有改动或改动较小而达到收敛。任何中心的最大绝对坐标更改为 0.000。当前迭代为 2。初始中心间的最小距离为 6645.426。

没有差别。经过两次迭代，快速聚类完成。

表5-8所示为最终聚类中心，可以看出，第1类的工资性收入水平最高，第3类最低。

表5-8　最终聚类中心

变量	聚类			
	1	2	3	4
工资性收入	24 269.53	17 203.33	11 009.29	15 373.62
经营净收入	1399.44	2439.57	1329.34	1411.77
财产性收入	584.02	807.74	330.11	714.70
转移性收入	8296.49	6821.67	4418.67	3308.42

表5-9所示为最终类中心间的距离，可以看出，第2类与第4类之间的距离最小，第1类与第3类之间的距离最大。

表5-9　最终聚类中心间的距离

聚类	1	2	3	4
1		7296.453	13 818.138	10 199.768
2	7296.453		6752.874	4093.380
3	13 818.138	6752.874		4520.480
4	10 199.768	4093.380	4520.480	

表5-10表示的是每个类中的案例数。

表5-10　每个聚类中的案例数

聚类	1	2.000
	2	4.000
	3	22.000
	4	3.000
有效		31.000
缺失		0.000

表5-11所示为在输出窗口生成的聚类成员表，表示的是每个观测的分类情况：**“聚类”**表示的是该观测属于哪一类，**“距离”**表示该观测与其所属类别重心

之间的欧氏距离。

表 5-11　聚类成员

案例号	聚类	距离	案例号	聚类	距离
1	1	1202.732	17	3	464.402
2	2	2642.497	18	3	633.689
3	3	1114.320	19	2	2994.148
4	3	589.656	20	3	1110.850
5	3	1808.937	21	3	853.726
6	3	2022.605	22	3	1749.374
7	3	480.306	23	3	376.343
8	3	1948.711	24	3	1425.855
9	1	1202.732	25	3	875.601
10	2	2460.068	26	4	2478.080
11	2	1768.340	27	3	1331.253
12	3	499.282	28	3	1521.889
13	4	1919.531	29	3	1054.800
14	3	409.743	30	3	947.700
15	4	718.946	31	3	1661.396
16	3	350.933			

表 5-12 是方差分析表。F 检验应仅用于描述性目的，因此无法将其解释为

表 5-12　ANOVA

变　量	聚类		误差		F	Sig.
	均方	df	均方	df		
工资性收入	1.428E8	3	1 139 863.979	27	125.317	0.000
经营净收入	1 402 868.211	3	333 019.367	27	4.213	0.014
财产性收入	357 853.048	3	103 668.059	27	3.452	0.030
转移性收入	16 838 179.688	3	991 017.113	27	16.991	0.000

注：F 检验应仅用于描述性目的，因为选中的聚类将被用来最大化不同聚类中的案例间的差别。观测到的显著性水平并未据此进行更正，因此无法将其解释为是对聚类均值相等这一假设的检验。

是对聚类均值相等这一假设的检验。通过方差分析表可以看出，4 个变量都对分类贡献显著。

图 5-14 所示为在数据文件中生成的两个新变量 QC1_1（每个观测量最终被分配到哪一类）和 QC1_2（观测量与所属类中心点的欧氏距离）。

*cancorrshuju.sav [数据集1] - IBM SPSS Statistics 数据编辑器

文件(F) 编辑(E) 视图(V) 数据(D) 转换(T) 分析(A) 直销(M) 图形(G) 实用程序(U) 窗口(W)

	省区	x1	x2	x3	x4	QCL_1	QCL_2
1	北 京	23099.09	1170.65	655.91	8434.77	1	1202.73189
2	天 津	16780.41	931.81	333.17	8896.61	2	2642.49696
3	河 北	10566.30	1043.72	323.97	5400.43	3	1114.31955
4	山 西	10784.74	1044.85	198.59	4864.81	3	589.65607
5	内蒙古	12614.46	2013.77	432.82	3953.19	3	1808.93700
6	辽 宁	11712.68	1797.82	249.59	6254.48	3	2022.60486
7	吉 林	10621.43	1363.73	163.83	4645.45	3	480.30586
8	黑龙江	9087.59	1266.72	102.05	4639.19	3	1948.71093
9	上 海	25439.97	1628.22	512.12	8158.20	1	1202.73189
10	江 苏	14816.87	2519.06	471.04	7308.57	2	2460.06830
11	浙 江	18313.60	3640.87	1470.13	6710.19	2	1768.34021
12	安 徽	11442.43	1172.36	427.01	4584.91	3	499.28210
13	福 建	15682.48	2135.92	1420.84	4910.35	4	1919.53050
14	江 西	10613.83	1266.21	344.77	4333.20	3	409.74309
15	山 东	15731.23	1703.72	490.22	3811.78	4	718.94593

图 5-14　数据编辑窗口生成的新变量

5.3　聚类分析应用实例

以 4.3 节中我国制造业产业竞争力的因子分析的案例为例。

在因子分析的基础上，我们使用系统聚类分析方法，以科技因子得分、效率因子得分、固定资产因子得分、产值因子得分为分析变量，用“平方 Euclidean 距离”度量观测间的相似性，聚类方法选择 Ward 法，对我国制造业各个行业进行聚类分析，结合树状图（见图 5-15）分析，将各行业聚为 8 类的结果如表 5-13 所示。

表 5-14 所示为个案汇总表。综合得分大于 0 的行业的竞争力较好，并且数值越大说明该行业的竞争力越强；综合得分小于 0 的行业的竞争力较差，并且绝对值越大说明竞争力状况越差。

综合分析表 5-13 和表 5-14 的结果，第 1 类是烟草加工业，其因子综合得分排在第一位，效率因子得分是最高的，固定资产因子得分高于全国平均水平。

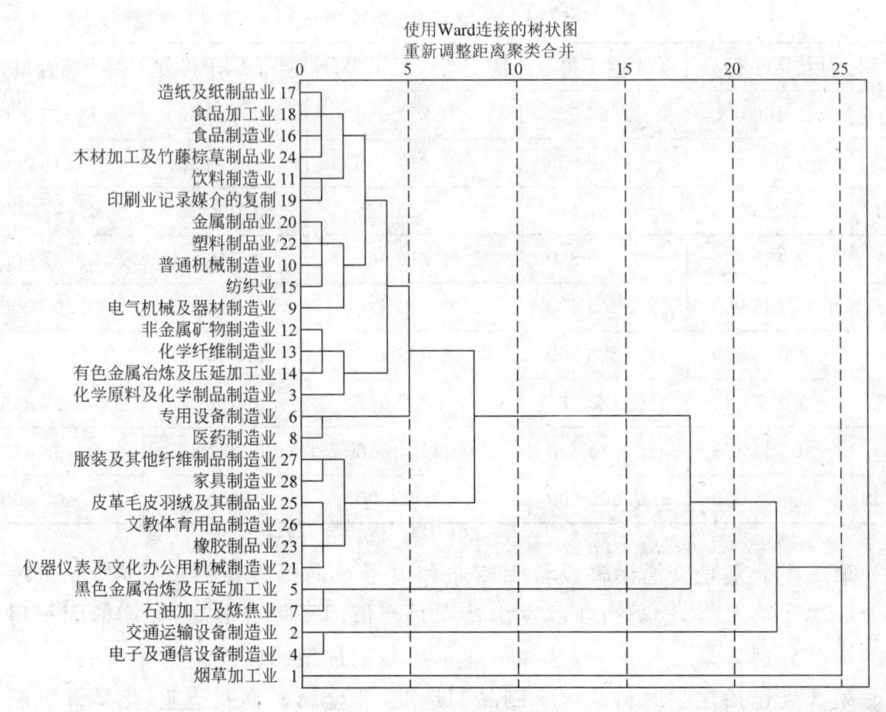

图 5-15　聚类分析谱系图

表 5-13　制造业各个行业因子得分的聚类结果

类别	行　业
1	烟草加工业
2	交通运输设备制造业、电子及通信设备制造业
3	化学原料及化学制品制造业、非金属矿物制造业、化学纤维制造业、有色金属冶炼及压延加工业
4	黑色金属冶炼及压延加工业、石油加工及炼焦业
5	专用设备制造业、医药制造业
6	电气机械及器材制造业、普通机械制造业、纺织业、金属制品业、塑料制品业
7	饮料制造业、食品制造业、造纸及纸制品业、食品加工业、印刷业记录媒介的复制、木材加工及竹藤棕草制品业
8	仪器仪表及文化办公用机械制造业、橡胶制品业、皮革毛皮羽绒及其制品业、文教体育用品制造业、服装及其他纤维制品制造业、家具制造业

表 5-14　个案汇总(类均值表)

类别	科技因子得分	效率因子得分	固定资产因子得分	产值因子得分	因子综合得分
1	−0.160 000	4.884 530	0.217 880	−0.125 600	1.010 000
2	−0.020 000	−0.128 655	−0.097 035	3.143 955	0.515 000
3	0.285 000	−0.357 175	0.825 745	−0.300 883	0.107 500
4	−0.420 000	−0.190 860	2.810 960	−0.246 650	0.335 000
5	1.435 000	0.243 430	−0.674 410	−0.194 805	0.295 000
6	−0.168 000	−0.223 390	−0.098 758	0.283 798	−0.064 000
7	0.208 333	−0.178 585	−0.232 957	−0.633 573	−0.138 333
8	−0.563 333	−0.185 868	−0.951 398	−0.282 235	−0.433 333
平均	0.000 000	0.000 000	−0.000 00	0.000 000	−0.000 000

第 2 类分别是交通运输设备制造业和电子及通信设备制造业,其因子综合得分仅次于第 1 类,这类行业的突出特点是产值因子得分最高,在产值因子得分上的排名分别为第二和第一,这和行业本身高附加值的特点是分不开的。

第 3 类包括化学原料及化学制品制造业、非金属矿物制造业、化学纤维制造业和有色金属冶炼及压延业,其因子综合得分略高于平均水平,科技因子得分和固定资产因子得分都高于平均水平。

第 4 类包括黑色金属冶炼及压延业和石油加工及炼焦业,其固定资产因子得分最高,因子综合得分居于第三位,美中不足的是科技因子得分太低,提升这些行业的竞争力,必须加大对这些行业的科技投入和科技创新的力度。

第 5 类为专用设备制造业和医药制造业,科技因子得分最高,效率因子得分高于平均水平,这类行业要提升其竞争力,应该充分发挥其科技优势,扩大产业规模,降低成本,提高劳动生产率。

前 5 类的行业,虽然它们各有自己的不足之处,但从总体上看,因子综合得分都是高于平均水平的,总体上是比较有竞争力的。

第 6 类包括电气机械及器材制造业、普通机械制造业、纺织业、金属制品业和塑料制品业,只有产值因子得分稍高于平均水平。

第 7 类有饮料制造业、食品制造业、造纸及纸制品业、食品加工业、印刷业记录媒介的复制和木材加工及竹藤棕草制品业,只有科技因子得分稍高于平均水平。

第 8 类为仪器仪表及文化办公用机械制造业、橡胶制品业、皮革毛皮羽绒及其制品业、文教体育用品制造业、服装及其他纤维制品制造业和家具制造业,所有因子得分都低于平均水平。这类行业无论因子总分还是各个主因子得分均为负值,表明在目前这些行业的竞争力普遍较差,要提升这些行业的竞争力须从多方面入手,难度较大。

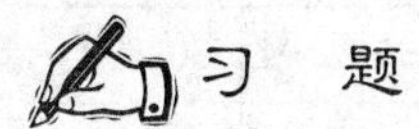

习　题

1. 聚类分析的基本思想是什么?

2. 对样品和变量进行聚类分析时,衡量相似性的统计量是什么?

3. 衡量样品相似性的各种距离的优缺点是什么?

4. 比较 K 均值聚类和系统聚类的异同。

5. 选取 2008 年中国 31 个省、市、自治区房地产业的相关统计数据(见表 5-15),试用 SPSS 软件对数据分别进行 R 型和 Q 型聚类分析。指标选取如下:

X_1 为房屋平均销售价格;X_2 为住宅平均销售价格;

X_3 为别墅、高档公寓平均销售价格;X_4 为经济适用房平均销售价格;

X_5 为办公楼平均销售价格;X_6 为商业营业用房平均销售价格;

X_7 为其他平均销售价格;X_8 为商品房销售面积;X_9 为住宅销售面积。

表 5-15　房地产业相关数据

地区	X_1	X_2	X_3	X_4	X_5	X_6	X_7	X_8	X_9
北京	12 418	11 648	19 541	3813	16 554	17 148	6416	1335.37	1031.43
天津	6015	5598	11 107	3571	9783	10 338	9195	1252.04	1135.35
河北	2779	2743	6375	2208	3692	3915	2102	2231.84	2128.86
山西	2355	2253	5741	1466	6115	2867	2545	994.71	893.10
内蒙古	2483	2265	4104	1690	4822	4080	2660	2396.37	2093.34
辽宁	3758	3575	7265	2095	4783	6149	3888	4091.16	3731.19
吉林	2507	2399	6175	1932	3256	3687	3213	1583.87	1435.73
黑龙江	2832	2642	5414	1785	2804	4330	3019	1486.57	1286.62
上海	8195	8115	12 792	1847	11 783	6610	5529	2339.29	2007.48
江苏	4049	3802	7729	1922	5906	6172	2567	6091.86	5282.89
浙江	6262	6144	9424	3092	9716	7446	3180	2992.2	2480.74
安徽	2949	2808	4058	1731	4596	4627	2139	2785.83	2542.6
福建	4384	4498	7334	2313	5386	8303	1686	1625.67	1250.00

续表

地区	X_1	X_2	X_3	X_4	X_5	X_6	X_7	X_8	X_9
江西	2136	2022	3141	1098	2840	4039	2057	1727.6	1604.86
山东	2970	2851	7256	1826	5601	4601	2440	5507.64	5039.4
河南	2339	2138	3618	1372	4367	5065	1933	3191.98	2943.36
湖北	3001	2898	6191	1900	5122	4863	3513	1941.62	1821.31
湖南	2302	2113	4007	1388	4212	4564	1969	2655.51	2413.7
广东	5953	5723	6817	2380	10554	8630	5296	4852.28	4360.45
广西	2826	2634	4601	1880	4959	6077	2926	1768.04	1637.99
海南	5443	5441	9058	1686	5831	5461	5157	372.44	358.72
重庆	2785	2640	6322	1751	4667	5432	2489	2872.19	2669.93
四川	3157	3067	7934	1266	5688	4528	2397	3501.27	3247.32
贵州	2339	2122	4738	1926	3672	5967	2935	908.2	848.11
云南	2680	2441	3230	1441	4860	5203	3086	1643.08	1478.25
西藏	3202	3103	3547	2133	10 000	4554	1200	66.49	62.08
陕西	2952	2821	5589	1691	5571	5056	3149	1513.01	1426.06
甘肃	1958	1851	2082	1264	2899	4008	2134	624.66	588.63
青海	2460	2384	2768	1214	3271	4246	2625	147.89	141.23
宁夏	2435	2215	5345	1447	3726	4243	1570	514.81	453.26
新疆	2240	2100	3684	1333	5184	4156	2434	954.35	886.35

数据来源：国泰安经济金融研究数据库 2008 年各省数据。

6. 为了解我国不同省区在食品、衣着、居住、家庭设备用品及服务、交通和通信、医疗保健、教育文化与娱乐服务、其他商品和服务的消费支出具体情况，对 2010 年全国不同地区城镇居民消费性支出数据做系统聚类分析，并比较何种方法的处理结果与人们观察到的实际情况较接近。

CHAPTER 6

第6章 判别分析

在日常生活和工作实践中,常常会遇到这样一类问题,即根据已知观测对象的分类和若干表明观测对象特征的变量值,依据某种判别方法和判别准则,判定一个新的样本归属于哪一类。例如,医院积累了众多患者不同疾病的数据资料,利用这些资料找出一种方法,使得对于一个新的病人,当测得相关症状指标数据时,能够判定其患有哪种病。在经济学中,根据人均GDP、人均消费水平等指标来判定一个国家的经济发展程度所属的类型。动植物学家对动植物的分类研究中,对某个新发现的动植物具体属于哪一类、目、纲的判断。这些问题都可以应用判别分析方法予以解决。近年来,判别分析在自然科学、社会经济领域都有广泛的应用。

6.1 判别分析的基本理论

6.1.1 判别分析的概念和基本思想

判别分析产生于20世纪30年代,判别分析是根据表明事物特点的变量值和它们所属的类别,建立判别函数,使错判的概率最小,对给定的一个新样本,判断它来自哪个总体的一种多元统计分析方法。

判别分析的基本原理是根据每个类别的若干样本的数据信息,用研究对象的大量资料确定判别函数中的待定系数,总结出客观事物分类的规律性,建立一个或多个判别函数和判别准则。当遇到新的样本点时,只要根据总结出来的判别函数和判别准则,就能判别该样本点所属的类别。

用数学语言描述如下:设有 n 个样本 $\boldsymbol{X}_i=(x_{i1},x_{i2},\cdots,x_{ip})(i=1,2,\cdots,n)$,$p$ 个变量 $(x_1,x_2,\cdots,x_p)=\boldsymbol{x}$,已知每个样本属于 k 个类别(或总体)$G_1,G_2,\cdots,G_k$ 中的某一类,且它们的分布函数分别为 $F_1(\boldsymbol{x}),F_2(\boldsymbol{x}),\cdots,F_k(\boldsymbol{x})$。我们希望

利用这些数据，找出一种判别函数，使得这一函数具有某种最优性质，能把属于不同类别的样本点尽可能地区别开来，并对测得同样 p 项指标（变量）数据的一个新样本，能判定这个样本归属于哪一类。判别分析的主要问题就是如何寻找最佳的判别函数和建立判别规则。

判别分析的特点是，因变量为属性变量或类别数据，自变量通常为间隔尺度数据变量。通过判别分析，可以建立能够最大限度地区分因变量类别的函数，考查自变量的组间差异是否显著，判断哪些自变量对组间差异贡献最大，根据自变量的值将样本归类。

本章介绍常用的几种判别分析方法：距离判别法、费歇尔判别法、贝叶斯判别法和逐步判别法。

6.1.2 距离判别法

距离判别法的基本思想：如果已知有 k 类，将每一类视为一个总体，计算新样本与各总体之间的距离，比较这些距离的大小，把新样本归入与其距离最近的类，判别函数就是表示新样本与各总体之间距离的数学函数。由于欧氏距离受量纲变化的影响，因此在判别分析中通常采用马氏距离。

有 k 个总体 $G_1,G_2,\cdots,G_k$，其均值和协方差矩阵分别是 $\mu_1,\mu_2,\cdots,\mu_k$ 和 $\Sigma_1,\Sigma_2,\cdots,\Sigma_k$，而且 $\Sigma_1=\Sigma_2=\cdots=\Sigma_k=\Sigma$。对于一个新的样本 X，要判断它来自哪个总体，首先计算新样本 X 到每一个总体的距离，即

$$\begin{aligned}D^2(\boldsymbol{X},G_\alpha)&=(\boldsymbol{X}-\mu_\alpha)^{\mathrm{T}}\Sigma^{-1}(\boldsymbol{X}-\mu_\alpha)\\&=\boldsymbol{X}^{\mathrm{T}}\Sigma^{-1}\boldsymbol{X}-2\mu_\alpha^{\mathrm{T}}\Sigma^{-1}\boldsymbol{X}+\mu_\alpha^{\mathrm{T}}\Sigma^{-1}\mu_\alpha\\&=\boldsymbol{X}^{\mathrm{T}}\Sigma^{-1}X-2(I_\alpha^{\mathrm{T}}X+C_\alpha)\end{aligned}\tag{6-1}$$

这里 $\boldsymbol{I}_\alpha=\Sigma^{-1}\mu_\alpha$，$C_\alpha=-\dfrac{1}{2}\mu_\alpha^{\mathrm{T}}\Sigma^{-1}\mu_\alpha$，$\alpha=1,2,\cdots,k$。线性判别函数为

$$W(\boldsymbol{X})=\boldsymbol{I}_\alpha^{\mathrm{T}}\boldsymbol{X}+C_\alpha,\quad \alpha=1,2,\cdots,k\tag{6-2}$$

相应的判别规则为

$$\boldsymbol{X}\in G_i,\quad \text{如果 } W_i(\boldsymbol{X})=\max_{1\leqslant\alpha\leqslant k}(\boldsymbol{I}_\alpha^{\mathrm{T}}\boldsymbol{X}+C_\alpha)\tag{6-3}$$

同样，如果总体 $G_1,G_2,\cdots,G_k$ 的协方差矩阵分别是 $\Sigma_1,\Sigma_2,\cdots,\Sigma_k$，而且它们不全相等，则计算 X 到各总体的马氏距离，即

$$D^2(\boldsymbol{X},G_\alpha)=(\boldsymbol{X}-\mu_\alpha)^{\mathrm{T}}\Sigma_\alpha^{-1}(\boldsymbol{X}-\mu_\alpha),\quad \alpha=1,2,\cdots,k\tag{6-4}$$

则判别规则为

$$\boldsymbol{X}\in G_i\quad \text{如果 } D^2(\boldsymbol{X},G_i)=\min_{1\leqslant\alpha\leqslant k}D^2(\boldsymbol{X},G_\alpha)\tag{6-5}$$

当 $k=2$ 时

$$W(\boldsymbol{X}) = D^2(\boldsymbol{X},G_1) - D^2(\boldsymbol{X},G_2) \tag{6-6}$$

此时，判别规则为

$$\begin{cases}\boldsymbol{X} \in G_1, & W(\boldsymbol{X}) \geqslant 0 \\ \boldsymbol{X} \in G_2, & W(\boldsymbol{X}) < 0\end{cases} \tag{6-7}$$

6.1.3　费歇尔判别法

费歇尔判别法是 1936 年提出来的，该方法的主要思想是选择一个适当的方向，沿着这个方向将多维数据投影到某个投影轴上，使所有的样本点在投影轴上都有一个投影值。对这个投影方向的要求是：使每一类内的投影值所形成的类内离差尽可能小，而不同类间的投影值所形成的类间离差尽可能大。然后再选择合适的判别规则，将投影轴上新的样本进行分类判别，这就是费歇尔线性判别所要解决的问题。费歇尔判别法借用了一元方差分析的思想，即依据组间均方差与组内均方差之比最大的原则来进行判别。

图 6-1 是费歇尔判别法的示意图，考虑只有两个变量的判别分析问题，数据中的每个观测值是二维空间的一个点。假定这里只有两类，其中一类用“o”表示，另一类用“ * ”表示。按照原来的横坐标和纵坐标，很难将这两种点分开。寻找一个方向，也就是图上的虚线方向，沿着这个方向向和这个虚线垂直的一条直线投影会使得这两类分得最清楚。可以看出，如果向其他方向投影，判别效果不会比这个好。

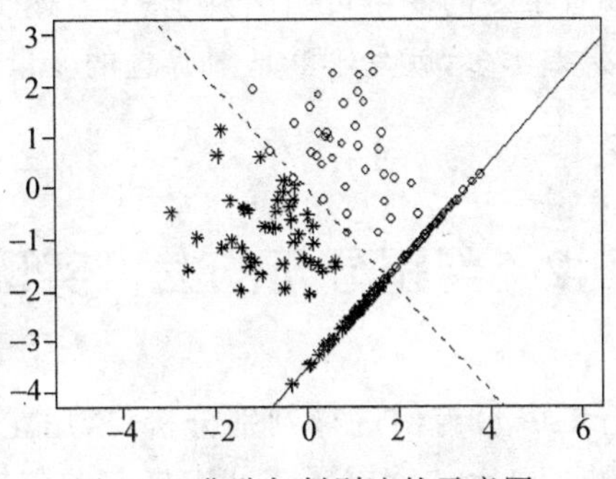

图 6-1　费歇尔判别法的示意图

6.1.4　贝叶斯判别法

贝叶斯判别考虑的不是建立判别式，而是比较后验概率的大小。根据先验

概率求出后验概率，并依据后验概率分布作出统计推断。所谓先验概率，就是用概率来描述人们事先对所研究的对象的认识的程度；所谓后验概率，就是根据具体资料、先验概率、特定的判别规则所计算出来的概率，它是对先验概率修正后的结果。按照 Bayes 理论，样本为 $\boldsymbol{X}_i=(x_{i1},x_{i2},\cdots,x_{ip})$ 的观测属于第 t 组的后验概率为 $p(t|\boldsymbol{X}_i)=q_t f_t(\boldsymbol{X}_i)/f(\boldsymbol{X}_i)$。然后比较这些后验概率的大小，将待判样本判归为来自概率最大的总体，即 $p(t|\boldsymbol{X}_i)=\max\limits_{1\leqslant s\leqslant G} p(s|\boldsymbol{X}_i)$，$\forall \boldsymbol{X}_i\in R_t$。

6.1.5 逐步判别法

距离判别法、贝叶斯判别法以及费歇尔判别法等都是利用给定的全部变量来进行判别，但这些变量在判别式中所起的作用是不同的，有些重要，有些可能不是很重要。如果将一些判别能力不强的变量保留在判别式中，不仅会增加计算量，而且会产生干扰而影响判别效果；反之，如果将重要变量遗漏了，也会影响判别的效果。逐步判别法就是一个不断地引入重要变量和剔除不重要变量的过程，然后用选择出的判别能力强的变量进行判别分析。也就是说，逐步判别法是在前面讲的判别分析方法中加入了变量选择的功能，其他方面则无异。

逐步判别法的基本思想是：逐步引入变量，每次引入一个“最重要”的变量，同时也检验先前引入的变量，如果先前引入的变量其判别能力随着新引入变量而变得不显著了，则及时将其从判别式中剔除，直到选入判别式中的变量都很显著，剩下来的变量也没有重要的变量可引入判别式时，逐步筛选结束。其实逐步判别和逐步回归的思想差不多，就是不断地对筛选的变量作检验，找出显著性变量，剔除不显著变量。

6.2 判别分析的上机实现

以鸢尾花数据（见表 6-1）为例进行判别分析，鸢尾花数据最初是埃德加·安德森从加拿大加斯帕半岛上的鸢尾属花朵中提取的数据，后由罗纳德·费雪将其发展运用于判别分析，并成为判别分析中的一个经典例题。鸢尾花数据包括其 3 个亚属中各 50 个观测，测量其 4 个指标，分别是花萼和花瓣的长度和宽度，单位为 mm，即

slen 表示花萼长；swid 表示花萼宽；

plen 表示花瓣长；pWid 表示花瓣宽。

spno 是 3 种鸢尾花的类别编号，其中：

spno＝1 表示刚毛鸢尾花；

spno＝2 表示变色鸢尾花；

spno＝3 表示弗吉尼亚鸢尾花。

表 6-1　鸢尾花数据表

no	slen	swid	plen	pwid	spno	no	slen	swid	plen	pwid	spno
1	50	33	14	2	1	24	60	29	45	15	2
2	67	31	56	24	3	25	50	36	14	2	1
3	89	31	51	23	3	26	58	37	51	19	3
4	46	36	10	2	1	27	64	28	56	22	3
5	65	30	52	20	3	28	63	28	51	15	3
6	58	27	51	19	3	29	62	22	45	15	2
7	57	28	45	13	2	30	61	30	46	14	2
8	63	33	47	16	2	31	56	25	39	11	2
9	49	25	45	17	3	32	68	32	59	23	3
10	70	32	47	14	2	33	62	34	54	23	3
11	48	31	16	2	1	34	67	33	57	25	3
12	63	25	50	19	3	35	55	35	13	2	1
13	49	36	14	1	1	36	64	32	45	15	2
14	44	32	13	2	1	37	59	30	51	18	3
15	58	26	40	12	2	38	64	32	53	23	3
16	63	27	49	18	3	39	54	30	45	15	2
17	50	23	33	10	2	40	67	33	57	21	3
18	51	38	16	2	1	41	44	30	13	2	1
19	50	30	16	2	1	42	47	32	16	2	1
20	64	28	56	21	3	43	72	32	60	18	3
21	51	38	19	4	1	44	61	30	49	18	3
22	49	30	14	2	1	45	50	32	12	2	1
23	58	27	41	10	2	46	43	30	11	1	1

续表

no	slen	swid	plen	pwid	spno	no	slen	swid	plen	pwid	spno
47	67	31	44	14	2	74	56	30	45	15	2
48	51	35	14	2	1	75	46	32	14	2	1
49	50	34	16	4	1	76	57	44	15	4	1
50	57	26	35	10	2	77	68	34	58	24	3
51	77	30	61	23	3	78	72	30	58	16	3
52	57	29	42	13	2	79	54	34	15	4	1
53	65	26	46	15	2	80	64	31	55	18	3
54	46	34	14	3	1	81	49	24	33	10	2
55	59	32	48	18	2	82	55	42	14	2	1
56	60	27	51	16	2	83	60	22	50	15	3
57	65	30	55	18	3	84	52	27	39	14	2
58	51	33	17	5	1	85	44	29	14	2	1
59	77	36	67	22	3	86	58	27	39	12	2
60	76	30	66	21	3	87	69	32	57	23	3
61	67	30	52	23	3	88	59	30	42	15	2
62	61	28	40	13	2	89	56	26	49	20	3
63	55	24	38	11	2	90	67	25	58	18	3
64	52	34	14	2	1	91	63	23	44	13	2
65	79	36	64	20	3	92	63	25	49	15	2
66	50	35	16	6	1	93	51	25	30	11	2
67	77	28	67	20	3	94	69	31	54	21	3
68	55	26	44	12	2	95	72	36	61	25	3
69	48	30	14	3	1	96	56	29	36	13	2
70	48	34	19	2	1	97	68	30	55	21	3
71	61	26	56	14	3	98	48	30	14	1	1
72	58	40	12	2	1	99	57	38	17	3	1
73	62	28	48	18	3	100	66	30	44	14	2

续表

no	slen	swid	plen	pwid	spno	no	slen	swid	plen	pwid	spno
101	51	37	15	4	1	126	63	33	60	25	3
102	67	30	50	17	2	127	71	30	59	21	3
103	52	41	15	1	1	128	63	29	58	18	3
104	60	30	48	18	3	129	57	30	42	12	2
105	56	27	42	13	2	130	77	26	69	23	3
106	49	31	15	2	1	131	66	29	46	13	2
107	54	39	17	4	1	132	50	34	15	2	1
108	60	34	45	16	2	133	55	24	37	10	2
109	50	20	35	10	2	134	46	31	15	2	1
110	47	32	13	2	1	135	74	28	61	19	3
111	62	29	43	13	2	136	50	35	13	3	1
112	51	34	15	2	1	137	73	29	63	18	3
113	60	22	40	10	2	138	67	31	47	15	2
114	49	31	15	1	1	139	56	30	41	13	2
115	54	37	15	2	1	140	64	29	43	13	2
116	61	28	47	12	2	141	65	30	58	22	3
117	57	28	41	13	2	142	51	35	14	3	1
118	54	39	13	4	1	143	61	29	47	14	2
119	65	32	51	20	3	144	64	27	53	19	3
120	69	31	49	15	2	145	48	34	16	2	1
121	55	25	40	13	2	146	57	25	50	20	3
122	45	23	13	3	1	147	55	23	40	13	2
123	51	38	15	3	1	148	54	34	17	2	1
124	68	28	48	14	2	149	58	28	51	24	3
125	52	35	15	2	1	150	53	37	15	2	1

单击“**分析**”→“**分类**”→“**判别**”，弹出“**判别分析**”主对话框，如图 6-2 所示。选择 spno 进入“**分组变量**”框，并单击“**定义范围**”按钮，在弹出的“**判别分析：定义范围**”对话框中，指定该分类变量的数值范围，本例为 3 类，故在“**最小值**”处输入 1，在“**最大值**”处输入 3，如图 6-3 所示，单击“**继续**”按钮返回判别分析的对话框。

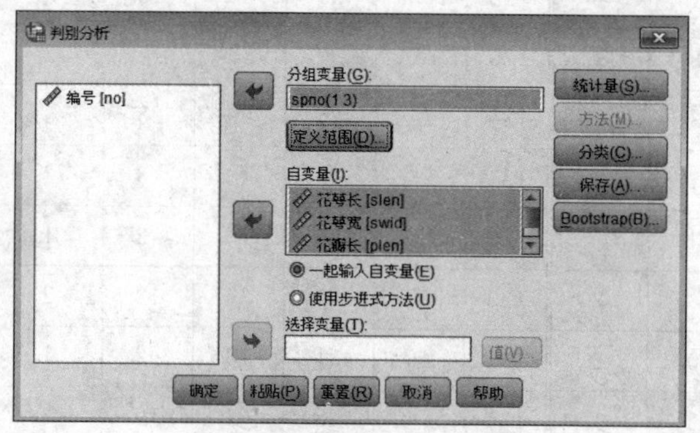

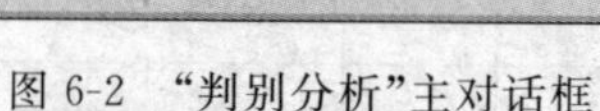

图 6-2 “判别分析”主对话框

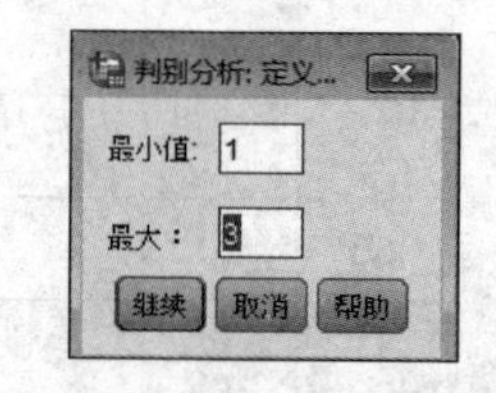

图 6-3 指定分类变量的范围

从对话框左侧的变量列表中选 slen、swid、plen、pwid 进入“**自变量**”列表框，作为判别分析的分析变量。系统提供两类判别方式供选择，一类是“**一起输入自变量**”，即全模型法，将用户指定的全部变量作为判别分析的自变量，当认为所有自变量都能对观测量特性提供丰富信息时使用该选项；另一类是“**使用步进式方法**”，即采用逐步判别的方法，根据自变量对判别贡献的大小选择进入模型的自变量。本例先选用“**一起输入自变量**”。

单击“**统计量**”按钮，弹出“**判别分析：统计量**”对话框如图 6-4 所示，在“**描述性**”选项组中选中“**均值**”复选框，要求输出各组的各变量的均数与标准差；选中“**Box's M**”复选框，进行各个总体协方差矩阵相等的 Box's M 检验；选中“**单变量 ANOVA**”复选框，进行各个总体均值相等的检验。在“**函数系数**”选项组中选中“**未标准化**”复选框，要求显示判别方程的非标准化系数。费歇尔给出贝叶斯判别函数系数。单击“**继续**”按钮返回“**判别分析**”对话框。

单击“**分类**”按钮，弹出“**判别分析：分类**”对话框(见图 6-5)。在“**输出**”选项组中选中“**摘要表**”和“**不考虑该个案时的分类**”复选框。“**摘要表**”项，要求输出回代法的判别结果汇总表，给出正确分类观测量数(原始类和根据判别函数计算的预测类相同)和错分观测量数和错分率。“**不考虑该个案时的分类**”项，要求输出刀切法的判别结果汇总表。

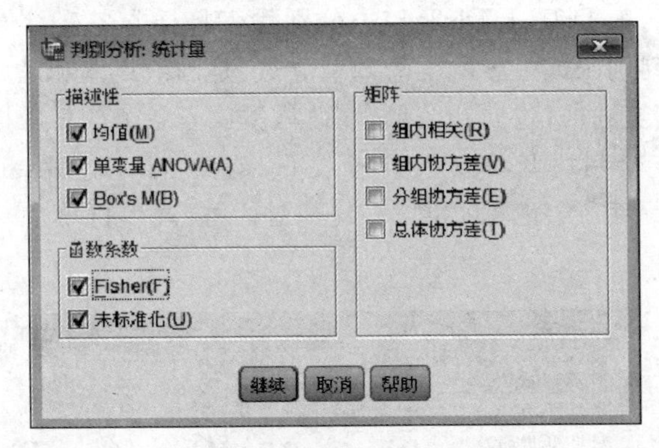

图 6-4　判别分析的统计量

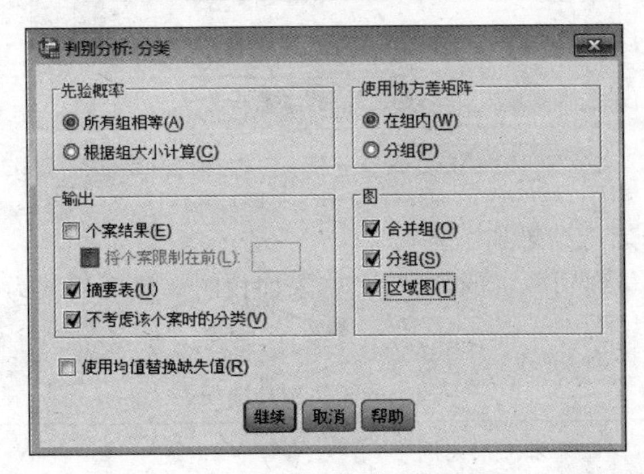

图 6-5　“判别分析：分类”对话框

在“**图**”选项组中选中“**合并组**”、“**分组**”和“**区域图**”复选框。“**合并组**”项，要求生成一张包括各类的散点图，该散点图是根据前两个判别函数值作的散点图，如果只有一个判别函数，就输出直方图；“**分组**”项，要求根据前两个判别函数值对每一类生成一张散点图，共分为几类就生成几张散点图，如果只有一个判别函数，就输出直方图；“**区域图**”项，生成用于根据函数值把观测分到各组去的区域分布图。每一类占据一个区域，各类的均值在各区中用“ * ”标出。如果只有一个判别函数，就不作此图。单击“**继续**”按钮返回“**判别分析**”对话框。

单击“**保存**”按钮，弹出“**判别分析：保存**”对话框（见图 6-6），指定在数据文件中生成代表判别分类结果和判别函数值的新变量。选中“**预测组成员**”复选框，建立新变量存入原始数据中，存放判别样本所属组别的值，系统默认第一次运行建立的变量为 dis_1，以后运行的依次为 dis_2、dis_3。选中“**判别得分**”复选框，建立新变量，存放判别分数的值。有几个类别则判别函数就有几个判别分数变量，系统默认为 Dis1_1、Dis2_1、…分别代表将样本各变量值代入第一个判别函数、第二个判别函数……所得的判别分数，是画散点图和区域图的坐标。选中“**组成员概率**”复选框，建立新变量，存放样本属于各组的贝叶斯判别的后验概率值。如果有 m 个判别组，就建立 m 个变量，变量名依次为 Dis1_2、Dis2_2、…、Dism_2。单击“**继续**”按钮返回“判别分析”对话框，之后再单击“**确定**”按钮即完成分析。

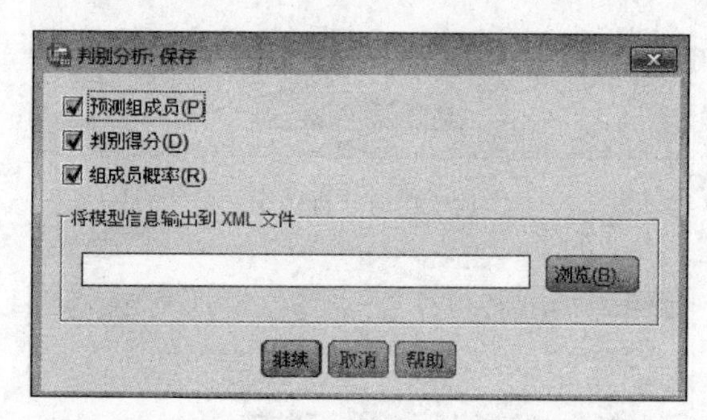

图 6-6　“判别分析：保存”对话框

判别分析的运行结果如下。

表 6-2 是参与判别分析的数据信息，未加权的有效观测数为 150 个，没有缺失值。

表 6-2　分析案例处理摘要

未加权案例		N	百分比
有效		150	100.0
排除的	缺失或越界组代码	0	0.0
	至少一个缺失判别变量	0	0.0
	缺失或越界组代码还有至少一个缺失判别变量	0	0.0
	合计	0	0.0
合计		150	100.0

表 6-3 给出每组以及总体的各变量的均值与标准差。有效的 N 栏中有未加权的观测量数目和已加权的观测量数目。

表 6-4 是各个总体均值是否相等的检验结果，由表 6-4 中看到各个指标的 Sig. 值很小，如果显著性水平取 0.05 的话，Sig. 值都小于显著性水平，所以拒绝原假设（原假设为各个总体的均值相等），说明各个总体间差异显著。

表 6-3　组统计量

分类		均值	标准差	有效的 N(列表状态)	
				未加权的	已加权的
刚毛鸢尾花	花萼长	50.06	3.525	50	50.000
	花萼宽	34.28	3.791	50	50.000
	花瓣长	14.62	1.737	50	50.000
	花瓣宽	2.46	1.054	50	50.000
变色鸢尾花	花萼长	59.36	5.162	50	50.000
	花萼宽	27.66	3.147	50	50.000
	花瓣长	42.60	4.699	50	50.000
	花瓣宽	13.26	1.978	50	50.000
弗吉尼亚鸢尾花	花萼长	66.38	7.128	50	50.000
	花萼宽	29.82	3.218	50	50.000
	花瓣长	55.60	5.540	50	50.000
	花瓣宽	20.26	2.747	50	50.000
合计	花萼长	58.60	8.633	150	150.000
	花萼宽	30.59	4.363	150	150.000
	花瓣长	37.61	17.682	150	150.000
	花瓣宽	11.99	7.622	150	150.000

表 6-4　组均值的均等性的检验

变量(标签)	Wilks' lambda	F	df1	df2	Sig.
花萼长	0.397	111.847	2	147	0.000
花萼宽	0.598	49.371	2	147	0.000
花瓣长	0.059	1179.052	2	147	0.000
花瓣宽	0.071	960.007	2	147	0.000

表 6-5 是协方差矩阵相等的检验结果，检验结果的 Sig. 值小于 0.05 时，说明协方差矩阵不相等，从严格意义上说，应该建立二次判别函数。

表 6-5　协方差矩阵的均等性的箱式检验

Box's M		162.596
F	近似	7.811
	df1	20
	df2	77 566.751
	Sig.	0.000

注：对相等总体协方差矩阵的零假设进行检验。

表 6-6 是费歇尔判别函数的特征值表，等于组间平方和与组内平方和之比，该值越大表明判别函数效果越好。第一个判别函数的特征值很大，对判别的贡献大。

表 6-6　特征值

函　数	特征值	方差的 %	累积 %	正则相关性
1	30.419①	99.0	99.0	0.984
2	0.293①	1.0	100.0	0.476

注：①分析中使用了前 2 个典型判别式函数。

正则相关性是组间平方和与总平方和之比的平方根，是由组间差异解释的变异总和的比。

表 6-7 是费歇尔判别函数有效性的检验结果。该检验的原假设是不同组的平均费歇尔判别函数值不存在显著差异。Wilks' lambda 统计量接近于 0 表示组均值不同，接近于 1 表示组均值没有不同。卡方是 Wilks' lambda 统计量的卡方转换，用于确定其显著性。从表 6-7 中给出的 Sig. 值来看，说明在 0.05 的显著性水平下有理由拒绝原假设，即不同组的平均费歇尔判别函数值存在显著差异，这意味着判别函数是有效的。

表 6-7　Wilks' lambda

函数检验	Wilks' lambda	卡方	df	Sig.
1～2	0.025	538.950	8	0.000
2	0.774	37.351	3	0.000

表 6-8 和表 6-9 是标准化的费歇尔判别函数和未标准化的费歇尔判别函

数。可以通过标准化判别函数系数的绝对值初步判断变量的相对重要性。如本例花瓣长、花瓣宽和花萼宽的标准化系数大于花萼长的标准化系数，因而花瓣长、花瓣宽和花萼宽对分类的影响大于花萼长。要得到标准化的费歇尔判别函数值，代入该函数的自变量必须是经过标准化的。

表 6-8　标准化的典型判别式函数系数

变量(标签)	函数		变量(标签)	函数	
	1	2		1	2
花萼长	−0.346	0.039	花瓣长	0.846	−0.386
花萼宽	−0.525	0.742	花瓣宽	0.613	0.555

表 6-9　典型判别式函数系数

变量(标签)	函数		变量(标签)	函数	
	1	2		1	2
花萼长	−0.063	0.007	花瓣宽	0.299	0.271
花萼宽	−0.155	0.218	(常量)	−2.526	−6.987
花瓣长	0.196	−0.089			

注：非标准化系数。

而未标准化的费歇尔判别函数系数由于可以将实测的样本观测值直接代入求出判别函数值，所以该系数使用起来比标准化的系数要方便一些。

考察变量作用大小的另一途径是使用变量与判别函数间的相关系数，即结构矩阵，是原变量与判别函数值的相关系数，相关系数的绝对值越大，说明原变量与这个判别函数的相关性越强。如表 6-10 所示，本例显示花瓣长与第 1 个判别函数间的相关系数为 0.726，花萼宽和花瓣宽与第 2 个判别函数间的相关系数分别为 0.879 和 0.718，同样表明花瓣长、花瓣宽和花萼宽对分类的影响大于花萼长。

表 6-10　结构矩阵

变量(标签)	函数		变量(标签)	函数	
	1	2		1	2
花瓣长	0.726①	0.165	花瓣宽	0.651	0.718①
花萼宽	−0.121	0.879①	花萼长	0.221	0.340①

注：判别变量和标准化典型判别式函数之间的汇聚组间相关性按函数内相关性的绝对大小排序的变量。

① 每个变量和任意判别式函数间最大的绝对相关性。

表6-11给出了各组的先验概率。由于我们在"**分类**"子对话框的先验概率选项栏中选择了默认的所有组相等选项,所以系统自动给每类分配了0.333的先验概率。

表6-11 组的先验概率

分 类	先 验	用于分析的案例	
		未加权的	已加权的
刚毛鸢尾花	0.333	50	50.000
变色鸢尾花	0.333	50	50.000
弗吉尼亚鸢尾花	0.333	50	50.000
合计	1.000	150	150.000

表6-12是贝叶斯判别函数系数,将各样本的自变量值代入上述3个贝叶斯判别函数,得到函数值,比较函数值,哪个函数值比较大就可以判断该样本判入哪一类。

表6-12 分类函数系数

变量(标签)	分 类		
	刚毛鸢尾花	变色鸢尾花	弗吉尼亚鸢尾花
花萼长	1.687	1.101	0.865
花萼宽	2.695	1.070	0.747
花瓣长	−0.880	1.001	1.647
花瓣宽	−2.284	0.197	1.695
(常量)	−80.268	−71.196	−103.890

注:费歇尔的线性判别式函数。

图6-7(1)、(2)、(3)分别是刚毛鸢尾花、变色鸢尾花、弗吉尼亚鸢尾花的散点图,○代表每个观测,■代表类别的中心。根据前两个典则判别函数生成散点图。如果只有一个判别函数,则显示条形图。

图6-8是3种鸢尾花的联合散点图,是把所有组放在一张上的综合散点图;■代表类别的中心。

表6-13是判别分类结果的总结表,可以从中看出错分率。在回代法中,刚毛鸢尾花组没有被错判的,判别的准确率为100%;变色鸢尾花有2个判到了弗吉尼亚鸢尾花,判别的准确率为96%;弗吉尼亚鸢尾花有1个判到了变色鸢尾花,判别的准确率为98%。总的判别的准确率为98%。

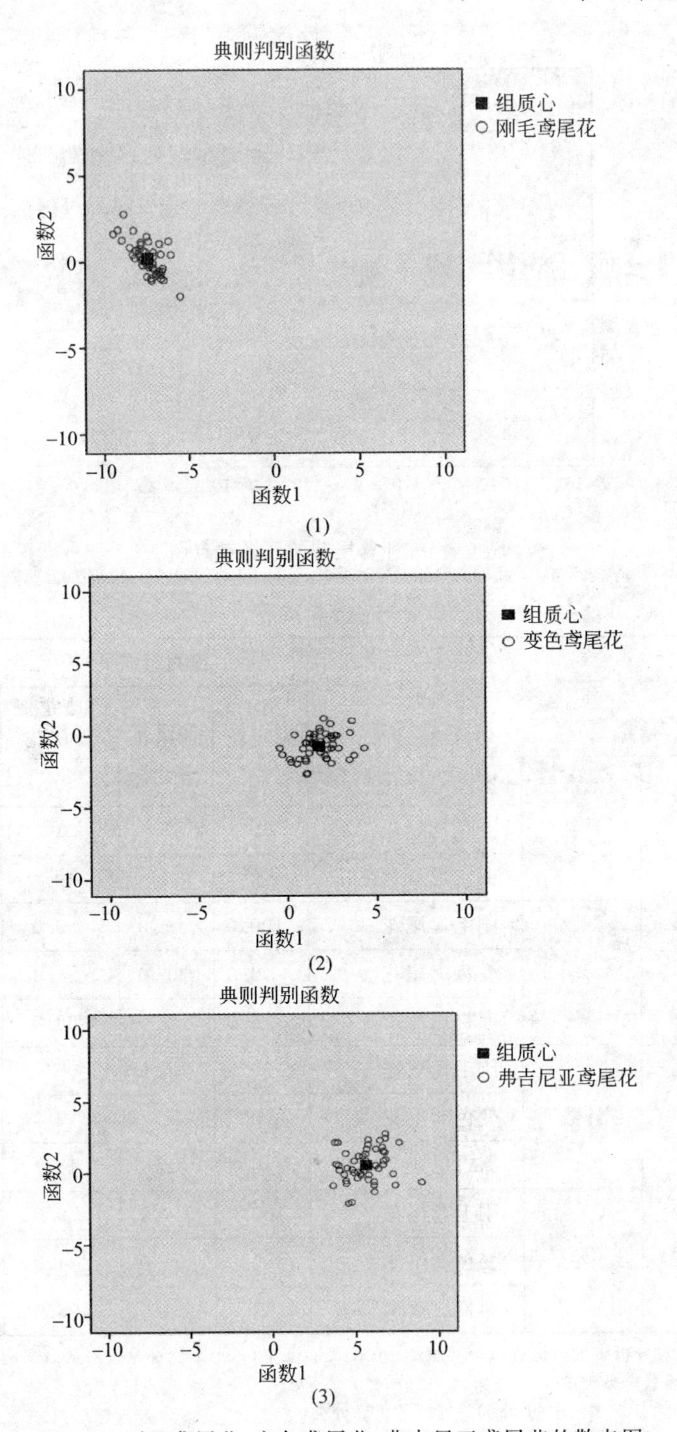

图 6-7　刚毛鸢尾花、变色鸢尾花、弗吉尼亚鸢尾花的散点图

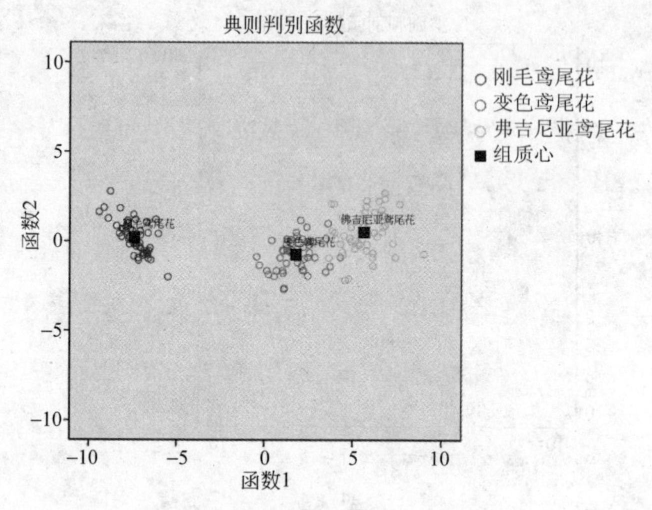

图 6-8　3 种鸢尾花的联合散点图

表 6-13　分类结果[②③]

分类			预测组成员			合计
			刚毛鸢尾花	变色鸢尾花	弗吉尼亚鸢尾花	
初始	计数	刚毛鸢尾花	50	0	0	50
		变色鸢尾花	0	48	2	50
		弗吉尼亚鸢尾花	0	1	49	50
	%	刚毛鸢尾花	100.0	0.0	0.0	100.0
		变色鸢尾花	0.0	96.0	4.0	100.0
		弗吉尼亚鸢尾花	0.0	2.0	98.0	100.0
交叉验证[①]	计数	刚毛鸢尾花	50	0	0	50
		变色鸢尾花	0	48	2	50
		弗吉尼亚鸢尾花	0	2	48	50
	%	刚毛鸢尾花	100.0	0.0	0.0	100.0
		变色鸢尾花	0.0	96.0	4.0	100.0
		弗吉尼亚鸢尾花	0.0	4.0	96.0	100.0

注：① 仅对分析中的案例进行交叉验证。在交叉验证中，每个案例都是按照从该案例以外的所有其他案例派生的函数来分类的。

② 已对初始分组案例中的 98.0%进行了正确分类。

③ 已对交叉验证分组案例中的 97.3%进行了正确分类。

交叉验证是刀切法的判别分类结果总结表，其中刚毛鸢尾花组没有被错判的，判别的准确率为 100%；变色鸢尾花有 2 个判到了弗吉尼亚鸢尾花，判别的准确率为 96%；弗吉尼亚鸢尾花有 2 个判到了变色鸢尾花，判别的准确率为 96%。总判别正确率为 97.3%。

图 6-9 是在原始数据中生成的新变量，变量 Dis_1 存放样本判别回代的结果；变量 Dis1_1 和 Dis2_1 分别代表将样本各变量值代入第 1 个和第 2 个判别函数所得的判别分数，它们是画散点图和区域图的坐标，Dis1_1 为横坐标，Dis2_1 为纵坐标。变量 Dis1_2、Dis2_2 和 Dis3_2 分别代表样本分别属于第 1 组、第 2 组和第 3 组的贝叶斯后验概率值。

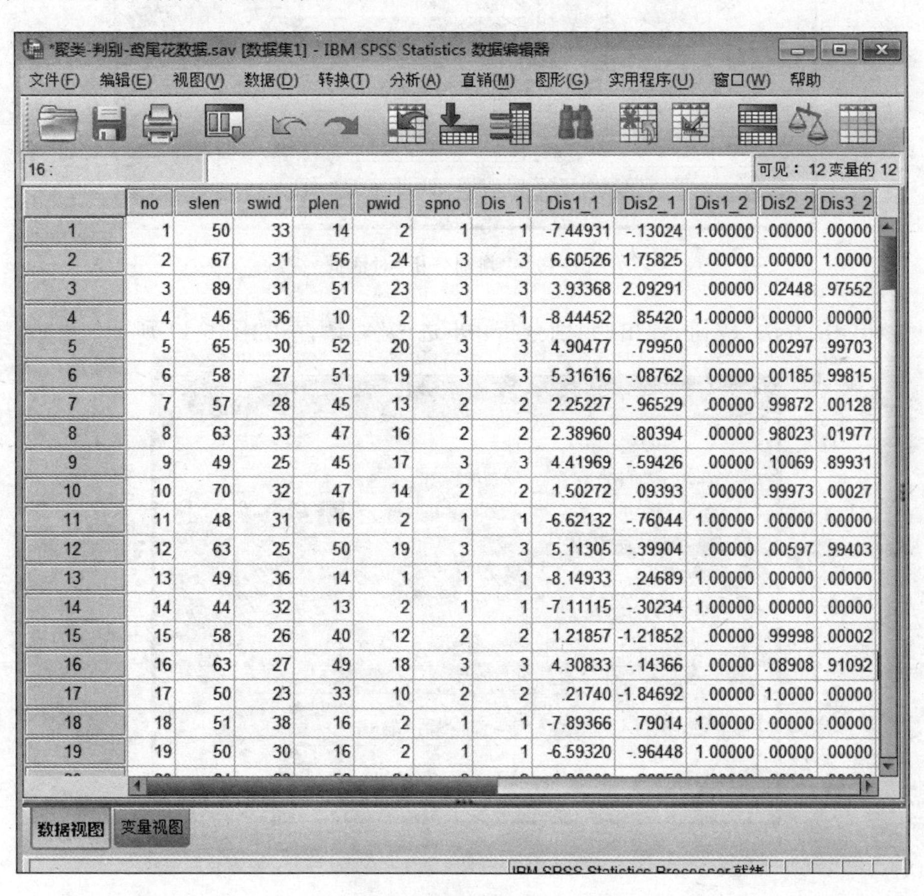

	no	slen	swid	plen	pwid	spno	Dis_1	Dis1_1	Dis2_1	Dis1_2	Dis2_2	Dis3_2
1	1	50	33	14	2	1	1	-7.44931	-.13024	1.00000	.00000	.00000
2	2	67	31	56	24	3	3	6.60526	1.75825	.00000	.00000	1.0000
3	3	89	31	51	23	3	3	3.93368	2.09291	.00000	.02448	.97552
4	4	46	36	10	2	1	1	-8.44452	.85420	1.00000	.00000	.00000
5	5	65	30	52	20	3	3	4.90477	.79950	.00000	.00297	.99703
6	6	58	27	51	19	3	3	5.31616	-.08762	.00000	.00185	.99815
7	7	57	28	45	13	2	2	2.25227	-.96529	.00000	.99872	.00128
8	8	63	33	47	16	2	2	2.38960	.80394	.00000	.98023	.01977
9	9	49	25	45	17	3	3	4.41969	-.59426	.00000	.10069	.89931
10	10	70	32	47	14	2	2	1.50272	.09393	.00000	.99973	.00027
11	11	48	31	16	2	1	1	-6.62132	-.76044	1.00000	.00000	.00000
12	12	63	25	50	19	3	3	5.11305	-.39904	.00000	.00597	.99403
13	13	49	36	14	1	1	1	-8.14933	.24689	1.00000	.00000	.00000
14	14	44	32	13	2	1	1	-7.11115	-.30234	1.00000	.00000	.00000
15	15	58	26	40	12	2	2	1.21857	-1.21852	.00000	.99998	.00002
16	16	63	27	49	18	3	3	4.30833	-.14366	.00000	.08908	.91092
17	17	50	23	33	10	2	2	.21740	-1.84692	.00000	1.0000	.00000
18	18	51	38	16	2	1	1	-7.89366	.79014	1.00000	.00000	.00000
19	19	50	30	16	2	1	1	-6.59320	-.96448	1.00000	.00000	.00000

图 6-9　在原始数据中生成的新变量

逐步判别的软件实现如下。

在“**判别分析**”主对话框中选择“**使用步进式方法**”单选按钮，对数据进行逐步判别分析，如图 6-10 所示。

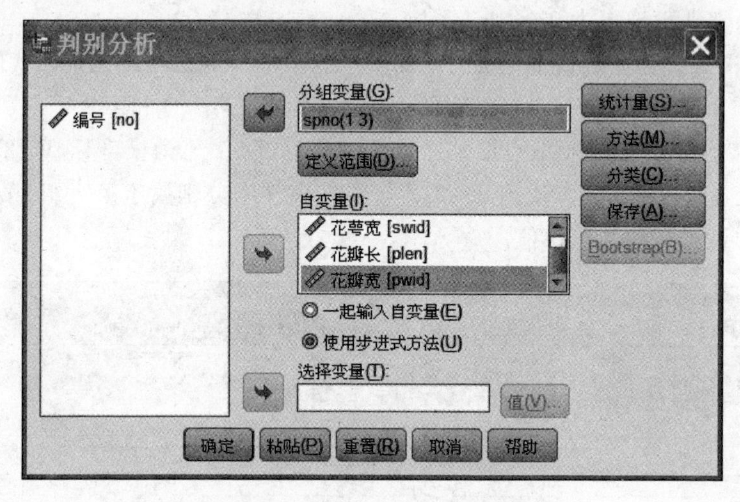

图 6-10 “判别分析”对话框

单击“**方法**”按钮，弹出“**判别分析：步进法**”对话框，如图 6-11 所示。

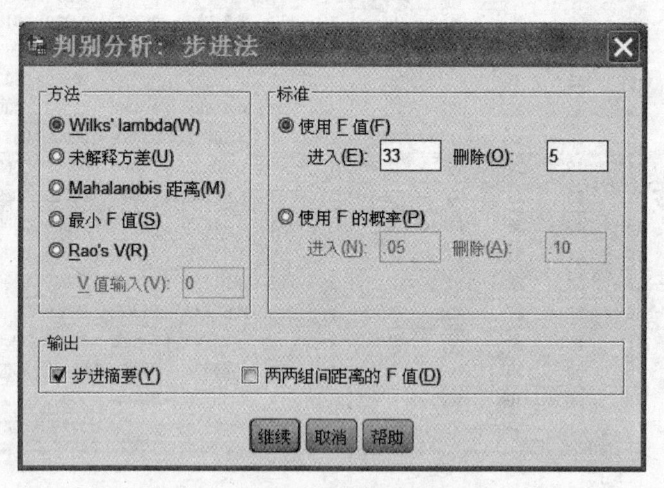

图 6-11 “判别分析：步进法”对话框

逐步判别分析方法如下。

Wilds' lambda(默认选择项)：在每一步，将最小的 Wilds'lambda 值所对应的变量选入模型。

未解释方差：在每一步，将最小的未被解释的组间方差所对应的变量选入模型。

Mahalanobis 距离：在每一步，将具有最小近邻组间最大的 Mahalanobis 距离的变量选入模型。

最小 *F* 值：在每一步，将在"成组最小 *F* 比率"项取值最大的变量选入模型。

Rao's *V*：在每一步，将具有最大 Rao's *V* 增量的变量选入模型；*V* 值输入 0 为 *V* 值的最小增量，系统默认为 0，可在此输入指定的增量值，当某变量导致的 V 值增量大于指定值时变量选入模型。

标准：逐步判别停止判据。

使用 *F* 值(默认选择项)：进入 3.84，删除 2.71，系统默认当计算的 *F* 值≥3.84 时将变量加入到判别模型中，否则不能加入；或者当计算的值 *F* 值≤2.71 时，才将变量从模型中移出，否则保留变量。注意进入的值必须大于删除的值，否则模型中无变量。

使用 *F* 值的概率：进入 0.05，删除 0.10，系统默认加入变量的 *F* 值概率的默认值是 5%；移出变量的 *F* 值概率是 10%，注意进入的值必须小于删除的值，否则模型中无变量。

本例中选择"**使用 *F* 值**"作为逐步判别停止判据，进入输入"**33**"，删除输入"**5**"。

输出：显示内容的选择。

步进摘要(默认选择项)：显示逐步选择变量过程中每一步的各变量的统计量及显著水平，包括 Wilks' lambda 值、移出变量的 *F* 值、移入变量的 *F* 值、df(自由度)、Sig.(*P* 值)、容许度等。

两两组间距离的 *F* 值：显示组间的 *F* 值矩阵。

表 6-14～表 6-16 是逐步判别选择变量的过程，综合分析 3 个表格，可知选择出了 3 个重要变量，首先选出了花瓣长，接着选出了花萼宽，第 3 步选出了花瓣宽。其余输出结果及分析类似于全变量模型，这里不再一一赘述。

表 6-14 输入的/删除的变量①②③④

步骤	输入的	Wilks' lambda							
		统计量	df1	df2	df3	精确 F			
						统计量	df1	df2	Sig.
1	花瓣长	0.059	1	2	147.000	1179.052	2	147.000	0.000
2	花萼宽	0.038	2	2	147.000	301.876	4	292.000	0.000
3	花瓣宽	0.026	3	2	147.000	251.164	6	290.000	0.000

注：在每个步骤中，输入了最小化整体 Wilks' lambda 的变量。

① 步骤的最大数目是 8。

② 要输入的最小偏 F 是 33

③ 要删除的最大偏 F 是 5。

④ F 级、容差或 VIN 不足以进行进一步计算。

表 6-15 分析中的变量

步骤		容差	要删除的 F	Wilks' lambda
1	花瓣长	1.000	1179.052	
2	花瓣长	0.882	1078.565	0.598
	花萼宽	0.882	39.965	0.059
3	花瓣长	0.745	36.018	0.039
	花萼宽	0.775	49.885	0.044
	花瓣宽	0.672	33.060	0.038

表 6-16 Wilks' lambda

步骤	变量数目	lambda	df1	df2	df3	精确 F			
						统计量	df1	df2	Sig.
1	1	0.059	1	2	147	1179.052	2	147.000	0.000
2	2	0.038	2	2	147	301.876	4	292.000	0.000
3	3	0.026	3	2	147	251.164	6	290.000	0.000

6.3 判别分析的案例分析

人文发展指数(Human Development Index，HDI)是由联合国开发计划署(UNDP)在《1990 年人文发展报告》中提出的，它是以“预期寿命、教育水准和生活质量”3 项基础变量按照一定的计算方法组成的综合指标，用以衡量联合国各成员国经济社会发展水平，是衡量一个国家综合国力的重要指标。自 1990 年以来，联合国开发计划署每年都发布世界各国的人文发展指数(HDI)，在世界许多国家或地区颇有影响。人文发展指数从动态上对人类发展状况进行了反映，揭示了一个国家的优先发展项，为世界各国尤其是发展中国家制定发展政策提供了一定依据，从而有助于挖掘一国经济发展的潜力。通过分解人文发展指数，可以发现社会发展中的薄弱环节，为经济与社会发展提供预警。HDI 从测度人文发展水平入手，反映一个社会的进步程度，为人们评价社会发展提供了一种新的思路，用较易获得的数据，认为对一个国家福利的全面评价应着眼于人类发展而不仅仅是经济状况。HDI 是由 3 个指标构成——预期寿命、成人识字率和人均 GDP 的对数，分别反映了人的长寿水平、知识水平和生活水平。经过若干年的研究和设计，2010 年采用了新的计算公式。

(1) 预期寿命指数(LEI)＝(LE－20)/(83.2－20)　　(6-8)

(2) 教育指数(EI)＝($\sqrt{\text{MYSI}\times\text{EYSI}}$－0)/(0.951－0)

① 平均学校教育年数指数(MYSI)＝(MYS－0)/(13.2－0)　　(6-9)

② 预期学校教育年数指数(EYSI)＝(EYS－0)/(20.6－0)

(3) 收入指数(II)＝(ln(GNIpc)－ln(163))/(ln(108211)－ln(163))　　(6-10)

以上各式中：LE 为预期寿命；MYS 为平均学校教育年数(一个大于或等于 25 岁的人在学校接受教育的年数)；EYS 为预期学校教育年数(一个 5 岁的儿童一生将要接受教育的年数)；GNIpc 为人均国民收入；HDI 值为预期寿命指数、教育指数和收入指数的几何平均数。

从《国际统计年鉴》中搜集到 2011 年的 131 个国家的人文发展指数数据，它是按上述公式计算出 HDI 值，从大到小依次排队，并划分了类别，如表 6-17，其中类别变量中：1 代表超高人文发展国家；2 代表高人文发展国家；3 代表中等人文发展国家；4 代表低人文发展国家。此处我们依据计算 HDI 的 3 个基本指数和各个国家划分的类别去判别分析，以对验证原来分类的效果做一个尝试。

对表 6-17 进行判别分析，将“**类别**”加入到分组变量栏，然后单击“**定义范围**”按钮，在打开的对话框中，在最小值处输入 1，最大值处输入 4，单击“**继续**”按钮，返回主对话框。

选择预期寿命指数、教育指数和收入指数作为分析的变量，默认使用“**一起输入自变量**”，单击“**确定**”按钮，运行结果见表 6-17～表 6-23。

表 6-17 人文发展指数数据

单位：%

国家	人文发展指数	出生时预期寿命	受教育年限		教育指数	收入指数	健康指数	性别不平等指数	预期寿命指数	类别	判别结果
			预期	平均							
挪威	0.943	81.1	17.3	12.6	0.985	0.883	0.964	0.075	0.967	1	1
澳大利亚	0.929	81.9	18	12	0.981	0.837	0.976	0.136	0.979	1	1
荷兰	0.91	80.7	16.8	11.6	0.931	0.845	0.958	0.052	0.96	1	1
美国	0.91	78.5	16	12.4	0.939	0.869	0.923	0.299	0.926	1	1
新西兰	0.908	80.7	18	12.5	1	0.783	0.957	0.195	0.96	1	1
加拿大	0.908	81	16	12.1	0.927	0.84	0.962	0.14	0.965	1	1
爱尔兰	0.908	80.6	18	11.6	0.963	0.814	0.955	0.203	0.959	1	1
德国	0.905	80.4	15.9	12.2	0.928	0.838	0.953	0.085	0.956	1	1
瑞典	0.904	81.4	15.7	11.7	0.904	0.842	0.969	0.049	0.972	1	1
瑞士	0.903	82.3	15.6	11	0.872	0.858	0.983	0.067	0.986	1	1
日本	0.901	83.4	15.1	11.6	0.883	0.827	1	0.123	1.003	1	1
韩国	0.897	80.6	16.9	11.6	0.934	0.808	0.956	0.111	0.959	1	1
丹麦	0.895	78.8	16.9	11.4	0.924	0.836	0.928	0.06	0.93	1	1
以色列	0.888	81.6	15.5	11.9	0.907	0.796	0.972	0.145	0.975	1	1
比利时	0.886	80	16.1	10.9	0.882	0.832	0.947	0.114	0.949	1	1
奥地利	0.885	80.9	15.3	10.8	0.858	0.842	0.96	0.131	0.964	1	1

续表

国家	人文发展指数	出生时预期寿命	受教育年限		教育指数	收入指数	健康指数	性别不平等指数	预期寿命指数	类别	判别结果
			预期	平均							
法国	0.884	81.5	16.1	10.6	0.87	0.819	0.971	0.106	0.973	1	1
芬兰	0.882	80	16.8	10.3	0.877	0.828	0.946	0.075	0.949	1	1
西班牙	0.878	81.4	16.6	10.4	0.874	0.799	0.969	0.117	0.972	1	1
意大利	0.874	81.9	16.3	10.1	0.856	0.799	0.976	0.124	0.979	1	1
卢森堡	0.867	80	13.3	10.1	0.771	0.892	0.946	0.169	0.949	1	1
新加坡	0.866	81.1	14.4	8.8	0.751	0.897	0.964	0.086	0.967	1	1
捷克	0.865	77.7	15.6	12.3	0.924	0.769	0.91	0.136	0.913	1	1
英国	0.863	80.2	16.1	9.3	0.815	0.832	0.949	0.209	0.953	1	1
希腊	0.861	79.9	16.5	10.1	0.861	0.783	0.945	0.162	0.948	1	1
阿联酋	0.846	76.5	13.3	9.3	0.741	0.916	0.892	0.234	0.894	1	1
塞浦路斯	0.84	79.6	14.7	9.8	0.798	0.79	0.94	0.141	0.943	1	1
爱沙尼亚	0.835	74.8	15.7	12	0.916	0.734	0.865	0.194	0.867	1	1
匈牙利	0.816	74.4	15.3	11.1	0.866	0.732	0.858	0.237	0.861	1	1
波兰	0.813	76.1	15.3	10	0.822	0.739	0.885	0.164	0.888	1	1
立陶宛	0.81	72.2	16.1	10.9	0.883	0.729	0.824	0.192	0.826	1	1
葡萄牙	0.809	79.5	15.9	7.7	0.739	0.763	0.938	0.14	0.941	1	1

续表

国家	人文发展指数	出生时预期寿命	受教育年限		教育指数	收入指数	健康指数	性别不平等指数	预期寿命指数	类别	判别结果
			预期	平均							
拉脱维亚	0.805	73.3	15	11.5	0.873	0.711	0.841	0.216	0.843	1	1
智利	0.805	79.1	14.7	9.7	0.797	0.701	0.932	0.374	0.935	1	2
阿根廷	0.797	75.9	15.8	9.3	0.806	0.713	0.882	0.372	0.884	1	2
克罗地亚	0.796	76.6	13.9	9.8	0.778	0.724	0.893	0.17	0.896	1	2
乌拉圭	0.783	77	15.5	8.5	0.763	0.7	0.899	0.352	0.902	2	2
罗马尼亚	0.781	74	14.9	10.4	0.831	0.674	0.851	0.333	0.854	2	2
古巴	0.776	79.1	17.5	9.9	0.876	0.572	0.933	0.337	0.935	2	2
保加利亚	0.771	73.4	13.7	10.6	0.802	0.678	0.842	0.245	0.845	2	2
沙特阿拉伯	0.77	73.9	13.7	7.8	0.689	0.781	0.85	0.646	0.853	2	2
墨西哥	0.77	77	13.9	8.5	0.726	0.7	0.898	0.448	0.902	2	2
巴拿马	0.768	76.1	13.2	9.4	0.743	0.69	0.885	0.492	0.888	2	2
马来西亚	0.761	74.2	12.6	9.5	0.73	0.704	0.855	0.286	0.858	2	2
科威特	0.76	74.6	12.3	6.1	0.577	0.884	0.861	0.229	0.864	2	2
利比亚	0.76	74.8	16.6	7.3	0.731	0.693	0.864	0.314	0.867	2	2
俄罗斯	0.755	68.8	14.1	9.8	0.784	0.713	0.77	0.338	0.772	2	2
哈萨克斯坦	0.745	67	15.1	10.4	0.834	0.668	0.742	0.334	0.744	2	2

续表

国家	人文发展指数	出生时预期寿命	受教育年限		教育指数	收入指数	健康指数	性别不平等指数	预期寿命指数	类别	判别结果
			预期	平均							
哥斯达黎加	0.744	79.3	11.7	8.3	0.659	0.667	0.936	0.361	0.938	2	2
阿尔巴尼亚	0.739	76.9	11.3	10.4	0.721	0.624	0.898	0.271	0.9	2	2
黎巴嫩	0.739	72.6	13.8	7.9	0.695	0.698	0.83	0.44	0.832	2	2
委内瑞拉	0.735	74.4	14.2	7.6	0.692	0.669	0.858	0.447	0.861	2	2
格鲁吉亚	0.733	73.7	13.1	12.1	0.839	0.554	0.848	0.418	0.85	2	2
乌克兰	0.729	68.5	14.7	11.3	0.858	0.591	0.765	0.335	0.767	2	2
毛里求斯	0.728	73.4	13.6	7.2	0.659	0.696	0.842	0.353	0.845	2	2
牙买加	0.727	73.1	13.8	9.6	0.768	0.598	0.838	0.45	0.84	2	2
秘鲁	0.725	74	12.9	8.7	0.704	0.634	0.852	0.415	0.854	2	2
厄瓜多尔	0.72	75.6	14	7.6	0.686	0.62	0.877	0.469	0.88	2	2
巴西	0.718	73.5	13.8	7.2	0.663	0.662	0.844	0.449	0.847	2	2
亚美尼亚	0.716	74.2	12	10.8	0.76	0.566	0.856	0.343	0.858	2	2
哥伦比亚	0.71	73.7	13.6	7.3	0.667	0.633	0.847	0.482	0.85	2	2
伊朗	0.707	73	12.7	7.3	0.64	0.662	0.836	0.485	0.839	2	2
阿曼	0.705	73	11.8	5.5	0.539	0.778	0.836	0.309	0.839	2	2
阿塞拜疆	0.7	70.7	11.8	8.6	0.671	0.639	0.8	0.314	0.802	2	2

续表

国家	人文发展指数	出生时预期寿命	受教育年限		教育指数	收入指数	健康指数	性别不平等指数	预期寿命指数	类别	判别结果
			预期	平均							
土耳其	0.699	74	11.8	6.5	0.583	0.689	0.851	0.443	0.854	2	2
伯利兹	0.699	76.1	12.4	8	0.663	0.582	0.884	0.493	0.888	2	2
突尼斯	0.698	74.5	14.5	6.5	0.645	0.614	0.86	0.293	0.862	2	2
约旦	0.698	73.4	13.1	8.6	0.71	0.569	0.842	0.456	0.845	3	2
阿尔及利亚	0.698	73.1	13.6	7	0.652	0.621	0.838	0.412	0.84	3	2
斯里兰卡	0.691	74.9	12.7	8.2	0.68	0.559	0.867	0.419	0.869	3	3
中国	0.687	73.5	11.6	7.5	0.623	0.618	0.843	0.209	0.847	3	2
泰国	0.682	74.1	12.3	6.6	0.597	0.622	0.854	0.382	0.856	3	2
萨尔瓦多	0.674	72.2	12.1	7.5	0.637	0.585	0.823	0.487	0.826	3	3
巴拉圭	0.665	72.5	12.1	7.7	0.643	0.552	0.828	0.476	0.831	3	3
玻利维亚	0.663	66.6	13.7	9.2	0.749	0.53	0.735	0.476	0.737	3	3
马尔代夫	0.661	76.8	12.4	5.8	0.568	0.568	0.897	0.32	0.899	3	3
蒙古	0.653	68.5	14.1	8.3	0.722	0.505	0.765	0.41	0.767	3	3
摩尔多瓦	0.649	69.3	11.9	9.7	0.716	0.49	0.778	0.298	0.78	3	3
菲律宾	0.644	68.7	11.9	8.9	0.684	0.508	0.769	0.427	0.771	3	3
圭亚那	0.633	69.9	11.9	8	0.65	0.496	0.787	0.511	0.79	3	3
博茨瓦纳	0.633	53.2	12.2	8.9	0.693	0.698	0.523	0.507	0.525	3	2

续表

国家	人文发展指数	出生时预期寿命	受教育年限		教育指数	收入指数	健康指数	性别不平等指数	预期寿命指数	类别	判别结果
			预期	平均							
叙利亚	0.632	75.8	11.3	5.7	0.534	0.537	0.881	0.474	0.883	3	3
纳米比亚	0.625	62.5	11.6	7.4	0.617	0.591	0.67	0.466	0.672	3	3
洪都拉斯	0.625	73.1	11.4	6.5	0.574	0.507	0.838	0.511	0.84	3	3
南非	0.619	52.8	13.1	8.5	0.705	0.652	0.517	0.49	0.519	3	3
印度尼西亚	0.617	69.4	13.2	5.8	0.584	0.518	0.779	0.505	0.782	3	3
吉尔吉斯斯坦	0.615	67.7	12.5	9.3	0.716	0.432	0.753	0.37	0.755	3	3
塔吉克斯坦	0.607	67.5	11.4	9.8	0.704	0.425	0.75	0.347	0.752	3	3
越南	0.593	75.2	10.4	5.5	0.503	0.478	0.87	0.305	0.873	3	3
尼加拉瓜	0.589	74	10.8	5.8	0.525	0.457	0.852	0.506	0.854	3	3
摩洛哥	0.582	72.2	10.3	4.4	0.447	0.535	0.823	0.51	0.826	3	3
危地马拉	0.574	71.2	10.6	4.1	0.438	0.534	0.807	0.542	0.81	3	3
伊拉克	0.573	69	9.8	5.6	0.491	0.495	0.774	0.579	0.775	3	3
印度	0.547	65.4	10.3	4.4	0.45	0.508	0.717	0.617	0.718	3	3
加纳	0.541	64.2	10.5	7.1	0.574	0.396	0.698	0.598	0.699	3	3
刚果(布)	0.533	57.4	10.5	5.9	0.523	0.49	0.59	0.628	0.592	3	3
老挝	0.524	67.5	9.2	4.6	0.432	0.445	0.749	0.513	0.752	3	3
斯威士兰	0.522	48.7	10.6	7.1	0.578	0.545	0.453	0.546	0.454	3	3

续表

国家	人文发展指数	出生时预期寿命	受教育年限		教育指数	收入指数	健康指数	性别不平等指数	预期寿命指数	类别	判别结果
			预期	平均							
不丹	0.522	67.2	11	2.3	0.336	0.568	0.744	0.495	0.747	3	3
肯尼亚	0.509	57.1	11	7	0.582	0.387	0.586	0.627	0.587	4	4
巴基斯坦	0.504	65.4	6.9	4.9	0.386	0.464	0.717	0.573	0.718	4	4
孟加拉国	0.5	68.9	8.1	4.8	0.415	0.391	0.772	0.55	0.774	4	4
缅甸	0.483	65.2	9.2	4	0.404	0.391	0.713	0.492	0.715	4	4
喀麦隆	0.482	51.6	10.3	5.9	0.52	0.431	0.499	0.639	0.5	4	4
坦桑尼亚	0.466	58.2	9.1	5.1	0.454	0.37	0.603	0.59	0.604	4	4
巴布亚新几内亚	0.466	62.8	5.8	4.3	0.335	0.447	0.675	0.674	0.677	4	4
也门	0.462	65.5	8.6	2.5	0.31	0.444	0.718	0.769	0.72	4	4
塞内加尔	0.459	59.3	7.5	4.5	0.385	0.406	0.62	0.566	0.622	4	4
尼泊尔	0.458	68.8	8.8	3.2	0.356	0.351	0.77	0.558	0.772	4	4
海地	0.454	62.1	7.6	4.9	0.406	0.346	0.664	0.599	0.666	4	4
毛里塔尼亚	0.453	58.6	8.1	3.7	0.366	0.419	0.609	0.605	0.611	4	4
莱索托	0.45	48.2	9.9	5.9	0.507	0.403	0.445	0.532	0.446	4	4
乌干达	0.446	54.1	10.8	4.7	0.475	0.347	0.538	0.577	0.54	4	4
多哥	0.435	57.1	9.6	5.3	0.473	0.297	0.585	0.602	0.587	4	4
赞比亚	0.43	49	7.9	6.5	0.48	0.362	0.458	0.627	0.459	4	4
贝宁	0.427	56.1	9.2	3.3	0.365	0.374	0.569	0.634	0.571	4	4

续表

国家	人文发展指数	出生时预期寿命	受教育年限		教育指数	收入指数	健康指数	性别不平等指数	预期寿命指数	类别	判别结果
			预期	平均							
冈比亚	0.42	58.5	9	2.8	0.334	0.365	0.607	0.61	0.609	4	4
苏丹	0.408	61.5	4.4	3.1	0.247	0.421	0.654	0.611	0.657	4	4
科特迪瓦	0.4	55.4	6.3	3.3	0.304	0.377	0.558	0.655	0.56	4	4
马拉维	0.4	54.2	8.9	4.2	0.41	0.289	0.54	0.594	0.541	4	4
阿富汗	0.398	48.7	9.1	3.3	0.367	0.38	0.452	0.707	0.454	4	4
津巴布韦	0.376	51.4	9.9	7.2	0.566	0.19	0.495	0.583	0.497	4	4
马里	0.359	51.4	8.3	2	0.27	0.346	0.496	0.712	0.497	4	4
中非	0.343	48.4	6.6	3.5	0.321	0.28	0.448	0.669	0.449	4	4
塞拉利昂	0.336	47.8	7.2	2.9	0.304	0.286	0.438	0.662	0.44	4	4
布基纳法索	0.331	55.4	6.3	1.3	0.187	0.349	0.559	0.596	0.56	4	4
利比里亚	0.329	56.8	11	3.9	0.439	0.14	0.58	0.671	0.582	4	4
莫桑比克	0.322	50.2	9.2	1.2	0.222	0.314	0.477	0.602	0.478	4	4
布隆迪	0.316	50.4	10.5	2.7	0.353	0.186	0.48	0.478	0.481	4	4
尼日尔	0.295	54.7	4.9	1.4	0.177	0.266	0.547	0.724	0.549	4	4
刚果(金)	0.286	48.4	8.2	3.5	0.356	0.147	0.448	0.71	0.449	4	4

资料来源：《国际统计年鉴》，中国统计出版社，2011。

表 6-18　组均值的均等性的检验

变量	Wilks' lambda	F	df1	df2	Sig.
教育指数	0.189	181.968	3	127	0.000
收入指数	0.136	269.109	3	127	0.000
预期寿命指数	0.246	129.824	3	127	0.000

表 6-19　典型判别式函数特征值

函数	特征值	方差的%	累积%	正则相关性
1	13.017①	99.6	99.6	0.964
2	0.044①	0.3	100.0	0.205
3	0.003①	0.0	100.0	0.056

注：① 分析中使用了前 3 个典型判别式函数。

表 6-20　标准化的典型判别式函数系数

变量	函数 1	函数 2	函数 3
教育指数	0.621	−0.082	0.781
收入指数	0.651	−0.574	−0.534
预期寿命指数	0.390	0.929	−0.157

表 6-21　典型判别式函数系数

变量	函数 1	函数 2	函数 3
教育指数	6.921	−0.918	8.702
收入指数	9.338	−8.242	−7.661
预期寿命指数	4.936	11.746	−1.991
（常量）	−13.900	−3.769	0.478

注：非标准化系数。

表 6-22　分类函数系数

变量	类别 1	类别 2	类别 3	类别 4
教育指数	118.834	97.986	81.697	52.346
收入指数	143.906	115.973	89.977	54.999
预期寿命指数	132.804	122.839	111.983	85.621
（常量）	−173.601	−127.545	−92.502	−45.267

注：费歇尔线性判别式函数。

表 6-23　分类结果[②③]

类别			预测组成员				合计
			1	2	3	4	
初始	计数	1	33	3	0	0	36
		2	0	31	0	0	31
		3	0	5	27	0	32
		4	0	0	0	32	32
	%	1	91.7	8.3	0.0	0.0	100.0
		2	0.0	100.0	0.0	0.0	100.0
		3	0.0	15.6	84.4	0.0	100.0
		4	0.0	0.0	0.0	100.0	100.0
交叉验证[①]	计数	1	32	4	0	0	36
		2	1	30	0	0	31
		3	0	6	25	1	32
		4	0	0	0	32	32
	%	1	88.9	11.1	0.0	0.0	100.0
		2	3.2	96.8	0.0	0.0	100.0
		3	0.0	18.8	78.1	3.1	100.0
		4	0.0	0.0	0.0	100.0	100.0

注：① 仅对分析中的案例进行交叉验证。在交叉验证中，每个案例都是按照从该案例以外的所有其他案例派生的函数来分类的。

② 已对初始分组案例中的 93.9%进行了正确分类。

③ 已对交叉验证分组案例中的 90.8%进行了正确分类。

表 6-18 显示，3 个变量上 4 个类别的差异都非常显著，其中收入指数差异最显著。

从表 6-23 可以看到，错分主要是第 1 类分到第 2 类和第 3 类分到第 2 类，从表 6-17 最后一列的判别分类结果可以看出，错分主要发生在两个类别划分的交界处，而这些错分观测的 HDI 值非常接近甚至相等，估计在排队划分类别时考虑了其他的因素，比如经济社会发展的均衡性问题等。用判别分析法正确分类的概率在 90%以上，效果还是不错的。

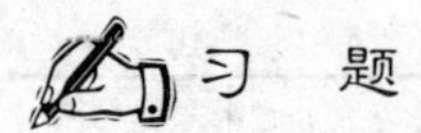

习题

1. 距离判别法、贝叶斯判别法和费歇尔判别法的异同。

2. 什么是逐步判别分析?

3. 银行的贷款部门需要判别每个客户的信用好坏(是否未履行还贷责任),以决定是否给予贷款。根据贷款申请人的年龄(X_1)、受教育程度(X_2)、现在所从事工作的年数(X_3)、未变更住址的年数(X_4)、收入(X_5)、负债收入比例(X_6)、信用卡债务(X_7)、其他债务(X_8)等,可以判断其信用情况。表 6-24 是某银行的客户资料的部分数据。

表 6-24　银行客户资料数据

目前信用好坏	客户序号	X_1	X_2	X_3	X_4	X_5	X_6	X_7	X_8
已履行还贷责任	1	23	1	7	2	31	6.60	0.364	1.71
	2	34	1	17	3	59	8.00	1.81	2.91
	3	42	2	7	23	41	4.60	0.94	0.94
	4	39	1	19	5	48	13.10	1.93	4.36
	5	35	1	1	1	34	5.00	0.40	1.30
未履行还贷责任	6	37	1	1	3	24	15.10	1.80	1.82
	7	29	1	13	1	42	7.40	1.46	1.65
	8	32	2	11	6	75	23.30	7.76	9.72
	9	28	2	2	3	23	6.40	0.19	1.29
	10	26	1	4	3	27	10.50	2.47	0.36

若某客户的资料为(53,1,9,18,50,11.20,2.02,3.58),判别银行是否批准其贷款申请。

4. 从胃癌患者、萎缩性胃炎患者和非胃炎患者中分别抽取 5 个病人进行 4 项生化指标的化验:血清铜蛋白(X_1)、蓝色反应(X_2)、鸟吲哚乙酸(X_3)和中性硫化物(X_4),数据见表 6-25。试用贝叶斯判别法进行判别分析。

5. 为研究某地区人口死亡状况,已按照某种方法将 15 个已知样品分为 3 类,指标及原始数据见表 6-26,试建立判别函数,判定另外 4 个待判样本属于哪一类。

表 6-25　各指标数据

类别	病人序号	X_1	X_2	X_3	X_4
胃癌患者	1	228	134	20	11
	2	245	134	10	40
	3	200	167	12	27
	4	170	150	7	8
	5	100	167	20	14
萎缩性胃炎患者	6	225	125	7	14
	7	130	100	6	12
	8	150	117	7	6
	9	120	133	10	26
	10	160	100	5	10
非胃炎患者	11	185	115	5	19
	12	170	125	6	4
	13	165	142	5	3
	14	135	108	2	12
	15	100	117	7	2

表 6-26　指标及原始数据

组别	序号	X_1：0 岁组死亡概率 X_2：1 岁组死亡概率 X_3：10 岁组死亡概率			X_4：55 岁组死亡概率 X_5：80 岁组死亡概率 X_6：平均预期寿命		
		X_1	X_2	X_3	X_4	X_5	X_6
第一组	1	34.16	7.44	1.12	7.87	95.19	69.30
	2	33.06	6.34	1.08	6.77	94.08	69.70
	3	36.26	9.24	1.04	8.97	97.30	68.80
	4	40.17	13.45	1.43	13.88	101.20	66.20
	5	50.06	23.03	2.83	23.74	112.52	63.30

续表

组别	序号	X_1：0岁组死亡概率 X_2：1岁组死亡概率 X_3：10岁组死亡概率			X_4：55岁组死亡概率 X_5：80岁组死亡概率 X_6：平均预期寿命		
		X_1	X_2	X_3	X_4	X_5	X_6
第二组	1	33.24	6.24	1.18	22.90	160.01	65.40
	2	32.22	4.22	1.06	20.70	124.70	68.70
	3	41.15	10.08	2.32	32.84	172.06	65.85
	4	53.04	25.74	4.06	34.87	152.03	63.50
	5	38.03	11.20	6.07	27.84	146.32	66.80
第三组	1	34.03	5.41	0.07	5.20	90.10	69.50
	2	32.11	3.02	0.09	3.14	85.15	70.80
	3	44.12	15.12	1.08	15.15	103.12	64.80
	4	54.17	25.03	2.11	25.15	110.14	63.70
	5	28.07	2.01	0.07	3.02	81.22	68.30
待判样品	1	50.22	6.66	1.08	22.54	170.60	65.20
	2	34.64	7.33	1.11	7.78	95.16	69.30
	3	33.42	6.22	1.12	22.95	160.31	68.30
	4	44.02	15.36	1.07	16.45	105.30	64.20

CHAPTER 7

第7章 对应分析

在社会、经济以及其他领域中，进行数据分析时不但要处理因素与因素、样本与样本之间的关系，而且还需要处理因素与样本之间的相互关系。例如，评价某一个行业所属企业的经济效益，我们不仅要研究企业按照经济效益好坏的分类情况，研究经济效益指标之间的关系，还要研究哪些企业与哪些经济效益指标更密切一些。这就需要对应分析的方法，将经济效益指标和企业状况放在一起进行分类、作图，以便更好地描述两者之间的关系，在经济意义上做出切合实际的解释。

7.1 对应分析的基本知识

1. 对应分析的概念和基本思想

对应分析(correspondence analysis)的思想首先由理查森(Richardson)和库德(Kuder)于1933年提出，后来法国统计学家让·保罗·贝内泽(Jean Paul Benzécri)等人对该方法进行了详细的论述而使其得到了发展。对应分析是在R型和Q型因子分析的基础上发展起来的一种多元统计分析方法，因此对应分析又称为R-Q型因子分析。在因子分析中，如果研究的对象是样品，则需采用Q型因子分析；如果研究的对象是变量，则需采用R型因子分析。但是，这两种分析方法往往是相互独立的，必须分别对样品和变量进行处理。然而，在很多情况下，我们所关心的不仅仅是样品或变量各自自身之间的关系，还有样品和变量的相互关系，这时因子分析方法就无能为力了。对应分析克服了上述缺点，综合了R型和Q型因子分析的优点，将它们统一起来，把变量和样品的载荷反映在相同的公因子轴上，可以把变量和样品联系起来进行解释和推断。概括起来，对应分析可以提供3方面的信息：变量之间的关系、样品之间的关系、变量与样品之间的关系。

对应分析是用来分析变量之间的类别联系的方法,变量可以是连续型的,也可以是分类变量。与其他方法相比,其分析的对象更广泛。通常意义下的对应分析,是指对两个定性变量的多种水平进行相应性研究,由定性变量构成的交互汇总表来揭示变量间的联系,揭示同一变量的各个类别之间的差异,以及不同变量各个类别之间的对应关系。

对应分析的基本思想是将一个列联表的行和列各元素的比例结构以点的形式在较低维的空间中表示出来。其最大特点是能把众多的样品和众多的变量同时作到同一张图上,将样品的大类及其属性在图上直观而又明了地表示出来,具有直观性。另外,它还省去了因子选择和因子轴旋转等复杂的数学运算及中间过程,可以从因子载荷图上对样品进行直观的分类,而且能够指示分类的主要参数(主因子)以及分类的依据,是一种直观、简单、方便的多元统计方法。

为了把握对应分析方法的实质,本章将从列联表入手,让读者理解对应分析与独立性检验的关系,进一步明确对实际问题进行对应分析研究的必要性。

2. 列联表及列联表分析

对定性数据间关系的分析,通常采用图形分析法和数值分析法。

图形分析法主要运用分类柱形图,用于对事物两个或多个特征的分类对比。

【例 7-1】 为了研究吸烟和患肺癌之间的关系,对 106 人进行了调查。数据整理后如表 7-1。

表 7-1 吸烟和患肺癌的调查数据

是否吸烟	是否患肺癌	人数	是否吸烟	是否患肺癌	人数
吸烟	患肺癌	60	吸烟	未患肺癌	32
不吸烟	患肺癌	3	不吸烟	未患肺癌	11

从图 7-1 中可知:在吸烟的人群中,患肺癌的人数多于未患肺癌的;在不吸烟的人群中,患肺癌的人数少于未患肺癌的,因此,吸烟和患肺癌具有一定的关联。

分类柱形图能够粗略地展现两个定性数据间的关系,而以数字为重要依据的列联分析能够更精确地反映和测度这种关系。列联分析的核心依据是列联表。

列联表(crosstabs)是观测数据按两个或更多属性(定性变量)分类时所列出的频数表。一般来说,若总体中的个体可按两个属性 A 与 B 分类,A 有 r 个等级 $A_1,A_2,\cdots,A_r$,B 有 c 个等级 $B_1,B_2,\cdots,B_c$,从总体中抽取大小为 n 的样本,

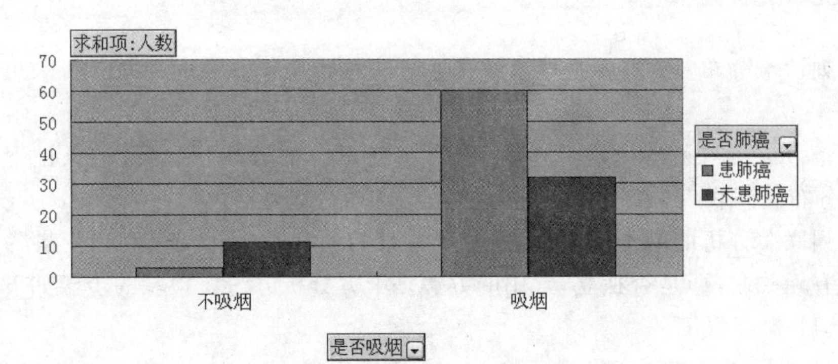

图 7-1　吸烟和患肺癌关系的分类柱形图

设其中有 f_{ij} 个个体的属性属于等级 A_i 和 B_j，f_{ij} 表示频数，将 $r\times c$ 个 f_{ij} 排列为一个 r 行 c 列的列联表，简称 $r\times c$ 表。$r\times c$ 列联表的一般表示如表 7-2。

表 7-2　$r\times c$ 列联表的一般表示

行(r_i)	列(c_j)			行边缘
	$j=1$	$j=2$	…	
$i=1$	f_{11}	f_{12}	…	r_1
$i=2$	f_{21}	f_{22}	…	r_2
⋮	⋮	⋮	⋮	⋮
列边缘	c_1	c_2	…	n

列联表中的两个属性分别称为行变量和列变量。表 7-2 中行变量类别数用 r 表示，r_i 表示第 i 个类别；列变量类别数用 r 表示，c_j 表示第 j 个类别；f_{ij} 表示第 i 行第 j 列的观察频数，表 7-2 列出了行变量和列变量的所有可能组合，所以称为列联表。表 7-3 所示的是吸烟和患肺癌关系的列联表。

表 7-3　吸烟和患肺癌关系的列联表

		是否患肺癌		合计
		患肺癌	未患肺癌	
是否吸烟	吸烟	60	32	92
	不吸烟	3	11	14
合计		63	43	106

行边缘分布：每行各观察值合计数的分布。如吸烟的 92 人，不吸烟的共有

14 人。

列边缘分布：每列各观察值合计数的分布。如患肺癌的为 63 人，未患肺癌的为 43 人。

条件分布与条件频数：变量 x 条件下变量 y 的分布，或变量 y 条件下变量 x 的分布。列联表中每个具体的观察值称为条件频数。

列联表分析的基本问题是，判明所考察的列联表中行变量和列变量各属性之间有无关联，即是否独立，常用的方法是卡方分析方法。检验的步骤如下。

(1) 提出假设

H_0：行变量与列变量相互独立。

H_1：行变量与列变量不相互独立。

(2) 计算检验的统计量，计算公式为

$$\chi^2=\sum_{i=1}^{r}\sum_{j=1}^{c}\frac{(f_{ij}-e_{ij})^2}{e_{ij}} \tag{7-1}$$

其自由度为$(r-1)\times(c-1)$。

f_{ij}：列联表中第 i 行第 j 列的实际频数。

e_{ij}：列联表中第 i 行第 j 列的期望频数。

(3) 进行决策

根据显著性水平 α 和自由度$(r-1)\times(c-1)$，查出临界值 χ_{α}^2，若 $\chi^2>\chi_{\alpha}^2$，拒绝 H_0，两个变量之间存在关联关系；若 $\chi^2<\chi_{\alpha}^2$，接受 H_0，行列变量确实是不相关的。

对例 7-1 的数据计算的卡方值为

$$\chi^2=\sum_{i=1}^{r}\sum_{j=1}^{c}\frac{(f_{ij}-e_{ij})^2}{e_{ij}}=9.664 \tag{7-2}$$

根据显著性水平 $\alpha=0.05$ 和自由度$(2-1)\times(2-1)=1$，查出相应的临界值 $\chi_{\alpha}^2=3.841$。由于 $\chi^2=9.664>\chi_{\alpha}^2=3.841$，拒绝 H_0，行列变量不是相互独立的，患肺癌和吸烟是有相关性的。

独立性检验只能判断因素 A 和因素 B 是否独立。如果因素 A 和因素 B 独立，则没有必要进行对应分析；如果因素 A 和因素 B 不独立，可以进一步通过对应分析考察两因素各个水平之间的相关关系。

3. 对应分析的数学模型

在因子分析中，或者对指标进行分析，或者对样品进行分析。由于指标的因子分析和样品的因子分析都是反映一个整体的不同侧面，它们之间一定存在内在的联系，从而可以将 R 型因子分析和 Q 型因子分析结合起来。那么对应分析方法如何将 R 型因子分析和 Q 型因子分析有机地结合起来呢？关键是用一种数据变换方法，通过构造一个过渡矩阵 $\boldsymbol{Z}$ 将 R 型因子分析和 Q 型因子分析有机地结合起来。矩阵 $\boldsymbol{Z}$ 应该如何给出呢？

在用列联表进行独立性检验时，给出了 χ^2 统计量：

$$\chi^2=\sum_i\sum_j\frac{\left(n_{ij}-\frac{n_{i.}n_{.j}}{n}\right)^2}{n_{i.}n_{.j}/n} \tag{7-3}$$

在它的启发下，可以将原始数据阵作如下变换，设有 n 个样品，每个样品有 p 个变量，其原始数据资料阵为

$$\boldsymbol{X}=\begin{bmatrix} x_{11} & x_{12} & \cdots & x_{1p} \\ x_{21} & x_{22} & \cdots & x_{2p} \\ \vdots & \vdots & & \vdots \\ x_{n1} & x_{n2} & \cdots & x_{np} \end{bmatrix} \tag{7-4}$$

分别用 $x_{i.}$，$x_{.j}$ 和 $x_{..}$ 表示 $\boldsymbol{X}$ 的行和、列和与总和，那么

$$\begin{cases} x_{i.}=\sum\limits_{j=1}^{p}x_{ij} \\ x_{.j}=\sum\limits_{i=1}^{n}x_{ij} \\ x_{..}=\sum\limits_{i=1}^{n}\sum\limits_{j=1}^{p}x_{ij}=T \end{cases} \tag{7-5}$$

令

$$z_{ij}=\frac{x_{ij}-\frac{x_{.j}x_{i.}}{x_{i..}}}{\sqrt{x_{.j}x_{i.}}} \tag{7-6}$$

这样就把 x_{ij} 变换成 z_{ij}，令 $\boldsymbol{Z}=(z_{ij})$ 给出变量点的协差阵 $\boldsymbol{A}=\boldsymbol{Z}'\boldsymbol{Z}$ 和样品点的协差阵 $\boldsymbol{B}=\boldsymbol{Z}\boldsymbol{Z}'$，$\boldsymbol{Z}'\boldsymbol{Z}$ 和 $\boldsymbol{Z}\boldsymbol{Z}'$ 有相同的非零特征根，记为 $\lambda_1\geqslant\lambda_2\geqslant\cdots\geqslant\lambda_m$，$0\leqslant m\leqslant\min(p,n)$。如果 $\boldsymbol{A}$ 的特征根 λ_i 对应的特征向量为 $\boldsymbol{U}_i$，则 $\boldsymbol{B}$ 的特征根 λ_i 对应的特征向量就是 $\boldsymbol{Z}\boldsymbol{U}_i\approx\boldsymbol{V}_i$，这就是 R 型因子分析与 Q 型因子分析的关系，借助它可以很方便地由 R 型因子分析结果得到 Q 型因子分析的结果。由于 $\boldsymbol{A}$ 和 $\boldsymbol{B}$ 具有相同的非零特征根，这些特征根又正是各个公共因子的方差，因此可以用相同的因子轴同时表示变量点和样品点，即把变量点和样品点同时反映在具有相同坐标轴的因子平面上，以便将变量点和样品点一起考虑进行分类。

7.2 对应分析的上机实现

1. 二元对应分析的上机实现

【例 7-2】 以软件自带数据集 voter. sav 为例，该数据集为 1992 年美国大选的部分数据，由选民个人的基本信息和对总统候选人的支持信息组成。以 pres92(所支持的总统候选人)和 degree(选民的最高学历水平)两个变量来进行对应分析。

pres92(所支持的总统候选人)有 3 个：1=Bush，2=Perot，3=Clinton。

degree(选民的最高学历水平)有 5 个水平：0=lt high school，1=high school，2=junior college，3=bachelor，4=graduate degree。

打开 SPSS 数据集 voter. sav 后，选择"**分析**"→"**降维**"→"**对应分析**"命令，打开"**对应分析**"主对话框，如图 7-2 所示。

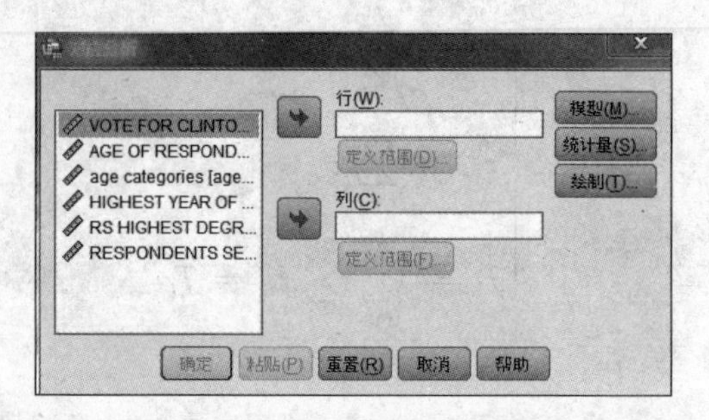

图 7-2 对应分析的主对话框

从左侧变量列表中选择 2 个变量作为对应分析的行、列变量。这里我们选择 age categories 作为行变量，单击"**行**"左侧的箭头就可以看到在"**行**"列表框中出现了"pres92(??)"，如图 7-3 所示。

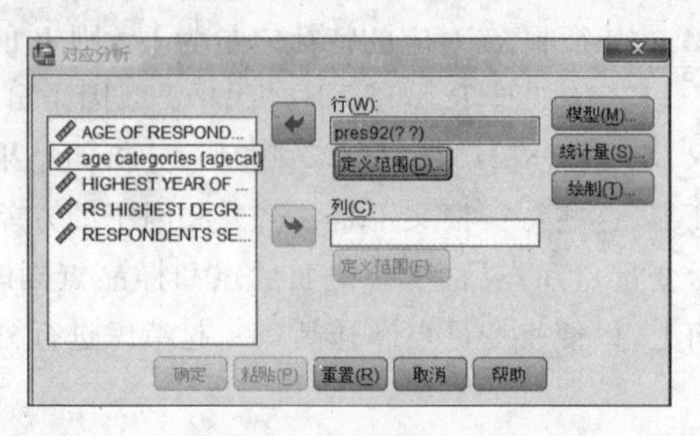

图 7-3 选择行变量

这时单击“**定义范围**”子对话框，出现“**对应分析：定义行范围**”对话框，如图 7-4 所示。

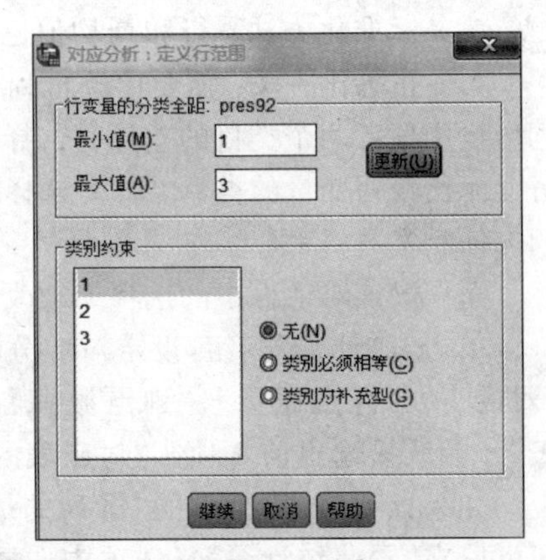

图 7-4　“对应分析：定义行范围”对话框

此对话框分为上下两个部分：“**行变量的分类全距：pres92**”和“**类别约束**”。这里要分析所有的 3 位总统候选人和选民的学历水平的关系，所以在最小值中填入 1，在最大值中填入 3，之后单击“**更新**”按钮。就可以在下方的“**类别约束**”列表框中看到，后续分析中的行变量仅包含 3 个类目，分别是 1、2 和 3。在此栏右侧还有 3 个单选项：“**无**”表示没有任何约束；“**类别必须相等**”可用于指定某些类目的得分必须相同，最多可以设置有效类目的个数减 1 个得分相等的类目，如本例中最多可以设置 2 个类目得分相等；“**类别为补充型**”表示某些类目不参加相应分析但是会在图形中标示。这里我们不对分类进行任何约束，单击“**继续**”按钮后回到主对话框。

类似地可以指定 degree 的分类全距最小值为 0，最大值为 4，如图 7-5 所示，单击“**继续**”按钮后回到主对话框。

单击“**模型**”按钮，指定相应分析结果的维数，如图 7-6 所示。

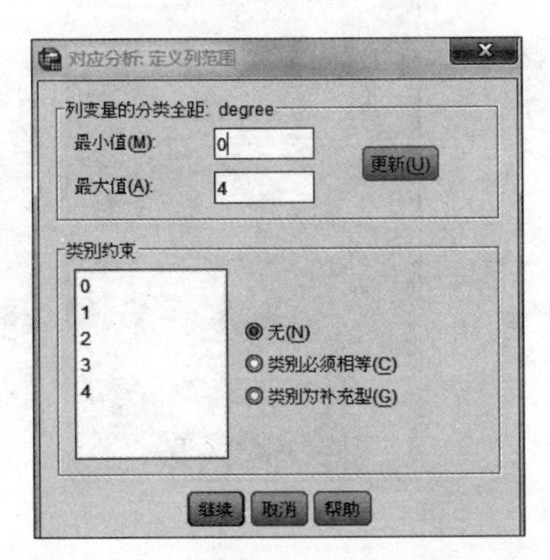

图 7-5　“对应分析：定义列范围”对话框

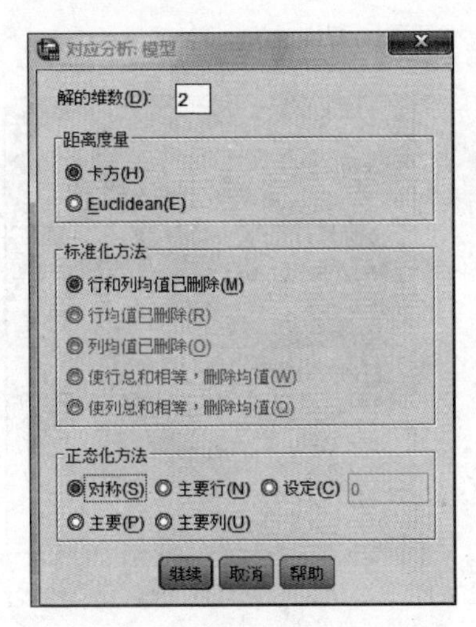

图 7-6　“对应分析：模型”对话框

(1) 解的维数：默认为 2，最大可以设置为各变量中的最小数目减 1。

(2) 距离度量：有卡方和 Euclidean 两种，定性变量应该用卡方。

(3) 标准化方法：行和列均值已删除。

(4) 正态化方法：需要比较行列变量的类目差异时选择“**对称**”；需要比较行列变量中任意两个类目的差异时选择“**主要**”；比较行变量的类目差异时选择“**主要行**”；而比较列变量的类目差异时选择“**主要列**”；也可以在“**设定**”中指定[−1,1]之间的任意实数，特别地，如果输入−1 则为主要列，输入 1 为主要行，输入 0 为对称。而一般该对话框中的选项无须改动。单击“**继续**”按钮后回到主对话框。

单击“**统计量**”按钮，设定对应分析输出的统计量，如图 7-7。可以指定输出“**对应表**”、“**行点概览**”、“**列点概览**”、“**对应表的排列**”、“**行轮廓表**”和“**列轮廓表**”。默认只输出前 3 项。“**对应表的排列**”是用于指定前 n 个维度的行列得分表。如果该项选中，下方的“**排列的最大维数**”被激活，用于指定维度 n。此外，还可以在“**置信统计量**”复选项中选择计算“**行点**”和“**列点**”的标准差以及相关系数，单击“**继续**”按钮后回到主对话框。

单击“**绘图**”按钮，设定输出的统计图，如图 7-8。可以指定输出相应分析的“**散点图**”，默认只输出包含行列变量的“**双标图**”，也可指定输出“**行点**”图和“**列点**”图。“**散点图的标识标签宽度**”默认为 20。“**线图**”项中，可以输出行、列点对应于行、列得分的线图，单击“**继续**”按钮后回到主对话框。

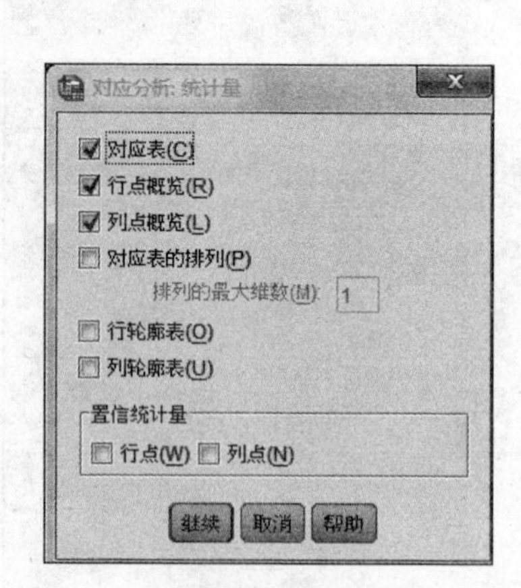

图 7-7 “对应分析：统计量”对话框

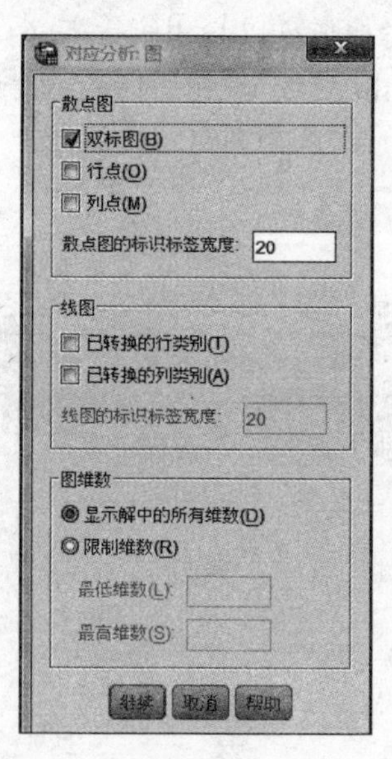

图 7-8 “对应分析：图”对话框

在“**模型**”、“**统计量**”、“**绘图**”3 个子对话框中都使用默认设定，单击主对话框的“**确定**”按钮，即得到相应分析的结果。

表 7-4 是对应分析模块的版权信息。对应分析模块是荷兰 Leiden 大学

DTSS 课题组的研究成果。由于 SPSS 套用了该模块，所以每次分析结果中均显示它的版权信息。

表 7-4　信任度

CORRESPONDENCE
Version 1.1
by
Data Theory Scaling System Group (DTSS)
Faculty of Social and Behavioral Sciences
Leiden University, The Netherlands

表 7-5 是对应分析表。总统候选人与学历水平的交叉列联表，表中数据为相应的频数。有效边际是相应的合计数据。大致可以看出 Clinton 在各个学历层次都有最高的票数。在选民中，学历是 high school 的最多，其次是 bachelor。

表 7-5　对应表

VOTE FOR CLINTON, BUSH, PEROT	RS HIGHEST DEGREE					
	lt high school	high school	junior college	bachelor	graduate degree	有效边际
Bush	55	349	48	146	63	661
Perot	12	159	26	62	19	278
Clinton	122	439	58	178	111	908
有效边际	189	947	132	386	193	1847

表 7-6 中从左到右依次是维数、奇异值、惯量、卡方统计量、显著性、惯量比例、置信奇异值的标准差和相关系数。

表 7-6　摘要表

维数	奇异值	惯量	卡方	Sig.	惯量比例		置信奇异值	
					解释	累积	标准差	相关 2
1	0.138	0.019			0.987	0.987	0.021	0.061
2	0.016	0.000			0.013	1.000	0.024	
总计		0.019	35.516	0.000[①]	1.000	1.000		

注：① 8 自由度。

由对应分析的基本原理可知，提取的最大维度数为 $\min(r,c)-1$，这里因总统候选人有 3 个水平，学历水平有 5 种，因此提取的最大维度数应为 2。

奇异值，为特征值的平方根，反映了行与列各水平在二维图中分量的相关程度，是对行与列进行因子分析产生的新的综合变量的典型相关系数。

卡方，就是关于列联表行列独立性卡方检验的卡方统计量的值，其后面的Sig.为在行列独立的零假设下的 P 值，注释表明自由度为 $8=(3-1)\times(5-1)$，Sig.数值为0.000，小于显著性水平0.05，所以拒绝零假设，说明列联表的行与列之间有较强的相关性，进行对应分析是有意义的。

惯量，实际上就是特征根，表示的是每个维度对变量各个类别之间差异的解释量。其中第一个特征根的值最大，意味着它解释各类别差异的能力最强，地位最重要，其他特征根的重要性依次下降。惯量比例，是各维度分别解释总惯量的比例及累计百分比，即各个特征根的方差贡献率、累积方差贡献率，类似于因子分析中公因子解释能力的说明。本例中第一个维度惯量为0.019，占总惯量的98.7%，第二个维度惯量接近0，仅占总惯量1.3%。因此，可以认为只要用一个维度就可以解释行列变量之间所有的关系，但画图时需要两维，仍然保留两个维度，但分析时主要看第一维。总惯量 $35.516\div1847=0.019$，满足总惯量和卡方统计量的关系式。

表7-7中**“质量”**表示行变量中每个类目的边际概率。**“维中的得分”**是关于行变量每一类别在两个维度上的得分情况，实际上就是每一类别在坐标图中的坐标，如在**“概述行点”**中即有坐标点Bush(0.193，−0.157)，Perot(0.664，0.198)，Clinton(−0.344，0.053)。**“惯量”**即每个行点与行重心的加权距离的平方，“有效总计”为行点与行重心的加权距离平方的和，即 $0.019=0.002+0.009+0.008$。比较行点和列点的惯量**“有效总计”**，可以发现它们是相等的。**“贡献”**有两个部分，**“点对维惯量”**说明行变量各个类别对每一维度特征值的影响，数值越大的类别，说明它对类别间差异的影响越大。**“维对点惯量”**说明每一维度对行变量各个类别特征值的影响。表7-8是相应的列变量的分析结果，在此不再赘述。

表7-7 概述行点[①]

VOTE FOR CLINTON，BUSH，PEROT	质量	维中的得分		惯量	贡献				
					点对维惯量		维对点惯量		
		1	2		1	2	1	2	总计
Bush	0.358	0.193	−0.157	0.002	0.097	0.545	0.929	0.071	1.000
Perot	0.151	0.664	0.198	0.009	0.481	0.368	0.990	0.010	1.000
Clinton	0.492	−0.344	0.053	0.008	0.422	0.087	0.997	0.003	1.000
有效总计	1.000			0.019	1.000	1.000			

注：① 对称标准化。

表 7-8　概述列点[①]

RS HIGHEST DEGREE	质量	维中的得分		惯量	贡献				
					点对维惯量		维对点惯量		
		1	2		1	2	1	2	总计
lt high school	0.102	−0.897	0.087	0.011	0.598	0.048	0.999	0.001	1.000
high school	0.513	0.169	0.018	0.002	0.106	0.010	0.999	0.001	1.000
junior college	0.071	0.362	0.344	0.001	0.068	0.525	0.905	0.095	1.000
bachelor	0.209	0.153	−0.174	0.001	0.036	0.394	0.869	0.131	1.000
graduate degree	0.104	−0.503	−0.059	0.004	0.192	0.023	0.998	0.002	1.000
有效总计	1.000			0.019	1.000	1.000			

注：① 对称标准化。

从图 7-9 中可以发现研究生(graduate degree)层次的选民倾向于具有实干精神的 Clinton，而较 Clinton 更为激进的 Bush 更受 high school 和 bachelor 层次的选民欢迎，Perot 仅和 junior college 层次的选民较近。

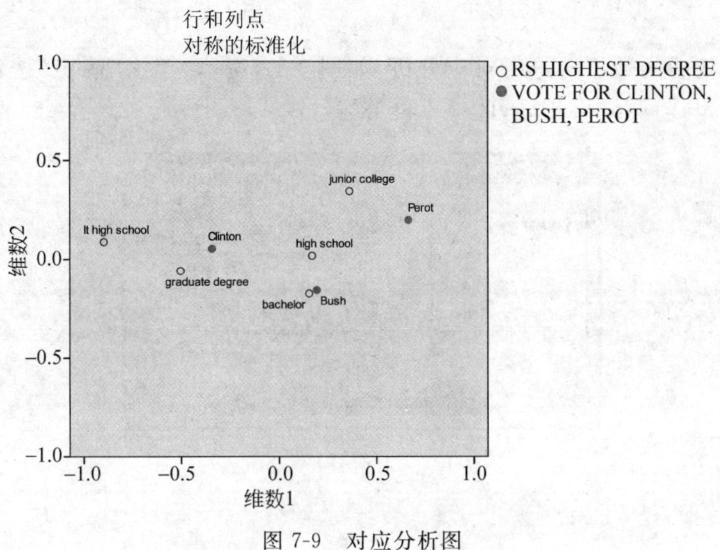

图 7-9　对应分析图

在本例中，一个观测代表一个选民的信息，共有 1847 个选民，是没有经过汇总的原始数据，如果数据已经经过了汇总，如图 7-10 所示，在进行对应分析前必须先进行加权处理。

在“**数据**”菜单选择“**加权个案**”，选择“**选民数**”作为“**频数变量**”，如图 7-11

所示，单击“**确定**”按钮对个案进行加权。

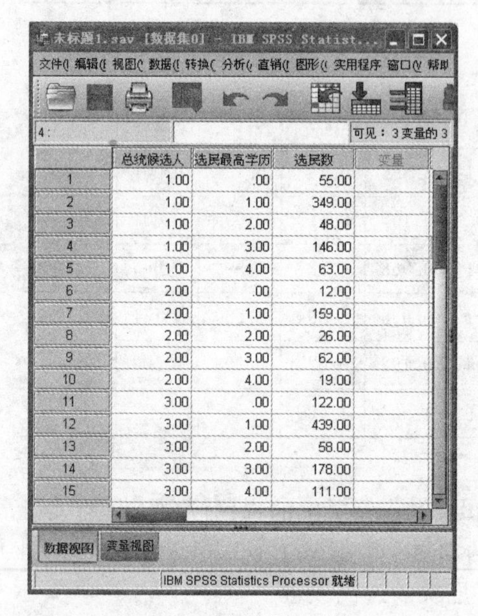

图 7-10　汇总后的选举数据

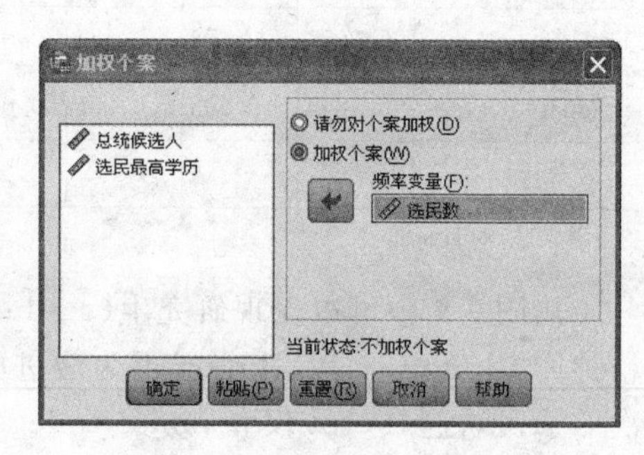

图 7-11　“加权个案”对话框

对加权后的数据再进行对应分析，如图 7-12 所示，单击“**确定**”按钮可得到分析结果，与前面结果相同，此处不再赘述。

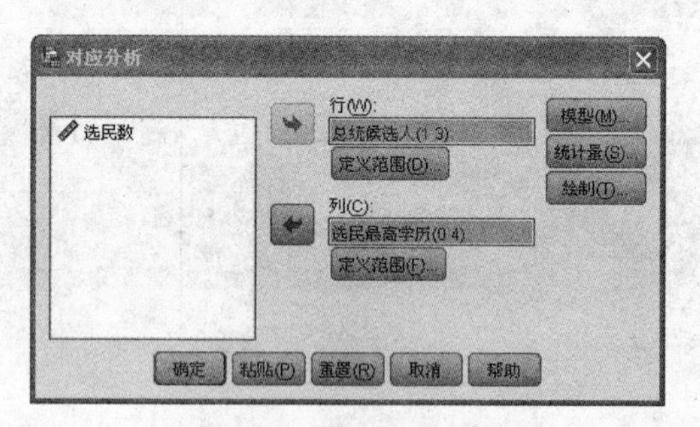

图 7-12　“对应分析”对话框

7.3　多元对应分析的案例分析

为了研究我国各地区城镇居民家庭消费状况，选取了反映城镇居民家庭消费的 8 个变量：

y_1：食品；　　　　　　　　y_5：医疗保健；

y_2：衣着；　　　　　　　　y_6：交通和通信；

y_3：居住；　　　　　　　　y_7：教育文化娱乐服务；

y_4：家庭设备用品及服务；　y_8：其他商品和服务。

搜集了 2010 年我国各地区城镇居民家庭平均每人全年消费性支出数据资料，如表 7-9 所示。

表 7-9　2010 年我国各地区城镇居民家庭平均每人收入来源　　单位：元

省区	食品 y_1	衣着 y_2	居住 y_3	家庭设备用品及服务 y_4	医疗保健 y_5	交通和通信 y_6	教育文化娱乐服务 y_7	其他商品和服务 y_8
北京	6392.9	2087.91	1577.35	1377.77	1327.22	3420.91	2901.93	848.49
天津	5940.44	1567.58	1615.57	1119.93	1275.64	2454.38	1899.5	688.73
河北	3335.23	1225.94	1344.47	693.56	923.83	1398.35	1001.01	395.93
山西	3052.57	1205.89	1245	612.59	774.89	1340.0	1220.68	331.14
内蒙古	4211.48	2203.59	1384.45	948.87	1126.03	1768.65	1641.17	710.37
辽宁	4658	1586.81	1314.79	785.67	1079.81	1773.26	1495.9	585.78
吉林	3767.85	1570.68	1344.41	710.28	1171.25	1363.91	1244.56	506.09
黑龙江	3784.72	1608.37	1128.14	618.76	948.44	1191.31	1001.48	402.69
上海	7776.98	1794.06	2166.22	1800.19	1005.54	4076.46	3363.25	1217.7
江苏	5243.14	1465.54	1234.05	1026.32	805.73	1935.07	2133.25	514.41
浙江	6118.46	1802.29	1418	916.16	1033.7	3437.15	2586.09	546.36
安徽	4369.63	1225.56	1229.64	678.75	737.05	1356.57	1479.75	435.62
福建	5790.72	1281.25	1606.27	972.24	617.36	2196.88	1786	499.3
江西	4195.38	1138.84	1109.82	854.6	524.22	1270.28	1179.89	345.66
山东	4205.88	1745.2	1408.64	915	885.79	2140.42	1401.77	415.55
河南	3575.75	1444.63	1080.1	866.72	941.32	1374.76	1137.16	418.04
湖北	4429.3	1415.68	1187.54	867.33	709.58	1205.48	1263.16	372.9
湖南	4322.09	1277.47	1182.33	903.81	776.85	1541.4	1418.85	402.52
广东	6746.62	1230.72	1925.21	1208.03	929.5	3419.74	2375.96	653.76
广西	4372.75	926.42	1166.85	853.59	625.45	1973.04	1243.71	328.27
海南	4895.96	636.14	1103.76	616.33	579.89	1805.11	1004.62	284.9

续表

省区	食品 y_1	衣着 y_2	居住 y_3	家庭设备用品及服务 y_4	医疗保健 y_5	交通和通信 y_6	教育文化娱乐服务 y_7	其他商品和服务 y_8
重庆	5012.56	1697.55	1275.96	1072.38	1021.48	1384.28	1408.02	462.79
四川	4779.6	1259.49	1126.65	876.34	661.03	1674.14	1224.73	503.11
贵州	4013.67	1102.41	890.75	673.33	546.84	1270.49	1254.56	306.24
云南	4593.49	1158.82	835.45	509.41	637.89	2039.67	1014.4	284.95
西藏	4847.58	1158.6	726.59	376.43	385.63	1230.94	477.95	481.82
陕西	4381.4	1428.2	1126.92	723.73	935.38	1194.77	1595.8	435.67
甘肃	3702.18	1255.69	910.34	597.72	828.57	1076.63	1136.7	387.53
青海	3784.81	1185.56	923.52	644.01	718.78	1116.56	908.07	332.49
宁夏	3768.09	1417.47	1181.71	716.22	890.05	1574.57	1286.2	500.12
新疆	3694.81	1513.42	898.38	669.87	708.16	1255.87	1012.37	444.2

资料来源：《中国统计年鉴》，中国统计出版社，2011。

把表 7-9 的数据输入 SPSS19.0，如图 7-13 所示。选择“**分析**”→“**降维**”→“**对应分析**”，打开“**对应分析**”的主对话框，从左侧变量列表中选择两个变量作为对应分析的行变量和列变量，并定义行列变量的分类全距，这里变量和类别数可以随意选择和定义，我们的目的是为了得到对应分析程序的默认值，不用我们再全部自己输入程序。然后单击“**粘贴**”按钮，在语法编辑窗口就会出现对应分析的程序，把程序中“**TABLE＝**”改成“**TABLE＝all(31,8)**”即可，其中 31 表示有 31 个样品，8 表示有 8 个变量，修改后的程序如图 7-14，运行此程序得到分析结果。对于间隔尺度的变量，采用如图 7-13 所示的输入方式，我们可以通过修改程序方便地进行对应分析。

表 7-10 是对应分析表，是 31 个省区的 8 项消费数据，有效边际是相应的合计数据。大致可以看出 9 号观测上海、1 号观测北京和 19 号观测广东的消费水平是最高的。在各项消费中，食品居于首位，其次是交通和通信，然后是教育文化娱乐服务和衣着。

表 7-11 中从左到右依次是维数、奇异值、惯量、卡方统计量、显著性、惯量比例、置信奇异值的标准差和相关系数。

由对应分析的基本原理可知，提取的最大维度数应为 7。由 Sig. 数值说明列联表的行与列之间有较强的相关性，进行对应分析是有意义的。

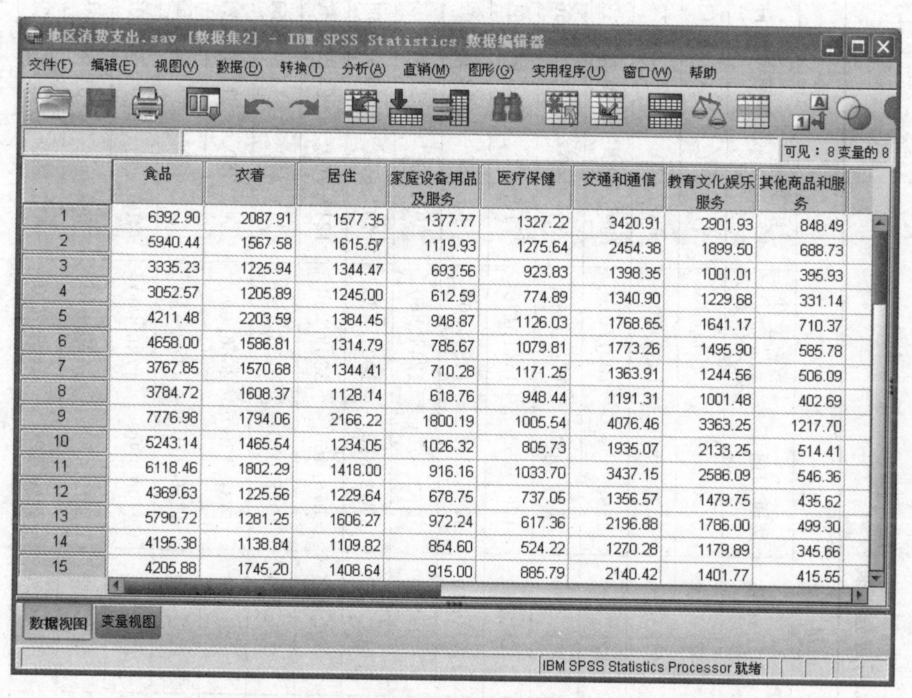

	食品	衣着	居住	家庭设备用品及服务	医疗保健	交通和通信	教育文化娱乐服务	其他商品和服务
1	6392.90	2087.91	1577.35	1377.77	1327.22	3420.91	2901.93	848.49
2	5940.44	1567.58	1615.57	1119.93	1275.64	2454.38	1899.50	688.73
3	3335.23	1225.94	1344.47	693.56	923.83	1398.35	1001.01	395.93
4	3052.57	1205.89	1245.00	612.59	774.89	1340.90	1229.68	331.14
5	4211.48	2203.59	1384.45	948.87	1126.03	1768.65	1641.17	710.37
6	4658.00	1586.81	1314.79	785.67	1079.81	1773.26	1495.90	585.78
7	3767.85	1570.68	1344.41	710.28	1171.25	1363.91	1244.56	506.09
8	3784.72	1608.37	1128.14	618.76	948.44	1191.31	1001.48	402.69
9	7776.98	1794.06	2166.22	1800.19	1005.54	4076.46	3363.25	1217.70
10	5243.14	1465.54	1234.05	1026.32	805.73	1935.07	2133.25	514.41
11	6118.46	1802.29	1418.00	916.16	1033.70	3437.15	2586.09	546.36
12	4369.63	1225.56	1229.64	678.75	737.05	1356.57	1479.75	435.62
13	5790.72	1281.25	1606.27	972.24	617.36	2196.88	1786.00	499.30
14	4195.38	1138.84	1109.82	854.60	524.22	1270.28	1179.89	345.66
15	4205.88	1745.20	1408.64	915.00	885.79	2140.42	1401.77	415.55

图 7-13　原始数据表

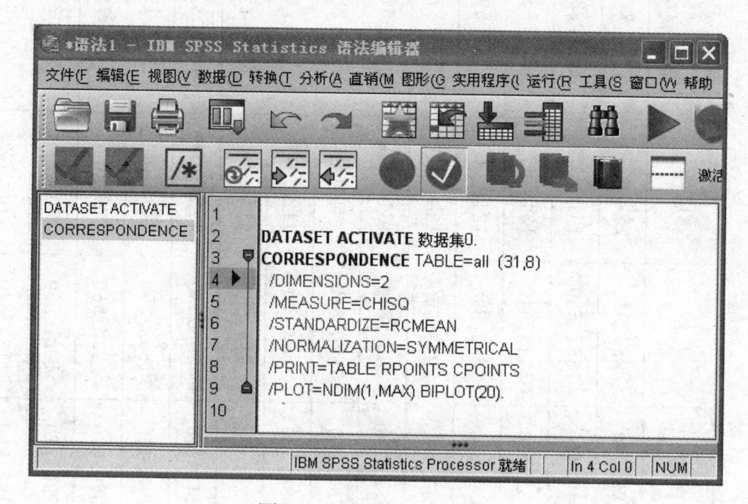

图 7-14　对应分析程序

表 7-10　对应分析表

行	列								
	食品	衣着	居住	家庭设备用品及服务	医疗保健	交通和通信	教育文化娱乐服务	其他商品和服务	有效边际
1	6392.900	2087.910	1577.350	1377.770	1327.220	3420.910	2901.930	848.490	19 934.480
2	5940.440	1567.580	1615.570	1119.930	1275.640	2454.380	1899.500	688.730	16 561.770
3	3335.230	1225.940	1344.470	693.560	923.830	1398.350	1001.010	395.930	10 318.320
4	3052.570	1205.890	1245.000	612.590	774.890	1340.900	1229.680	331.140	9792.660
5	4211.480	2203.590	1384.450	948.870	1126.030	1768.650	1641.170	710.370	13 994.610
6	4658.000	1586.810	1314.790	785.670	1079.810	1773.260	1495.900	585.780	13 280.020
7	3767.850	1570.680	1344.410	710.280	1171.250	1363.910	1244.560	506.090	11 679.030
8	3784.720	1608.370	1128.140	618.760	948.440	1191.310	1001.480	402.690	10 683.910
9	7776.980	1794.060	2166.220	1800.190	1005.540	4076.460	3363.250	1217.700	23 200.400
10	5243.140	1465.540	1234.050	1026.320	805.730	1935.070	2133.250	514.410	14 357.510
11	6118.460	1802.290	1418.000	916.160	1033.700	3437.150	2586.090	546.360	17 858.210
12	4369.630	1225.560	1229.640	678.750	737.050	1356.570	1479.750	435.620	11 512.570
13	5790.720	1281.250	1606.270	972.240	617.360	2196.880	1786.000	499.300	14 750.020
14	4195.380	1138.840	1109.820	854.600	524.220	1270.280	1179.890	345.660	10 618.690
15	4205.880	1745.200	1408.640	915.000	885.790	2140.420	1401.770	415.550	13 118.250
16	3575.750	1444.630	1080.100	866.720	941.320	1374.760	1137.160	418.040	10 838.480

续表

行	列								
	食品	衣着	居住	家庭设备用品及服务	医疗保健	交通和通信	教育文化娱乐服务	其他商品和服务	有效边际
17	4429.300	1415.680	1187.540	867.330	709.580	1205.480	1263.160	372.900	11 450.970
18	4322.090	1277.470	1182.330	903.810	776.850	1541.400	1418.850	402.520	11 825.320
19	6746.620	1230.720	1925.210	1208.030	929.500	3419.740	2375.960	653.760	18489.540
20	4372.750	926.420	1166.850	853.590	625.450	1973.040	1243.710	328.270	11 490.080
21	4895.960	636.140	1103.760	616.330	579.890	1805.110	1004.620	284.900	10 926.710
22	5012.560	1697.550	1275.960	1072.380	1021.480	1384.280	1408.020	462.790	13 335.020
23	4779.600	1259.490	1126.650	876.340	661.030	1674.140	1224.730	503.110	12 105.090
24	4013.670	1102.410	890.750	673.330	546.840	1270.490	1254.560	306.240	10 058.290
25	4593.490	1158.820	835.450	509.410	637.890	2039.670	1014.400	284.950	11 074.080
26	4847.580	1158.600	726.590	376.430	385.630	1230.940	477.950	481.820	9685.540
27	4381.400	1428.200	1126.920	723.730	935.380	1194.770	1595.800	435.670	11 821.870
28	3702.180	1255.690	910.340	597.720	828.570	1076.630	1136.700	387.530	9895.360
29	3784.810	1185.560	923.520	644.010	718.780	1116.560	908.070	332.490	9613.800
30	3768.090	1417.470	1181.710	716.220	890.050	1574.570	1286.200	500.120	11 334.430
31	3694.810	1513.420	898.380	669.870	708.160	1255.870	1012.370	444.200	10 197.080
有效边际	143 764.04	43 617.780	38 668.880	26 205.940	26 132.900	56 261.950	46 107.490	15 043.130	395 802.11

表 7-11　摘要表

维数	奇异值	惯量	卡方	Sig.	惯量比例		置信奇异值	
					解释	累积	标准差	相关
								2
1	0.106	0.011			0.446	0.446	0.002	0.018
2	0.083	0.007			0.271	0.717	0.002	
3	0.050	0.002			0.097	0.815		
4	0.044	0.002			0.078	0.893		
5	0.035	0.001			0.049	0.941		
6	0.030	0.001			0.035	0.977		
7	0.024	0.001			0.023	1.000		
总计		0.025	10 017.881	0.000①	1.000	1.000		

注：① 210 自由度。

本例中前两个维度的累积惯量比例为 71.7%。如以默认状态选取两个维数，则原变量的信息损失过大，会造成分析结果失真。在此采用类似因子分析中的方法：以累积信息量（惯量比例）≥85%选取维数个数为 4，将对应分析程序维数子命令后的数值修改为 4，同时去掉作图子命令，增加生成数据集的子命令 OUTFILE，本例中定义输出的数据集名为 aaa，它存放在所使用的计算机中 SPSS 软件的安装路径下，存放的内容是行变量和列变量的维度得分。修改后的程序如图 7-15 所示，并重新运行程序，得到分析结果。

图 7-15　修改后的对应分析程序

表 7-12 和表 7-13 是 Q 型因子分析和 R 型因子分析的结果汇总。“维中的

表 7-12 概述行点①

行	质量	维中的得分				惯量	贡献								
							点对维惯量				维对点惯量				
		1	2	3	4		1	2	3	4	1	2	3	4	总计
1	0.050	0.197	0.415	−0.101	0.263	0.001	0.018	0.104	0.010	0.078	0.180	0.624	0.022	0.135	0.961
2	0.042	0.042	0.061	−0.039	−0.147	0.000	0.001	0.002	0.001	0.020	0.040	0.064	0.016	0.202	0.323
3	0.026	−0.323	0.146	−0.139	−0.545	0.001	0.026	0.007	0.010	0.174	0.396	0.063	0.034	0.473	0.966
4	0.025	−0.229	0.305	−0.018	−0.331	0.001	0.012	0.028	0.000	0.061	0.254	0.354	0.001	0.223	0.832
5	0.035	−0.488	0.318	−0.142	0.250	0.001	0.079	0.043	0.014	0.050	0.630	0.209	0.025	0.069	0.933
6	0.034	−0.202	0.056	−0.120	−0.004	0.000	0.013	0.001	0.010	0.000	0.608	0.036	0.100	0.000	0.743
7	0.030	−0.525	0.174	−0.133	−0.237	0.001	0.076	0.011	0.011	0.037	0.783	0.067	0.024	0.067	0.941
8	0.027	−0.553	−0.097	−0.195	−0.040	0.001	0.078	0.003	0.021	0.001	0.914	0.022	0.053	0.002	0.991
9	0.059	0.482	0.335	0.183	0.140	0.002	0.128	0.079	0.040	0.026	0.584	0.220	0.039	0.021	0.864
10	0.036	0.146	0.116	0.326	0.263	0.000	0.007	0.006	0.077	0.056	0.171	0.084	0.397	0.231	0.882
11	0.045	0.396	0.281	−0.346	0.225	0.002	0.066	0.043	0.109	0.051	0.463	0.182	0.166	0.063	0.873
12	0.029	−0.050	−0.079	0.251	−0.004	0.000	0.001	0.002	0.037	0.000	0.034	0.065	0.394	0.000	0.493
13	0.037	0.323	−0.159	0.211	−0.116	0.001	0.037	0.011	0.033	0.011	0.603	0.114	0.120	0.033	0.870
14	0.027	0.020	−0.245	0.386	−0.044	0.000	0.000	0.019	0.081	0.001	0.003	0.326	0.486	0.006	0.821
15	0.033	−0.103	0.195	−0.290	−0.130	0.001	0.003	0.015	0.056	0.013	0.071	0.199	0.263	0.047	0.580
16	0.027	−0.374	0.139	−0.030	−0.088	0.001	0.036	0.006	0.000	0.005	0.735	0.079	0.002	0.017	0.834
17	0.029	−0.215	−0.219	0.330	0.005	0.000	0.013	0.017	0.063	0.000	0.311	0.252	0.341	0.000	0.903

续表

行	质量	维中的得分				惯量	贡献								
							点对维惯量				维对点惯量				
		1	2	3	4		1	2	3	4	1	2	3	4	总计
18	0.030	−0.031	−0.006	0.211	−0.056	0.000	0.000	0.000	0.027	0.002	0.033	0.001	0.694	0.044	0.773
19	0.047	0.549	0.104	−0.026	−0.244	0.002	0.132	0.006	0.001	0.063	0.894	0.025	0.001	0.074	0.994
20	0.029	0.370	−0.088	−0.027	−0.293	0.001	0.037	0.003	0.000	0.056	0.691	0.030	0.002	0.181	0.904
21	0.028	0.509	−0.536	−0.074	−0.411	0.002	0.067	0.096	0.003	0.105	0.451	0.390	0.004	0.123	0.969
22	0.034	−0.337	−0.152	0.249	0.008	0.001	0.036	0.009	0.042	0.000	0.616	0.098	0.158	0.000	0.872
23	0.031	0.080	−0.246	0.084	0.050	0.000	0.002	0.022	0.004	0.002	0.083	0.604	0.042	0.014	0.741
24	0.025	0.063	−0.202	0.233	0.183	0.000	0.001	0.012	0.028	0.019	0.041	0.327	0.262	0.145	0.774
25	0.028	0.312	−0.364	−0.586	0.086	0.001	0.026	0.045	0.194	0.005	0.248	0.264	0.410	0.008	0.931
26	0.024	0.039	−1.115	−0.345	0.405	0.003	0.000	0.367	0.058	0.090	0.001	0.833	0.048	0.059	0.942
27	0.030	−0.273	−0.006	0.283	0.147	0.001	0.021	0.000	0.048	0.015	0.417	0.000	0.209	0.051	0.676
28	0.025	−0.332	−0.097	0.058	0.115	0.000	0.026	0.003	0.002	0.007	0.716	0.048	0.010	0.036	0.810
29	0.024	−0.251	−0.293	0.019	−0.032	0.000	0.014	0.025	0.000	0.001	0.460	0.490	0.001	0.003	0.954
30	0.029	−0.215	0.159	−0.134	−0.035	0.000	0.012	0.009	0.010	0.001	0.566	0.240	0.103	0.006	0.915
31	0.026	−0.349	−0.113	−0.131	0.293	0.001	0.030	0.004	0.009	0.050	0.638	0.052	0.042	0.189	0.921
有效总计	1.00					0.025	1.000	1.000	1.000	1.000					

注：① 对称标准化。

表 7-13　概述列点①

列	质量	维中的得分				惯量	贡献								
							点对维惯量				维对点惯量				
		1	2	3	4		1	2	3	4	1	2	3	4	总计
y_1	0.363	0.091	−0.351	0.043	0.032	0.004	0.028	0.539	0.014	0.008	0.077	0.898	0.008	0.004	0.988
y_2	0.110	−0.602	0.031	−0.180	0.262	0.005	0.376	0.001	0.072	0.170	0.851	0.002	0.035	0.067	0.955
y_3	0.098	−0.131	0.070	0.119	−0.480	0.002	0.016	0.006	0.028	0.507	0.119	0.027	0.046	0.662	0.852
y_4	0.066	−0.024	0.179	0.415	−0.092	0.001	0.000	0.026	0.230	0.012	0.003	0.134	0.434	0.019	0.590
y_5	0.066	−0.597	0.236	−0.213	−0.254	0.004	0.222	0.045	0.060	0.096	0.701	0.086	0.042	0.053	0.881
y_6	0.142	0.481	0.209	−0.380	−0.047	0.005	0.309	0.075	0.414	0.007	0.686	0.101	0.201	0.003	0.990
y_7	0.116	0.199	0.458	0.279	0.201	0.003	0.044	0.295	0.183	0.106	0.142	0.586	0.130	0.060	0.919
y_8	0.038	−0.116	0.175	0.013	0.332	0.001	0.005	0.014	0.000	0.094	0.043	0.077	0.000	0.148	0.268
有效总计	1.00					0.025	1.000	1.000	1.000	1.000					

注：① 对称标准化。

得分”是行变量或列变量每一类别在两个维度上的得分情况。“**惯量**”即每个行点与行重心的加权距离的平方。“**有效总计**”为点与其重心的加权距离平方的和，如列点的有效总计即为

$$1=0.363+0.110+0.098+0.066+0.066+0.142+0.116+0.038$$

比较行点和列点的惯量“**有效总计**”，可以发现它们是相等的。“**贡献**”有两个部分，“**点对维惯量**”是说明行变量各个类别对每一维度特征值的影响，数值越大的类别，说明它对类别间差异的影响越大。“**维对点惯量**”是说明每一维度对行变量各个类别特征值的影响。

由于维数的增加，已经不适合利用图形进行直观的变量与样本间的对应分析了。这时，需借助聚类分析方法来分析变量与样本之间的对应关系。进一步将维数得分用于聚类分析，可得分类结果。

打开图 7-15 程序运行生成的 aaa 数据集(见图 7-16)，对其进行系统聚类分析。在 SPSS 数据编辑窗口中选择“**分析**”→“**聚类**”→“**系统聚类**”命令，调出系统聚类分析主界面，并将维 1～维 4 这 4 个变量选定为分析变量，放在“**变量**”列表框，选择“**范畴**”放在“**标注个案**”框中(见图 7-17)。在“**绘制**”中选择“**树状图**”

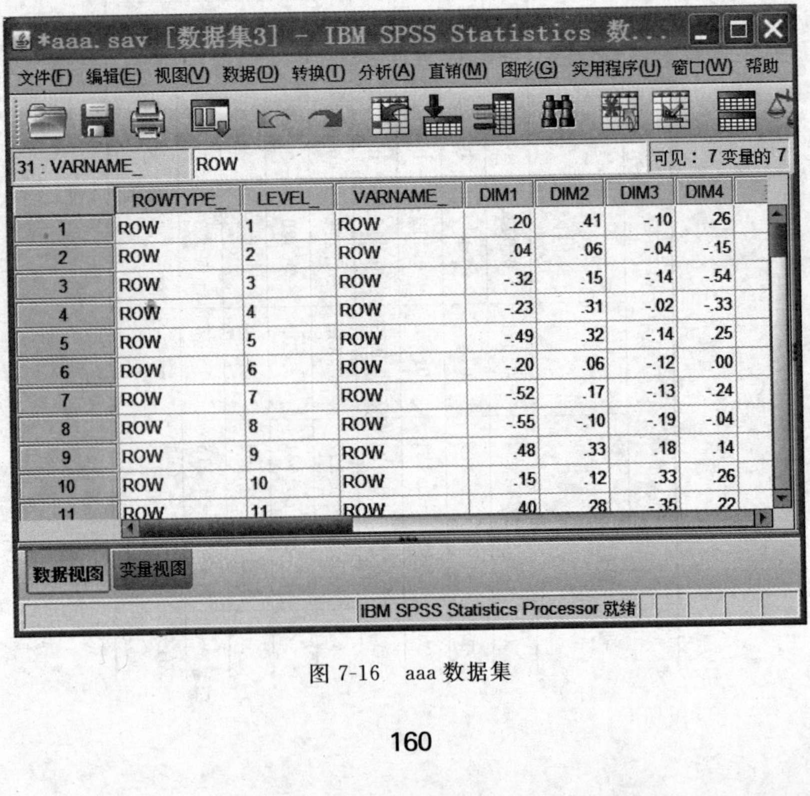

*aaa.sav [数据集3] - IBM SPSS Statistics 数...

文件(F) 编辑(E) 视图(V) 数据(D) 转换(T) 分析(A) 直销(M) 图形(G) 实用程序(U) 窗口(W) 帮助

31 : VARNAME_ ROW 可见：7 变量的 7

	ROWTYPE_	LEVEL_	VARNAME_	DIM1	DIM2	DIM3	DIM4
1	ROW	1	ROW	.20	.41	-.10	.26
2	ROW	2	ROW	.04	.06	-.04	-.15
3	ROW	3	ROW	-.32	.15	-.14	-.54
4	ROW	4	ROW	-.23	.31	-.02	-.33
5	ROW	5	ROW	-.49	.32	-.14	.25
6	ROW	6	ROW	-.20	.06	-.12	.00
7	ROW	7	ROW	-.52	.17	-.13	-.24
8	ROW	8	ROW	-.55	-.10	-.19	-.04
9	ROW	9	ROW	.48	.33	.18	.14
10	ROW	10	ROW	.15	.12	.33	.26
11	ROW	11	ROW	.40	.28	-.35	.22

数据视图 变量视图

IBM SPSS Statistics Processor 就绪

图 7-16 aaa 数据集

项，在“**方法**”中选用“**平方 Euclidean 距离**”来度量观测之间的相似性，聚类方法选择“**Ward 法**”，最后单击“**确定**”按钮完成系统聚类分析，生成的树状图如图 7-18 所示，其他结果参见聚类分析方法，此处不再列示。

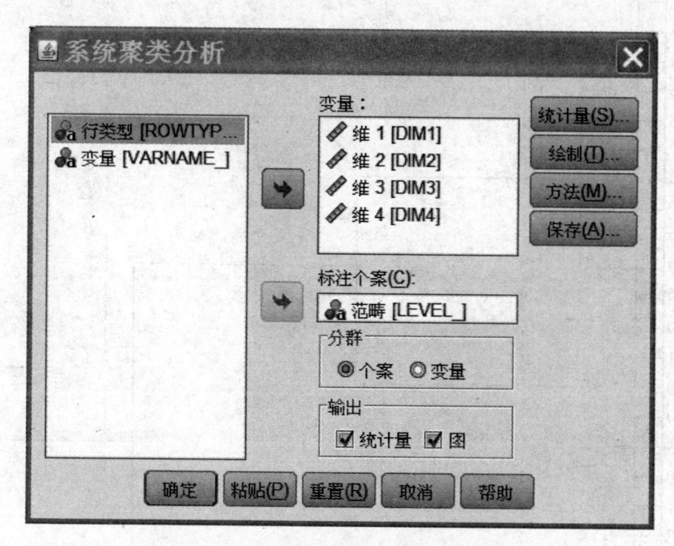

图 7-17　“系统聚类分析”对话框

在图 7-18 中，如果从 15 处作垂线，和树状图有 3 个交点，即可以把变量和观测分为 3 类。12 安徽、18 湖南、14 江西、23 四川、24 贵州、17 湖北、22 重庆、27 陕西、28 甘肃、29 青海、1 北京、9 上海、10 江苏为一类，相应的变量有 y_1、y_4、y_7 和 y_8，表明本类的省区在食品、家庭设备用品及服务、教育文化娱乐服务和其他商品和服务消费上表现突出；对本类进行细分，12 安徽、18 湖南、14 江西、23 四川、24 贵州、17 湖北、22 重庆、27 陕西、28 甘肃、29 青海在食品、家庭设备用品及服务消费方面突出，1 北京、9 上海、10 江苏教育文化娱乐服务和其他商品和服务消费上表现突出。

31 新疆、8 黑龙江、5 内蒙古、6 辽宁、30 宁夏、16 河南、2 天津、15 山东、7 吉林、3 河北、4 山西为一类，相应的变量有 y_2、y_3 和 y_5，表明此类观测在衣着、居住和医疗保健方面的消费支出突出；细分本类，31 新疆、8 黑龙江、5 内蒙古在衣着方面的消费支出突出，6 辽宁、30 宁夏、16 河南、2 天津、15 山东、7 吉林、3 河北、4 山西在居住和医疗保健方面的消费支出突出。

19 广东、20 广西、13 福建、21 海南、11 浙江、25 云南和 26 西藏为一类，相应的变量为 y_6，表明本类观测在交通和通信方面消费支出较突出。

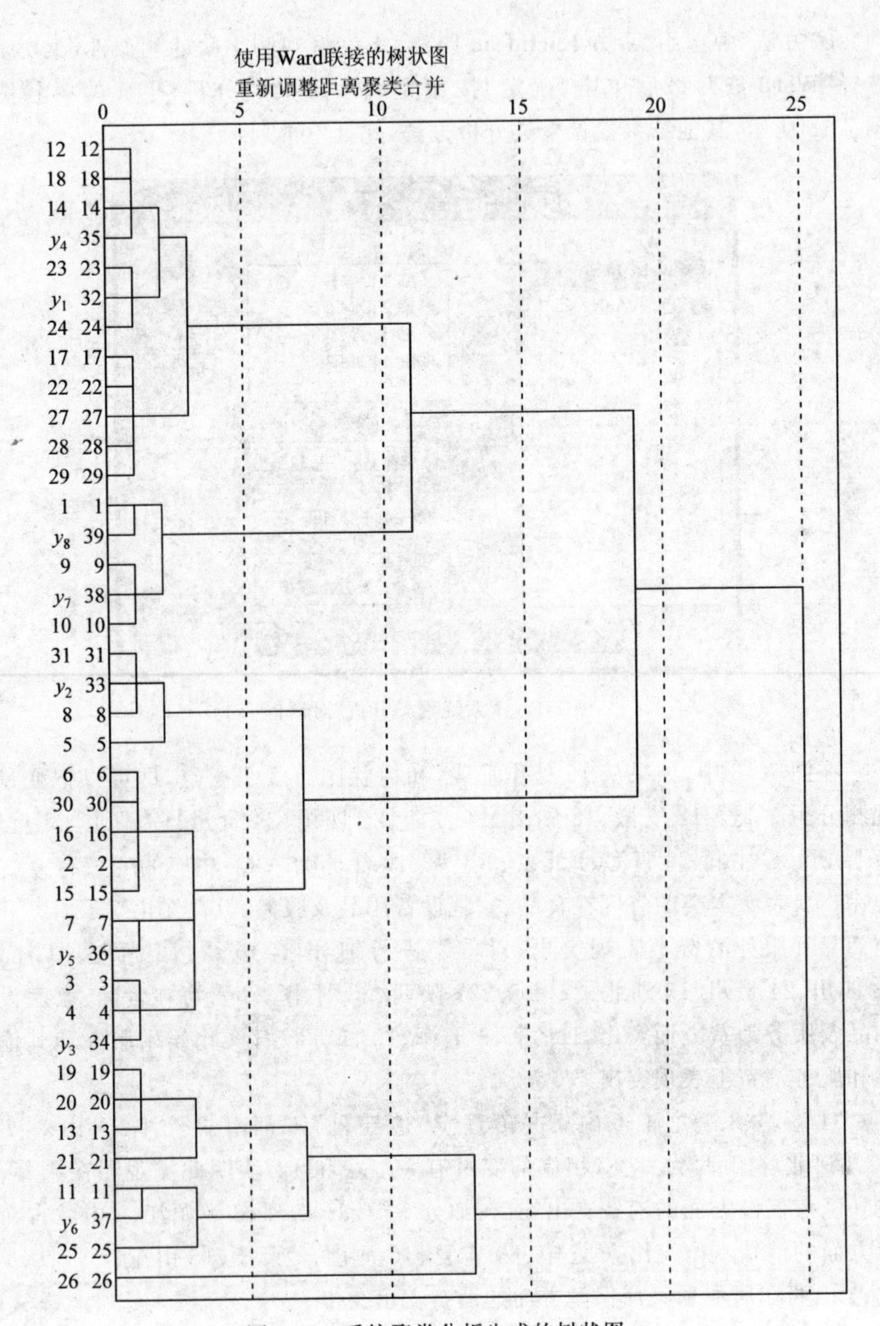

图 7-18　系统聚类分析生成的树状图

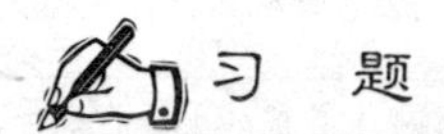

习　题

1. 什么是对应分析？它和因子分析有什么关系？

2. 试叙述对应分析的基本思想和基本步骤。

3. 对应分析中惯量的含义是什么？

4. 表 7-14 是美国 10 个城市之间的飞行距离(英里)数据。试用 SPSS 软件对其进行对应分析。

表 7-14　美国 10 个城市间的飞行距离　　单位：英里

	亚特兰大	芝加哥	丹佛	休斯顿	洛杉矶	迈阿密	纽约	旧金山	西雅图
芝加哥	587	0							
丹佛	1212	920	0						
休斯顿	701	940	879	0					
洛杉矶	1936	1745	831	1374	0				
迈阿密	604	1188	1726	968	2339	0			
纽约	748	713	1631	1420	2451	1092	0		
旧金山	2139	1858	949	1645	347	2594	2571	0	
西雅图	2182	1737	1021	1891	959	2734	2408	678	0
华盛顿	543	597	1494	1220	2300	923	205	2442	2329

5. 表 7-15 是某省 12 个地区 10 种恶性肿瘤的死亡率数据，试用 SPSS 软件分析地区与恶性肿瘤死亡率的联系。

表 7-15　某省 12 个地区 10 种恶性肿瘤的死亡率　　单位：%

地区	鼻咽癌	食道癌	胃癌	肝癌	肠癌	肺癌	乳腺癌	宫颈癌	膀胱癌	白血病
1	3.89	14.06	48.01	21.39	5.38	9.57	1.65	0.15	0.60	3.29
2	2.17	26.00	24.92	22.75	8.67	10.29	1.08	0.00	0.00	3.25
3	0.00	2.18	5.44	22.84	4.35	17.40	1.09	4.35	0.00	4.35
4	1.46	7.61	31.92	26.94	6.15	15.82	2.05	1.45	0.29	2.93
5	0.89	46.37	11.59	32.10	0.89	9.81	0.89	3.57	0.89	1.78
6	0.60	1.81	16.27	19.28	3.01	6.02	1.20	0.60	0.00	4.82
7	1.74	8.72	3.20	24.70	2.03	4.36	0.00	0.58	2.03	2.62

续表

地区	鼻咽癌	食道癌	胃癌	肝癌	肠癌	肺癌	乳腺癌	宫颈癌	膀胱癌	白血病
8	1.98	41.18	44.15	35.22	4.96	14.88	0.00	0.00	0.00	4.96
9	2.14	3.00	13.29	26.58	5.14	8.14	1.71	6.86	0.00	3.00
10	1.83	37.97	10.45	36.13	4.59	14.86	1.65	0.00	0.73	3.67
11	4.71	20.71	23.77	42.84	12.24	24.24	5.41	3.06	0.24	4.24
12	1.66	4.98	6.64	35.71	5.81	18.27	0.83	2.49	0.00	7.47

6. 我国山区某大型化工厂，在厂区及邻近地区挑选具有代表性的 8 个大气取样点，每日 4 次同时抽取大气样本，测定其中包含的 6 个取样点每种气体的平均浓度，数据见表 7-16。试用对应分析方法对取样点及大气污染气体进行分类。

表 7-16　取样点各污染气体数据

	氯 X_1	硫化氢 X_2	二氧化硫 X_3	C_4 X_4	环氧氯丙烷 X_5	环已烷 X_6
1	0.056	0.084	0.031	0.038	0.0081	0.0220
2	0.049	0.055	0.100	0.110	0.0220	0.0073
3	0.038	0.130	0.079	0.170	0.0580	0.0430
4	0.034	0.095	0.058	0.160	0.2000	0.0290
5	0.084	0.066	0.029	0.320	0.0120	0.0410
6	0.064	0.072	0.100	0.210	0.0280	1.3800
7	0.048	0.089	0.062	0.260	0.0380	0.0360
8	0.069	0.087	0.027	0.050	0.0890	0.0210

7. 表 7-17 为我国 16 个地区农民某一年的支出情况的抽样调查的汇总资料，每个地区都调查了反映每人平均生活消费支出情况的 6 个指标，用对应分析的方法对这 16 个地区农民支出情况进行分析。

表 7-17　我国 16 个地区农民一年支出情况

地区	食品 X_1	衣着 X_2	燃料 X_3	住房 X_4	生活用品及其他 X_5	文化生活服务支出 X_6
北京	190.33	43.77	9.73	60.54	49.01	9.04
天津	135.20	36.40	10.47	44.16	36.49	3.94
河北	95.21	22.83	9.30	22.44	22.81	2.80
山西	104.78	25.11	6.40	9.89	18.17	3.25

续表

地区	食品 X_1	衣着 X_2	燃料 X_3	住房 X_4	生活用品及其他 X_5	文化生活服务支出 X_6
内蒙古	128.41	27.63	8.94	12.58	23.99	3.27
辽宁	145.68	32.83	17.79	27.29	39.09	5.22
吉林	159.37	33.38	18.37	11.81	25.29	6.04
黑龙江	116.22	29.57	13.24	13.76	21.75	5.89
上海	221.11	38.64	12.53	115.65	50.82	5.74
江苏	144.98	29.12	11.67	42.60	27.30	5.00
浙江	169.92	32.75	12.72	47.12	34.35	6.39
安徽	153.11	23.09	15.62	23.54	18.18	6.73
福建	144.92	21.26	16.96	19.52	21.75	4.94
江西	140.54	21.50	17.64	19.19	15.97	3.85
山东	115.84	30.26	12.20	33.61	33.77	4.30
河南	101.18	23.26	8.46	20.20	20.50	2.65

8. 表 7-18 是我国 2007 年国际三大检索机构收录的中国科技论文统计数据，试在对学科进行分类的基础上（如分为理、工、农、医等），对各学科论文数量进行对应分析，揭示论文收录数量的特征以及各学科与三大检索机构论文收录情况之间的关系。

表 7-18　我国 2007 年国际三大检索机构收录的各学科科技论文数据

学　科	合计	SCI	EI	ISTP
数学	6893	3670	2586	637
力学	3016	224	2588	204
信息、系统科学	854	6	0	848
物理学	19 051	10 239	6620	2192
化学	30 815	20 317	9451	1047
天文学	876	622	131	123
地学	5111	2044	1936	1131
生物学	9584	7076	2153	355
预防医学与卫生学	170	156	0	14
基础医学	2780	1692	134	954

续表

学　科	合计	SCI	EI	ISTP
药学	569	505	0	64
临床医学	3903	3196	0	707
军事医学与特种医学	279	92	0	187
农学	1569	1166	300	103
林学	39	33	0	6
畜牧、兽医	39	38	0	1
水产学	178	171	0	7
测绘科学	174	0	114	60
材料科学	11 043	5929	3867	1247
工程与技术基础学科	2052	651	743	658
矿山工程	780	12	608	160
能源科学	1543	333	1137	73
冶金、金属学	3706	1218	2250	238
机械、仪表	3499	763	2249	487
动力与电气	6618	11	5321	1286
核科学技术	335	87	124	124
电子、通信与自动控制	18 736	2468	8396	7872
计算技术	19 194	5157	4275	9762
化工	4220	936	3029	255
轻工、纺织	28	0	26	2
食品	217	122	79	16
土木建筑	4368	351	2483	1534
水利	357	11	296	50
交通运输	1261	2	1034	225
航空航天	1304	101	907	296
环境	3301	1516	1033	752
安全科学	239	7	146	86
管理	2284	155	918	1211
其他	763	274	2	487

CHAPTER

第8章 典型相关分析

在一元统计分析中,研究两个随机变量之间的线性相关关系,可用简单相关系数来描述;研究一个随机变量与多个随机变量之间的线性相关关系,可用复相关系数或全相关系数来描述。然而,这些统计方法在研究两组变量之间的相关关系时就显得无能为力了。1936年霍特林(Hotelling)就"大学表现"和"入学前成绩"的关系、政府政策变量与经济目标变量的关系等问题进行了研究,其在《生物统计》期刊上发表的一篇论文《两组变式之间的关系》中提出了典型相关分析(canonical correlation analysis)技术。之后,Cooley和Hohnes(1971),Tatsuoka(1971)及Mardia,Kent和Bibby(1979)等人对典型相关分析的应用进行了讨论,Kshirsagar(1972)则从理论上给出了最好的分析。可以说,典型相关是简单相关、复相关的推广,或者说简单相关系数、复相关系数是典型相关系数的特例。

在分析实际问题时,当我们面临两组多变量数据,并希望研究两组变量之间的关系时,就要用到典型相关分析。例如,为了研究宏观经济走势与股票市场走势之间的关系,就需要考察经济增长率、失业率、物价指数、进出口增长率等各种宏观经济指标与股票价格指数、股票市场融资金额等各种反映股票市场状况的指标这两组变量之间的相关关系。要考察生产原料的质量对产品质量的影响,就要对产品的各种质量指标与所使用的原料的各种质量指标之间的相关关系进行测度。在分析投入和产出之间的联系时,投入情况可以由人力、物力、财力等反映,产出也可以由产值、利税等反映,然后研究两变量组之间的关系来分析投入和产出的相关关系。在分析影响居民消费的因素时,我们可以将劳动者报酬、家庭经营收入、转移性收入等变量构成反映居民收入的变量组,而将食品支出、医疗保健支出、交通和通信支出等变量构成反映居民支出情况的变量组,然后通过研究两变量组之间的关系来分析影响居民消费的因素。典型相关分析也已经被应用于心理学、市场营销等领域,如个人性格与职业兴趣的相关关系的研究,促销活动与消费者响应之间关系的分析研究。

由于典型相关分析涉及大量的矩阵计算，其应用在早期曾受到相当的限制。但随着计算机技术及统计软件的迅速发展，解决了典型相关分析应用中的计算问题，因此它的应用开始走向普及化。

8.1 典型相关分析的基本理论

8.1.1 典型相关分析的概念及基本思想

典型相关分析是研究两组变量之间相关关系的一种多元统计方法。它能够揭示出两组变量之间的内在联系。典型相关分析的目的是识别并量化两组变量之间的联系，将两组变量相关关系的分析，转化为一组变量的线性组合与另一组变量线性组合之间的相关关系分析。为了从总体上把握两组变量之间的相关关系，分别在两组变量中提取有代表性的综合变量，综合变量分别为两个变量组中各变量的线性组合，利用这两个综合变量之间的相关关系来反映两组指标之间的整体相关性。

典型相关分析的基本思想和主成分分析非常相似。首先在每组变量中找出变量的线性组合，使得两组的线性组合之间具有最大的相关性。然后再在每组变量中找出第二对线性组合，使其分别与第一对线性组合不相关，而第二对本身具有最大的相关性，如此继续下去，直到两组变量之间的相关性被提取完毕为止。提取的典型变量的组数等于原两组变量中较少的那组变量的数目。这样，讨论两组变量之间的相关就转化为只研究这些线性组合间的相关，从而减少研究变量的个数。每组线性组合称为典型变量，典型变量间的相关系数称为典型相关系数。典型相关系数度量了这两组变量之间联系的强度。典型相关分析所研究的两组变量可以一组变量是自变量，而另一组变量是因变量，也可以处于同等的地位，但要求两组变量都必须是间隔尺度的。

8.1.2 典型相关分析的数学描述

一般情况下，设 $X_1, X_2, \cdots, X_p$ 和 $Y_1, Y_2, \cdots, Y_q$ 是两组相互关联的随机变量，分别在两组变量中选取若干有代表性的综合变量 U_i、V_i，使得每一个综合变量是原变量的线性组合，即

$$
\begin{aligned}
&U_i = a_{i1}X_1^* + a_{i2}X_2^* + \cdots + a_{ip}X_p^* = a^{\mathrm{T}}X^* \\
&V_i = b_{i1}Y_1^* + b_{i2}Y_2^* + \cdots + b_{iq}Y_q^* = b^{\mathrm{T}}Y^* \\
&i = 1,2,\cdots,\min(p,q) = m
\end{aligned}
\tag{8-1}
$$

U_i、V_i 称为典型变量，它们之间的相关系数称为典型相关系数，即 $\text{CanR}_i=\rho(U_i,V_i)$，$\boldsymbol{a}^{\mathrm{T}}$、$\boldsymbol{b}^{\mathrm{T}}$ 称为典型变量系数或典型权重，变量 U_1 和 V_1，U_2 和 V_2，…，U_m 和 V_m 是根据它们的典型相关系数由大到小逐对提取，直到两组变量之间的相关性被提取完毕为止，典型相关分析示意图如图 8-1 所示。

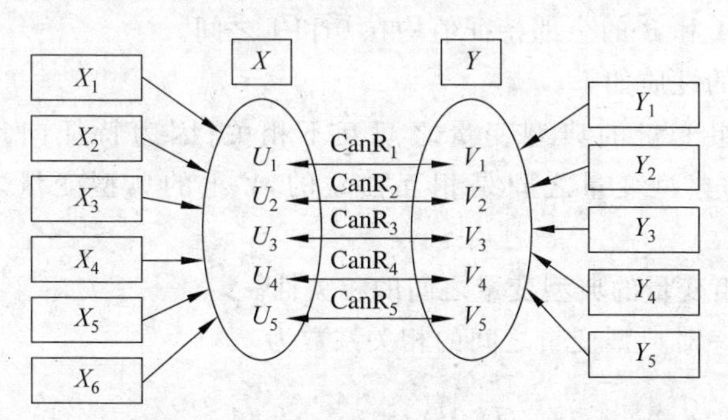

图 8-1　典型相关分析示意图

典型相关分析所要研究的问题，就是如何选取典型变量的最优线性组合。

8.1.3　典型相关系数和典型变量的求解

由典型相关分析的数学描述我们知道，典型相关分析希望寻求 $\boldsymbol{a}$ 和 $\boldsymbol{b}$ 使得 $\rho(U,V)$ 达到最大，典型相关系数的数学定义为

$$\rho(U,V)=\frac{\operatorname{cov}(U,V)}{\sqrt{\operatorname{var}(U)}\sqrt{\operatorname{var}(V)}}=\frac{\boldsymbol{a}^{\mathrm{T}}\Sigma_{12}\boldsymbol{b}}{\sqrt{\boldsymbol{a}^{\mathrm{T}}\Sigma_{11}\boldsymbol{a}}\sqrt{\boldsymbol{b}^{\mathrm{T}}\Sigma_{22}\boldsymbol{b}}}\tag{8-2}$$

由于随机变量乘以常数不改变它们的相关系数，为了防止不必要的结果重复出现，最好是在其中附加约束条件：

$$\begin{cases}\operatorname{var}(U)=\boldsymbol{a}^{\mathrm{T}}, \quad \Sigma_{11}\boldsymbol{a}=1\\ \operatorname{var}(V)=\boldsymbol{b}^{\mathrm{T}}, \quad \Sigma_{22}\boldsymbol{b}=1\end{cases}\tag{8-3}$$

于是，问题就转化为在约束条件 $\operatorname{var}(U)=1$ 和 $\operatorname{var}(V)=1$ 下，寻找非零常数向量 $\boldsymbol{a}$ 和 $\boldsymbol{b}$ 使得相关系数 $\rho(U,V)$ 达到最大。

其中：

$$\boldsymbol{A}=\Sigma_{11}^{-1}\Sigma_{12}\Sigma_{22}^{-1}\Sigma_{21}, \quad \boldsymbol{B}=\Sigma_{22}^{-1}\Sigma_{21}\Sigma_{11}^{-1}\Sigma_{12}\tag{8-4}$$

利用线性代数知识可以证明，$\boldsymbol{A}$、$\boldsymbol{B}$ 有相同的非零特征根，则有

$$\boldsymbol{A}\boldsymbol{a}=\lambda^2\boldsymbol{a}, \quad \boldsymbol{B}\boldsymbol{b}=\lambda^2\boldsymbol{b}\tag{8-5}$$

其中，λ^2 既是 $\boldsymbol{A}$ 的特征根，又是 $\boldsymbol{B}$ 的特征根；$\boldsymbol{a}$ 和 $\boldsymbol{b}$ 就是对应于 $\boldsymbol{A}$ 和 $\boldsymbol{B}$ 的特征向量。

根据证明，矩阵 **A** 和 **B** 的特征值还具有以下的性质。

(1) 矩阵 **A** 和 **B** 有相同的非零特征值，且相等的非零特征值的数目就等于 m。

(2) 矩阵 **A** 和 **B** 的特征值非负。

(3) 矩阵 **A** 和 **B** 的全部特征值均在 0 和 1 之间。

典型变量的性质如下。

(1) 同一组变量的典型变量之间互不相关；因为特征向量之间是正交的。故 X 组的典型变量之间是相互独立的，Y 组的典型变量之间也是相互独立的。

(2) 不同组变量的典型变量之间的相关性。

不同组内一对典型变量之间的相关系数为

$$\rho(U,V)=\begin{cases}\lambda_i, & i=j\\ 0, & i\neq j\end{cases} \tag{8-6}$$

同对相关系数为 $\rho(U,V)$，不同对则为零。

在实际应用中，总体的协方差矩阵通常是未知的，需要从总体中抽出一个样本，根据样本对总体的协方差或相关系数矩阵进行估计，然后利用估计得到的协方差或相关系数矩阵进行分析。

8.1.4 典型相关系数的显著性检验

典型相关系数的显著性检验可以用 Bartlett 提出的大样本 χ^2 检验来完成。

如果随机向量 x 与 y 之间互不相关，则协方差矩阵 Σ_{12} 仅包含零，因而典型相关系数 $\lambda_i=a_i'\Sigma_{12}b_i$ 都变为零。

这样检验典型相关系数的显著性问题即变为进行如下检验。

$$H_0:\lambda_i=0,\quad H_1:\lambda_i\neq 0$$

求出 $\Sigma_{11}^{-1}\Sigma_{12}\Sigma_{22}^{-1}\Sigma_{21}$ 的 k 个非零特征根，并按大小顺序排列 $\lambda_1^2\geqslant\lambda_2^2\geqslant\cdots\geqslant\lambda_k^2>0$，乘积为

$$\Lambda=(1-\lambda_1^2)(1-\lambda_2^2)\cdots(1-\lambda_k^2)=\prod_{j=1}^{k}(1-\lambda_j^2) \tag{8-7}$$

则对于大的 n（这里要求 $n>\dfrac{p+q+1}{2}+k$，k 为非零特征根数），计算统计量

$$Q_1=\left[n-1-\frac{1}{2}(p+q+1)\right]\ln\Lambda \tag{8-8}$$

Q_1 近似服从 $\chi^2(pq)$。因此在检验水平 α 下，若 $Q_1>\chi_\alpha^2(pq)$，则拒绝原假设 H_0，

说明至少有第一对典型变量为显著相关，或说相关性系数 λ_1 在显著性水平 α 下是显著的。

然后在去掉第一典型相关系数后，继续检验余下的 $p-1$ 个典型相关系数的显著性，一般地，若前 $j-1$ 个典型相关系数在水平为 α 下是显著的，则当检验第 j 个典型相关系数的显著性时，计算

$$\Lambda_j = (1-\lambda_j^2)(1-\lambda_{j+1}^2)\cdots(1-\lambda_k^2) = \prod_{i=j}^{k}(1-\lambda_i^2) \tag{8-9}$$

并计算统计量

$$Q_j = -\left[n-j-\frac{1}{2}(p+q+1)\right]\ln\Lambda_j \tag{8-10}$$

则 Q_j 服从自由度为 $(p-j+1)(q-j+1)$ 的 χ^2 分布。在检验水平 α 下，若 $Q_j > \chi_\alpha^2[(p-j+1)(q-j+1)]$，则拒绝 H_0，接受 H_1，即认为第 j 典型相关系数在显著性水平 α 下是显著的。

8.2　典型相关分析的上机实现

典型相关分析在 SPSS 中必须用程序行来运行。在 SPSS 中可以用两种方法来拟合典型相关分析，第一种是采用 Manova 过程来拟合，第二种是采用 SPSS 专门提供的宏程序 **Canonical correlation. sps** 来实现，第二种方法在使用上非常简单，而输出的结果也非常详细。因此这里只对第二种方法进行介绍。此文件的调用方式如下。

在 SPSS 菜单中选择“**帮助**”→“**主题**”命令，在“**索引**”项下“**输入要查找的词**”中输入 **cancorr**，如图 8-2 所示。

单击 **canonical correlation macro**，则进行典型相关分析的宏程序显示在屏幕的右方，如图 8-3 所示。

此宏程序包含两个命令，每个命令用英文句点结束。第一句是调用 Canonical correlation. sps 程序命令。第二句命令是执行典型相关分析程序，并定义典型相关分析中的两个变量组，每个变量名之间以空格分开。子命令以“/”线开头，不要误打为“\”。

执行程序时，先选择这些命令，选择“**运行**”菜单命令或单击“**运行**”按钮，即可得到所有典型相关分析的结果。在完成典型相关分析以后，会自动形成新的典型变量，第一对典型变量分别被命名为 S1_CV001 和 S2_CV001，意为第一组(set1)的第一个典型变量和第二组的第一个典型变量。其他典型变量 S1_

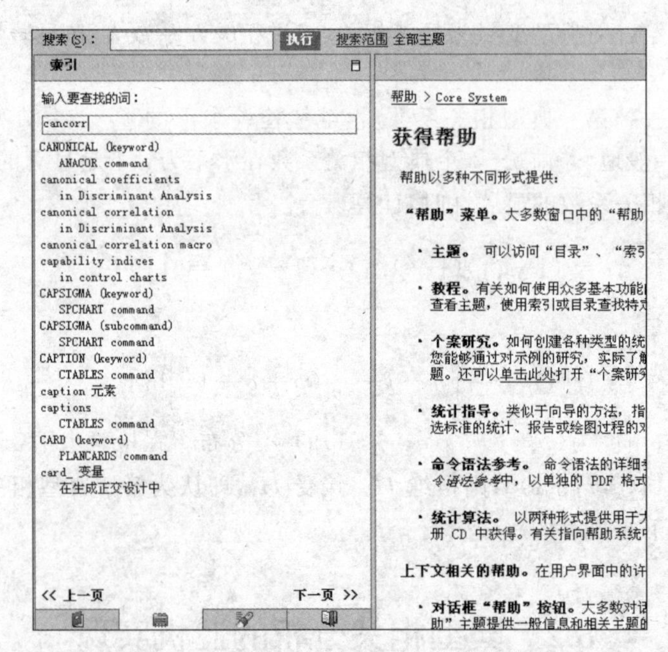

图 8-2　搜索典型相关分析宏程序的帮助

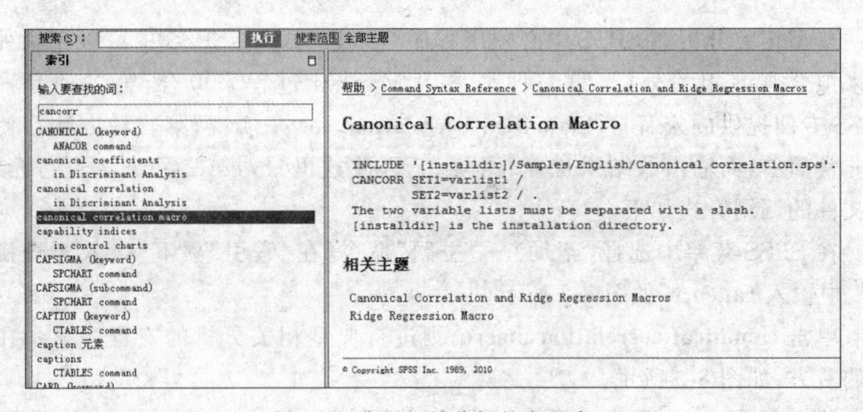

图 8-3　典型相关分析的宏程序

CV002 和 S2_CV002 也是以同样形式标注分组属性及其序号的。这些典型变量连同原来的观测变量将被自动存入一个暂时文件 cc_tmp1 中。可通过命令打开此文件使用典型变量，最好将此文件另取文件名存为一个永久性文件，因为在下一次运行 Cancorr 命令时，又会产生新的暂存文件将此覆盖。

8.3　典型相关分析的案例分析

为了研究城镇居民家庭收入来源与消费性支出的关系，选取了反映城镇居民家庭收入来源与消费性支出的两组变量。

收入组变量为：

x_1 为工资性收入；x_2 为经营净收入；

x_3 为财产性收入；x_4 为转移性收入。

消费性支出组变量为：

y_1 为食品；y_2 为衣着；

y_3 为居住；y_4 为家庭设备用品及服务；

y_5 为医疗保健；y_6 为交通和通信；

y_7 为教育文化娱乐服务；y_8 为其他商品和服务。

搜集了 2010 年我国各地区城镇居民家庭平均每人收入来源和全年消费性支出数据资料，如表 8-1 所示。

在 SPSS 菜单中选择**"文件"**→**"新建"**→**"语法"**命令，则打开了**"语法编辑器"**窗口，复制典型相关分析的宏程序并粘贴在此窗口中，把 installdir 改为 SPSS 在所使用的计算机上的绝对安装路径，定义收入组变量 x_1，x_2，x_3 和 x_4 为第一组变量；消费支出组变量 $y_1 \sim y_8$ 为第二组变量，如图 8-4 所示。单击**"运行"**菜单命令或单击**"运行"**按钮，运行上述程序，得到典型相关分析结果。

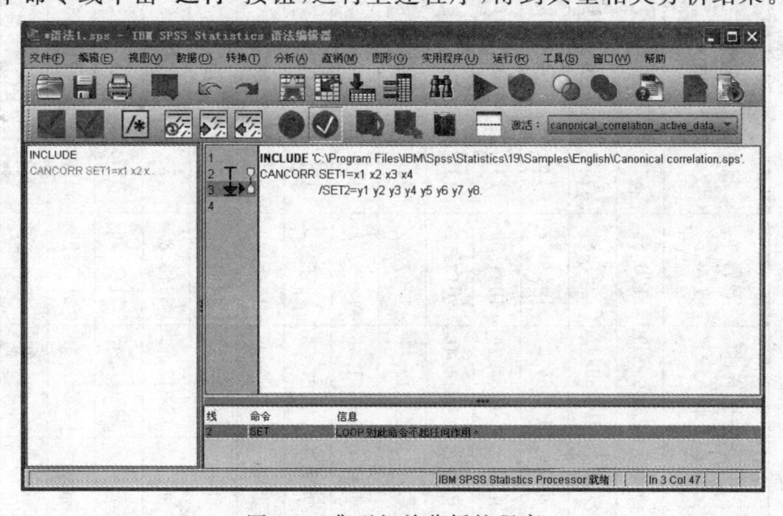

图 8-4　典型相关分析的程序

表 8-1　2010 年各地区城镇居民家庭平均每人收入来源和全年消费性支出　　单位：元

地区	工资性收入 x_1	经营净收入 x_2	财产性收入 x_3	转移性收入 x_4	食品 y_1	衣着 y_2	居住 y_3	家庭设备用品及服务 y_4	医疗保健 y_5	交通和通信 y_6	教育文化娱乐服务 y_7	其他商品和服务 y_8
北京	23 099.09	1170.65	655.91	8434.77	6392.9	2087.91	1577.35	1377.77	1327.22	3420.91	2901.93	848.49
天津	16 780.41	931.81	333.17	8896.61	5940.44	1567.58	1615.57	1119.93	1275.64	2454.38	1899.5	688.73
河北	10 566.3	1043.72	323.97	5400.43	3335.23	1225.94	1344.47	693.56	923.83	1398.35	1001.01	395.93
山西	10 784.74	1044.85	198.59	4864.81	3052.57	1205.89	1245	612.59	774.89	1340.9	1229.68	331.14
内蒙古	12 614.46	2013.77	432.82	3953.19	4211.48	2203.59	1384.45	948.87	1126.03	1768.65	1641.17	710.37
辽宁	11 712.68	1797.82	249.59	6254.48	4658	1586.81	1314.79	785.67	1079.81	1773.26	1495.9	585.78
吉林	10 621.43	1363.73	163.83	4645.45	3767.85	1570.68	1344.41	710.28	1171.25	1363.91	1244.56	506.09
黑龙江	9087.59	1266.72	102.05	4639.19	3784.72	1608.37	1128.14	618.76	948.44	1191.31	1001.48	402.69
上海	25 439.97	1628.22	512.12	8158.2	7776.98	1794.06	2166.22	1800.19	1005.54	4076.46	3363.25	1217.7
江苏	14 816.87	2519.06	471.04	7308.57	5243.14	1465.54	1234.05	1026.32	805.73	1935.07	2133.25	514.41
浙江	18 313.6	3640.87	1470.13	6710.19	6118.46	1802.29	1418	916.16	1033.7	3437.15	2586.09	546.36
安徽	11 442.43	1172.36	427.01	4584.91	4369.63	1225.56	1229.64	678.75	737.05	1356.57	1479.75	435.62
福建	15 682.48	2135.92	1420.84	4910.35	5790.72	1281.25	1606.27	972.24	617.36	2196.88	1786	499.3
江西	10 613.83	1266.21	344.77	4333.2	4195.38	1138.84	1109.82	854.6	524.22	1270.28	1179.89	345.66
山东	15 731.23	1703.72	490.22	3811.78	4205.88	1745.2	1408.64	915	885.79	2140.42	1401.77	415.55
河南	10 804.88	1478.06	222.07	4636.8	3575.75	1444.63	1080.1	866.72	941.32	1374.76	1137.16	418.04

续表

地区	工资性收入 x_1	经营净收入 x_2	财产性收入 x_3	转移性收入 x_4	食品 y_1	衣着 y_2	居住 y_3	家庭设备用品及服务 y_4	医疗保健 y_5	交通和通信 y_6	教育文化娱乐服务 y_7	其他商品和服务 y_8
湖北	11 460.49	1391.83	378.34	4342.17	4429.3	1415.68	1187.54	867.33	709.58	1205.48	1263.16	372.9
湖南	10 782.04	1880.9	541.11	4453.02	4322.09	1277.47	1182.33	903.81	776.85	1541.4	1418.85	402.52
广东	18 902.43	2666.53	956.6	4371.3	6746.62	1230.72	1925.21	1208.03	929.5	3419.74	2375.96	653.76
广西	12 061.82	1474.9	576.87	4628.62	4372.75	926.42	1166.85	853.59	625.45	1973.04	1243.71	328.27
海南	10 957.92	1716.74	559.76	3695.21	4895.96	636.14	1103.76	616.33	579.89	1805.11	1004.62	284.9
重庆	12 738.2	1263.2	312.64	4676.51	5012.56	1697.55	1275.96	1072.38	1021.48	1384.28	1408.02	462.79
四川	11 310.7	1198.69	378.08	4241.43	4779.6	1259.49	1126.65	876.34	661.03	1674.14	1224.73	503.11
贵州	9627.99	1174.02	213.83	4122.96	4013.67	1102.41	890.75	673.33	546.84	1270.49	1254.56	306.24
云南	10 845.21	1122.89	1162.12	4348.7	4593.49	1158.82	835.45	509.41	637.89	2039.67	1014.4	284.95
西藏	14 707.14	395.66	233.04	1203.14	4847.58	1158.6	726.59	376.43	385.63	1230.94	477.95	481.82
陕西	12 078.35	573.19	187.39	4225.78	4381.4	1428.2	1126.92	723.73	935.38	1194.77	1595.8	435.67
甘肃	9882.5	687.96	72.23	3664.59	3702.18	1255.69	910.34	597.72	828.57	1076.63	1136.7	387.53
青海	10 061.58	943.96	73.9	4401.37	3784.81	1185.56	923.52	644.01	718.78	1116.56	908.07	332.49
宁夏	10 821.22	2238.13	189.52	4287.91	3768.09	1417.47	1181.71	716.22	890.05	1574.57	1286.2	500.12
新疆	11 327.91	1131.78	151.94	2809.96	3694.81	1513.42	898.38	669.87	708.16	1255.87	1012.37	444.2

资料来源：《中国统计年鉴》，中国统计出版社，2011。

SPSS首先输出的是两组变量间的相关系数(见表8-2),Correlations for Set-1是收入组指标内部的相关系数,工资性收入 x_1 和转移性收入 x_4、经营净收入 x_2 和财产性收入 x_3 之间的相关系数较大,均达到了0.6以上。Correlations for Set-2是消费支出组指标内部的相关系数,y_2 和 y_5 之间的相关系数较大,其他几个指标间的相关系数较大。Correlations Between Set-1 and Set-2是收入组指标与消费支出组指标之间的相关系数,其中工资性收入 x_1 和各个消费支出指标之间的相关系数都比较大。

表8-2 输出的相关系数

Correlations for Set-1

	x1	x2	x3	x4
x1	1.0000	.3333	.4683	.6098
x2	.3333	1.0000	.6335	.2869
x3	.4683	.6335	1.0000	.2401
x4	.6098	.2869	.2401	1.0000

Correlations for Set-2

	y1	y2	y3	y4	y5	y6	y7	y8
y1	1.0000	.2914	.7289	.7843	.2787	.8852	.8325	.7548
y2	.2914	1.0000	.4494	.5254	.7704	.3880	.5481	.6507
y3	.7289	.4494	1.0000	.8602	.5791	.7985	.8333	.7838
y4	.7843	.5254	.8602	1.0000	.5187	.7871	.8847	.8339
y5	.2787	.7704	.5791	.5187	1.0000	.4224	.5580	.5895
y6	.8852	.3880	.7985	.7871	.4224	1.0000	.8877	.7551
y7	.8325	.5481	.8333	.8847	.5580	.8877	1.0000	.8202
y8	.7548	.6507	.7838	.8339	.5895	.7551	.8202	1.0000

Correlations Between Set-1 and Set-2

	y1	y2	y3	y4	y5	y6	y7	y8
x1	.8974	.4905	.7754	.8249	.4173	.9145	.8789	.8439
x2	.4028	.2406	.4564	.3607	.2027	.5429	.5121	.2260
x3	.5824	.0417	.3866	.2899	−.0282	.6395	.4664	.1534
x4	.5775	.4437	.6586	.7094	.6610	.6452	.7701	.6174

其次SPSS输出的是典型相关系数及其显著性检验(见表8-3)。Canonical Correlations是典型相关系数,第1典型相关系数为0.984,第2典型相关系数为0.861,第3典型相关系数为0.669,第4典型相关系数为0.365。Test that remaining correlations are zero为典型相关系数的显著性检验,零假设为对应的

典型相关系数为 0。由检验结果得知，第 1 典型相关系数和第 2 典型相关系数的显著性概率(Sig.)均为 0.000，在 $\alpha=0.05$ 的水平下，拒绝典型相关系数为零的原假设，说明前两对典型变量间的相关性是显著的。因此对城镇居民家庭收入来源与消费性支出关系的研究可以转化为研究第一对典型变量以及第二对典型变量之间的关系。

表 8-3　典型相关系数及其显著性检验

Canonical Correlations

1	.984
2	.861
3	.669
4	.365

Test that remaining correlations are zero.

	Wilk's	Chi-SQ	DF	Sig.
1	.004	130.682	32.000	.000
2	.124	49.096	21.000	.000
3	.479	17.306	12.000	.138
4	.867	3.357	5.000	.645

SPSS 输出的第 3 部分是典型变量的系数(见表 8-4)，这些系数以两种方式给出：一种是没有标准化的原始变量的线性组合的典型系数(raw canonical coefficient)，一种是标准化之后的典型系数(standardized canonical coefficient)。标准化的典型系数直观上对典型变量的构成给人以更加清楚的印象。我们在分析时最好使用标准化的系数。

由这两对典型变量的相关性，可以研究城镇居民家庭收入来源与消费性支出的相关关系。

来自收入组指标的第一典型变量为

$$U_1 = 0.727x_1 + 0.186x_2 + 0.214x_3 + 0.088x_4 \tag{8-11}$$

来自消费支出组指标的第一典型变量为

$$V_1 = 0.310y_1 + 0.297y_2 + 0.181y_3 - 0.127y_4 - 0.198y_5 + 0.597y_6 + 0.222y_7 - 0.224y_8 \tag{8-12}$$

在第一对典型变量中，U_1 主要和 x_1 工资性收入相关，V_1 主要和变量 y_6 相关。

来自收入组指标的第二典型变量为

$$U_2 = 0.159x_1 + 0.070x_2 - 0.916x_3 + 0.696x_4 \tag{8-13}$$

来自消费支出组指标的第二典型变量为

$$V_2 = -0.572y_1 - 0.859y_2 - 0.730y_3 + 0.795y_4 + 0.928y_5 - 0.747y_6 + 0.481y_7 + 1.034y_8 \tag{8-14}$$

在第二对典型变量中，U_2 中 x_3 和 x_4 的系数较大，V_2 中 y_8、y_5、y_2 的系数较大。

表 8-4 典型变量系数

Standardized Canonical Coefficients for Set-1

	1	2	3	4
x1	.727	.159	1.149	.251
x2	.186	.070	−0.304	1.265
x3	.214	−0.916	−0.439	−0.938
x4	.088	.696	−0.943	−0.522

Raw Canonical Coefficients for Set-1

	1	2	3	4
x1	.000	.000	.000	.000
x2	.000	.000	.000	.002
x3	.001	−0.003	−0.001	−0.003
x4	.000	.000	−0.001	.000

Standardized Canonical Coefficients for Set-2

	1	2	3	4
y1	.310	−0.572	.157	−1.565
y2	.297	−0.859	.305	1.006
y3	.181	−0.730	−0.155	1.110
y4	−0.127	.795	.075	−0.412
y5	−0.198	.928	−0.751	−1.144
y6	.597	−0.747	.077	.252
y7	.222	.481	−1.257	.663
y8	−0.224	1.034	1.533	.027

Raw Canonical Coefficients for Set-2

	1	2	3	4
y1	.000	−0.001	.000	−0.001
y2	.001	−0.003	.001	.003
y3	.001	−0.002	−0.001	.004
y4	.000	.003	.000	−0.001
y5	−0.001	.004	−0.003	−0.005
y6	.001	−0.001	.000	.000
y7	.000	.001	−0.002	.001
y8	−0.001	.005	.008	.000

SPSS 输出的第 4 部分是典型结构(见表 8-5)，即分析原始变量和典型变量之间的相关程度。Canonical Loadings 表示一组原始变量与其相应的典型变量之间的关系，如 Canonical Loadings for Set-1 表示收入组指标原始变量与收入组的典型变量 U 之间的相关系数，Canonical Loadings for Set-2 表示消费支出

组指标原始变量与消费支出组的典型变量 V 之间的相关系数。Cross Loadings 表示一组原始变量与其对立的典型变量之间的关系，如 Cross Loadings for Set-1 表示收入组指标原始变量与消费支出组的典型变量 V 之间的相关系数，Cross Loadings for Set-2 表示消费支出组指标原始变量与收入组的典型变量 U 之间的相关系数。

表 8-5　典型结构

Canonical Loadings for Set-1

	1	2	3	4
x1	.943	.178	.267	−0.084
x2	.589	−0.257	−0.470	.605
x3	.693	−0.629	−0.320	−0.144
x4	.637	.594	−0.435	−0.231

Cross Loadings for Set-1

	1	2	3	4
x1	.928	.154	.179	−0.031
x2	.580	−0.221	−0.314	.221
x3	.682	−0.542	−0.214	−0.053
x4	.627	.511	−0.291	−0.084

Canonical Loadings for Set-2

	1	2	3	4
y1	.917	.047	.162	−0.309
y2	.457	.425	.080	.430
y3	.802	.302	−0.058	.180
y4	.804	.447	.063	.059
y5	.400	.658	−0.288	.117
y6	.975	.055	−0.005	−0.055
y7	.917	.331	−0.115	.080
y8	.755	.511	.376	.087

Cross Loadings for Set-2

	1	2	3	4
y1	.903	.040	.108	−0.113
y2	.450	.366	.054	.157
y3	.790	.260	−0.039	.066
y4	.792	.385	.042	.021
y5	.394	.567	−0.193	.043
y6	.960	.047	−0.003	−0.020
y7	.902	.285	−0.077	.029
y8	.743	.440	.251	.032

SPSS 输出的第 5 部分是典型冗余分析(canonical redundancy analysis,见表 8-6),典型冗余分析通过计算 X、Y 变量组由自己的典型变量解释与由对方的典型变量解释的方差百分比与累计百分比,反映由典型变量预测原变量的程度,分为组内方差解释和组间方差解释。

表 8-6 典型冗余分析

Redundancy Analysis

Proportion of Variance of Set-1 Explained by Its Own Can. Var.

	Prop Var
CV1-1	.531
CV1-2	.212
CV1-3	.146
CV1-4	.112

Proportion of Variance of Set-1 Explained by Opposite Can. Var.

	Prop Var
CV2-1	.514
CV2-2	.157
CV2-3	.065
CV2-4	.015

Proportion of Variance of Set-2 Explained by Its Own Can. Var.

	Prop Var
CV2-1	.608
CV2-2	.160
CV2-3	.035
CV2-4	.043

Proportion of Variance of Set-2 Explained by Opposite Can. Var.

	Prop Var
CV1-1	.589
CV1-2	.119
CV1-3	.016
CV1-4	.006

Proportion of Variance of Set-1 Explained by Its Own Can. Var 表示收入组的方差被收入组的典型变量所解释的比例,第 1 典型变量 U_1 可以解释 53.1%的组内方差,第 2 典型变量 U_2 可以解释 21.2%的组内方差。Proportion of Variance of Set-1 Explained by Opposite Can. Var 表示收入组的方差被消费支出组的典型变量所解释的比例,第 1 典型变量可以解释 51.4%的组间方差,第 2 典型变量可以解释 15.7%的组间方差。

Proportion of Variance of Set-2 Explained by Its Own Can. Var 表示消费

支出组的方差被消费支出组的典型变量所解释的比例，第 1 典型变量 V_1 可以解释 60.8%的组内方差，第 2 典型变量 V_2 可以解释 16%的组内方差。Proportion of Variance of Set-2 Explained by Opposite Can. Var 表示消费支出组的方差被收入组的典型变量所解释的比例，第 1 典型变量可以解释 58.9%的组间方差，第 2 典型变量可以解释 11.9%的组间方差。

从结果来看，第 2 典型变量不管是对相应原始变量组还是对立的原始变量组的解释能力都不够强。

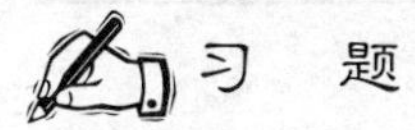

习　题

1. 典型相关分析的基本思想是什么？

2. 典型相关分析中典型相关系数的显著性检验有什么作用？

3. 研究表明，城市信息化和城市化水平存在互动发展的关系，表 8-7 为 2005 年中国 15 个城市信息化和城市化评价体系中的部分相关指标和数据，试应用典型相关分析方法对信息化和城市化发展的关联性进行研究。指标说明如下。

信息化指标：X_1 为邮政业务总量，X_2 为电信业务总量，X_3 为国际互联网用户数量，X_4 为年末移动电话用户数量，X_5 为年末邮电局数。

城市化指标：Y_1 为人均绿地面积，Y_2 为人均地区生产总值，Y_3 为人均生活用电量，Y_4 为社会消费品零售总额，Y_5 为实际利用外资金额。

表 8-7　2005 年中国 15 个城市信息化和城市化评价体系中的部分相关指标和数据

城市	X_1 /亿元	X_2 /亿元	X_3 /万户	X_4 /万户	X_5 /所	Y_1 /(m²/人)	Y_2 /元	Y_3 /(kW·h)	Y_4 /亿元	Y_5 /亿美元
沈阳	4.58	84.84	74.01	320.16	174	41.55	36 779	443.02	833.87	21.09
大连	3.25	78.64	77.07	241.61	135	40.03	57 184	782.62	605.27	25.64
长春	2.59	33.48	30.63	317.06	206	23.32	36 817	342.8	481.07	10.78
哈尔滨	3.22	41.44	162.70	19.71	131	18.72	30 619	417.44	604.35	3.21
南京	6.21	54.02	61.12	426.28	176	138.34	44 058	560.43	943.26	13.78
宁波	2.49	40.64	117.58	242.11	142	19.1	65 324	618.32	398.39	15.59
厦门	4.02	32.16	38.65	168.65	97	30.12	44 737	1006.74	271.86	7.07
济南	2.92	33.68	71.92	212.71	128	22.59	41 148	535.69	648.68	4.48
青岛	2.83	40.90	72.23	245.39	82	41.96	55 471	772.54	488.08	15.45
武汉	5.75	110.71	132.00	545.27	302	8.82	26 238	487.59	1128.64	17.40

续表

城市	X_1 /亿元	X_2 /亿元	X_3 /万户	X_4 /万户	X_5 /所	Y_1 /(m^2/人)	Y_2 /元	Y_3 /(kW·h)	Y_4 /亿元	Y_5 /亿美元
广州	11.34	196.00	209.33	1297.80	764	181.33	78 428	1072.32	1784.76	24.25
深圳	10.98	309.82	276.20	1292.00	647	533.73	60 801	2856.99	1437.67	29.69
成都	3.44	71.40	94.42	385.96	451	27.61	32 130	461.5	715.30	7.98
西安	5.36	123.32	118.16	378.55	261	9.15	22 386	397.99	625.46	5.51

数据来源：中经网统计数据库，城市年度库 2005 年数据。

4. 利用 2012 年《中国统计年鉴》中全国 31 个省市自治区财政收入和支出的数据资料进行典型相关分析。指标选取如下。

反映各地方财政收入的主要指标有(单位：万元)：X_1 为国内增值税，X_2 为营业税，X_3 为企业所得税，X_4 为个人所得税，X_5 为专项收入，X_6 为行政事业性收费收入。

反映各地财政支出的主要指标有(单位：万元)：Y_1 为一般公共服务，Y_2 为国防，Y_3 为公共安全，Y_4 为教育，Y_5 为科学技术，Y_6 为社会保障和就业，Y_7 为医疗卫生，Y_8 为环境保护。

CHAPTER 9

第9章 回归分析

9.1 多元回归分析

9.1.1 多元回归分析概述

现实生活中,一个被解释变量往往受到多个因素的影响,比如,GDP 的增长受投资、消费、出口的拉动;商品的消费需求不但受商品本身的价格影响,还受到消费者的偏好、收入水平、替代品价格、互补品价格、对商品价格的预测以及消费者的数量等诸多因素的影响。在分析这些问题的时候,就需要借助多元回归模型来进行量化分析。由于非线性模型可以通过变量替换转化为线性模型,在此我们以多元线性回归模型为讨论对象。

1. 多元线性回归模型的一般形式

设随机变量 y 与一般变量 $x_1, x_2, \cdots, x_p$ 的线性回归模型为

$$y = \beta_0 + \beta_1 x_1 + \beta_2 x_2 + \cdots + \beta_p x_p + \varepsilon \tag{9-1}$$

其中,$\beta_0, \beta_1, \cdots, \beta_p$ 是 $p+1$ 个未知参数,β_0 为回归常数,$\beta_1, \beta_2, \cdots, \beta_p$ 为回归系数;y 为被解释变量(因变量);$x_1, x_2, \cdots, x_p$ 为 p 个可以精确测量并可控制的一般变量,称为解释变量(自变量)。当 $p=1$ 时,式(9-1)为一元线性回归模型,当 $p\geqslant 2$ 时,我们就称式(9-1)为多元线性回归模型。其中 ε 是随机误差项,与一元线性回归一样,对随机误差项我们常假定:

$$\begin{cases} E(\varepsilon) = 0 \\ \text{var}(\varepsilon) = \sigma^2 \end{cases} \tag{9-2}$$

称

$$E(y) = \beta_0 + \beta_1 x_1 + \beta_2 x_2 + \cdots + \beta_p x_p \tag{9-3}$$

为理论回归方程。

对于一个实际问题，如果我们获得 n 组观测数据$(x_{i1},x_{i2},\cdots,x_{ip};y_i)(i=1,2,\cdots,n)$，则线性回归模型式(9-1)可表示为

$$\begin{cases} y_1=\beta_0+\beta_1x_{11}+\beta_2x_{12}+\cdots+\beta_px_{1p}+\varepsilon_1 \\ y_2=\beta_0+\beta_1x_{21}+\beta_2x_{22}+\cdots+\beta_px_{2p}+\varepsilon_2 \\ \vdots \\ y_n=\beta_0+\beta_1x_{n1}+\beta_2x_{n2}+\cdots+\beta_px_{np}+\varepsilon_n \end{cases} \tag{9-4}$$

写成矩阵形式为

$$\boldsymbol{y}=\boldsymbol{X}\beta+\varepsilon \tag{9-5}$$

其中

$$\boldsymbol{y}=\begin{bmatrix} y_1 \\ y_2 \\ \vdots \\ y_n \end{bmatrix},\quad \boldsymbol{X}=\begin{bmatrix} 1 & x_{11} & x_{12} & \cdots & x_{1p} \\ 1 & x_{21} & x_{22} & \cdots & x_{2p} \\ \vdots & \vdots & \vdots & \ddots & \vdots \\ 1 & x_{n1} & x_{n2} & \cdots & x_{np} \end{bmatrix}$$

$$\beta=\begin{bmatrix} \beta_0 \\ \beta_1 \\ \vdots \\ \beta_p \end{bmatrix},\quad \varepsilon=\begin{bmatrix} \varepsilon_1 \\ \varepsilon_2 \\ \vdots \\ \varepsilon_n \end{bmatrix} \tag{9-6}$$

2. 多元线性回归模型的基本假定

为了方便进行模型的参数估计，对回归方程(9-4)有如下一些基本假定。

(1) 解释变量 $x_1,x_2,\cdots,x_p$ 是确定性变量，不是随机变量，且要求 $\text{rank}(\boldsymbol{X})=p+1<n$。

(2) 随机误差项具有 0 均值和等方差，即

$$\begin{cases} E(\varepsilon_i)=0, i=1,2,\cdots,n \\ \text{cov}(\varepsilon_i,\varepsilon_j)=\begin{cases} \sigma^2, & i=j \\ 0, & i\neq j \end{cases} \end{cases} \tag{9-7}$$

这个假定称为高斯-马尔可夫条件。

(3) 正态分布的假定条件为

$$\begin{cases} \varepsilon_i\sim N(0,\sigma^2), & i=1,2,\cdots,n \\ \varepsilon_1,\varepsilon_2,\cdots,\varepsilon_n & \text{相互独立} \end{cases} \tag{9-8}$$

3. 多元线性回归方程的解释

一般情况下，对于含有 p 个自变量的多元线性回归，根据方程(9-3)，有

$\dfrac{\partial E(y)}{\partial x_i}=\beta_i$，从而每个回归系数 β_i 表示在回归方程中其他自变量保持不变的情况下，自变量 x_i 每增加一个单位时因变量 y 的平均增加程度。因此也把多元线性回归的回归系数称为偏回归系数，简称为回归系数。

9.1.2　多元回归参数的估计与检验

1. 回归参数的估计

1）最小二乘估计（OLSE）

多元线性回归方程未知参数 $\beta_0,\beta_1,\cdots,\beta_p$ 的估计与一元最小二乘估计线性回归方程的参数估计原理一样，仍然采用最小二乘估计（OLSE）。对于式(9-5)矩阵形式表示的回归模型 $\boldsymbol{y}=\boldsymbol{X}\beta+\varepsilon$，所谓最小二乘法，就是寻找参数 β_0，$\beta_1,\cdots,\beta_p$ 的估计值 $\hat{\beta}_0,\hat{\beta}_1,\hat{\beta}_2,\cdots,\hat{\beta}_p$，使离差平方和

$$Q(\beta_0,\beta_1,\beta_2,\cdots,\beta_p)=\sum_{i=1}^{n}(y_i-\beta_0-\beta_1 x_{i1}-\beta_{i2}-\cdots-\beta_{ip})^2 \tag{9-9}$$

达到最小。

当 $(\boldsymbol{X}^{\mathrm{T}}\boldsymbol{X})^{-1}$ 存在时，推导可得回归参数的最小二乘估计为

$$\hat{\beta}=(\boldsymbol{X}^{\mathrm{T}}\boldsymbol{X})^{-1}\boldsymbol{X}^{\mathrm{T}}\boldsymbol{y} \tag{9-10}$$

并称

$$\hat{y}=\hat{\beta}_0+\hat{\beta}_1 x_1+\hat{\beta}_2 x_2+\cdots+\hat{\beta}_p x_p \tag{9-11}$$

为经验回归方程。

$$e_i=y_i-\hat{y}_i \tag{9-12}$$

为 $y_i(i=1,2,\cdots,n)$ 的残差。$\boldsymbol{e}=(e_1,e_2,\cdots,e_n)^{\mathrm{T}}=\boldsymbol{y}-\hat{\boldsymbol{y}}$ 为回归残差向量。

误差项方差 σ^2 的无偏估计为

$$\hat{\sigma}^2=\frac{1}{n-p-1}\mathrm{SSE}=\frac{1}{n-p-1}(\boldsymbol{e}^{\mathrm{T}}\boldsymbol{e})=\frac{1}{n-p-1}\sum_{i=1}^{n}e_i^2 \tag{9-13}$$

2）回归参数的最大似然估计（MLE）

多元线性回归参数的 MLE 与一元线性回归时 MLE 的思想也是一致的。并且在正态假定的条件下，回归参数 β 的 MLE 与 OLSE 完全相同，即

$$\hat{\beta}=(\boldsymbol{X}^{\mathrm{T}}\boldsymbol{X})^{-1}\boldsymbol{X}^{\mathrm{T}}\boldsymbol{y} \tag{9-14}$$

误差项方差 σ^2 的 MLE 为

$$\hat{\sigma}_L^2=\frac{1}{n}\mathrm{SSE}=\frac{1}{n}(\boldsymbol{e}^{\mathrm{T}}\boldsymbol{e}) \tag{9-15}$$

这是σ^2的有偏估计，但是它满足一致性。在大样本的情况下，是σ^2的渐近无偏估计量。

2. 方差分析与回归参数检验

在实际问题的研究中，我们不能事先确定随机变量y与$x_1,x_2,\cdots,x_p$之间是否存在线性关系，只能根据定性分析所作的假设，用多元线性回归方程去拟合随机变量y与变量$x_1,x_2,\cdots,x_p$之间的关系。因此，在求出线性回归方程后，还需要对方程进行显著性检验。下面介绍两种统计检验方法，一种是检验回归方程显著性的F检验，另一个是检验回归系数显著性的t检验。

1) F检验

对多元线性回归方程的显著性进行F检验就是要看自变量$x_1,x_2,\cdots,x_p$从整体上对随机变量y是否具有明显的影响。为此提出原假设

$$H_0: \beta_1 = \beta_2 = \cdots = \beta_p$$

如果H_0被接受，则表明随机变量y与$x_1,x_2,\cdots,x_p$之间的关系式由线性回归模型表示不合适。

在SPSS中可以通过方差分析表(见表9-1)来进行F检验的分析和判断。

表9-1 方差分析表

方差来源	平方和	自由度	均方	F值	P值
回归	SSR	p	SSR/p	$\dfrac{\text{SSR}/p}{\text{SSE}/(n-p-1)}$	$P(F>F\text{值})=P$值
残差	SSE	$n-p-1$	SSE/$(n-p-1)$		
综合	SST	$n-1$			

当P值$<\alpha$时，拒绝原假设H_0，认为在显著性水平α下，y对$x_1,x_2,\cdots,x_p$有显著的线性关系，亦即回归方程是显著的。更通俗一些说，就是接受“自变量全体对因变量产生线性影响”这一结论犯错误的概率不超过α；反之，当P值$>\alpha$时，接受原假设H_0，则认为回归方程不显著。

2) 回归系数的显著性检验

在多元线性回归中，回归方程显著并不意味着每个自变量对y的影响都显著，因此我们希望从回归方程中剔除那些次要的、可有可无的变量，重新建立更为简单的回归方程。所以就需要我们对每个自变量进行显著性检验。

显然，如果某个自变量x_j对y的作用不显著，那么在回归模型中，它的系数β_j就取值为零。因此，检验变量x_j是否显著，等价于检验假设

$$H_{0j}: \beta_j = 0, \quad j = 1,2,\cdots,p$$

如果接受原假设，则 x_j 不显著；如果拒绝原假设，则 x_j 是显著的。在SPSS中可以通过 t 统计量的值与显著性水平来进行判断（见表9-2）。

表9-2 回归系数估计检验表

模型	非标准化系数		标准化系数	t 值	P 值
常量自变量	系数 $\hat{\beta}_j$	标准误差 $\sqrt{c_{jj}}\hat{\sigma}$		$\hat{\beta}_j/\sqrt{c_{jj}}\hat{\sigma}$	$P(\|t\|>t$ 值$)=P$ 值

t 统计量为

$$t_j=\frac{\hat{\beta}_j}{\sqrt{c_{jj}}\,\hat{\sigma}} \tag{9-16}$$

其中

$$(\boldsymbol{X}^{\mathrm{T}}\boldsymbol{X})^{-1}=(c_{ij}),\quad i,j=0,1,2,\cdots,p$$

$$\hat{\sigma}=\sqrt{\frac{1}{n-p-1}\sum_{i=1}^{n}e_i^2}=\sqrt{\frac{1}{n-p-1}\sum_{i=1}^{n}(y_i-\hat{y}_i)^2} \tag{9-17}$$

是回归标准差。

当原假设 $H_{0j}:\beta_j=0$ 成立时，式(9-16)构造的 t_j 统计量服从自由度为 $n-p-1$ 的 t 分布。对给定显著性水平 α，当 P 值 $<\alpha$ 时拒绝原假设 $H_{0j}:\beta_j=0$，认为 β_j 显著不为零，自变量 x_j 对因变量 y 的线性效果显著；当 P 值 $\geqslant\alpha$ 时接受原假设 $H_{0j}:\beta_j=0$，认为 β_j 为零，自变量 x_j 对因变量 y 的线性效果不显著。

3）回归系数的置信区间

当我们有了参数向量 β 的估计量 $\hat{\beta}$ 时，$\hat{\beta}$ 与 β 的接近度如何？这就需要构造一个以 $\hat{\beta}_j$ 为中心的区间，该区间以一定的概率包含 β_j。仿照一元线性回归系数区间估计的推导过程，可得 β_j 的置信度为 $1-\alpha$ 的置信区间为

$$(\hat{\beta}_j-t_{\alpha/2}\sqrt{c_{jj}}\,\hat{\sigma},\hat{\beta}_j+t_{\alpha/2}\sqrt{c_{jj}}\,\hat{\sigma}) \tag{9-18}$$

4）拟合优度

拟合优度用于检验回归方程对样本观测值的拟合程度。类似于一元线性回归，可以定义样本决定系数为

$$R^2=\frac{\mathrm{SSR}}{\mathrm{SST}}=1-\frac{\mathrm{SSE}}{\mathrm{SST}} \tag{9-19}$$

样本决定系数 R^2 的取值在[0,1]区间内，R^2 越接近于1，表明回归拟合的效果越好；R^2 越接近于0，表明回归拟合的效果越差。与 F 检验相比，R^2 可以更清楚直观地反映回归拟合的效果，但并不能作为严格的显著性检验。

9.1.3 多元回归案例的上机实现

本节结合实际案例介绍了多元线性回归模型的建立与分析过程。案例采用SPSS19.0 软件随机数据 Catalog.sav 来实现。

【例 9-1】 某商场男装销售的多元回归模型。为了研究某商场服装销售额与该商场商品服务质量之间的关系，以男装销售额 Men 作为因变量，以商品目录邮寄数 Mail、商品目录中的页数 Page、用于订购的电话数 Phone、印刷广告的费用 Print 以及客服代表数 Service 为自变量，建立多元线性回归模型，操作步骤如下。

1. 作数据散点图

作数据散点图可以观察因变量与自变量之间的关系是否有线性特点。

(1) 利用 SPSS19.0 软件随机数据，按照**"图形"→"旧对话框"→"散点/点状"→"简单散点图"**顺序展开如图 9-1 所示的对话框。

图 9-1 简单散点图选择框

(2) 将变量男装销售额(Sales of Men's Clothing)、商品目录邮寄数(Number of Catalogs Mailed)依次选入 Y 轴与 X 轴，单击"确定"按钮，如图 9-2 所示。

生成的图形见图 9-3。根据同样的操作方法可以作以男装销售作为 Y 轴，分别以其他的自变量为 X 轴的散点图。

从图中可以看出男装销售量与商品目录邮寄数存在着线性关系，由此可以判定建立线性模型是合适的。对其他引入模型的变量，如商品目录中的页数、用

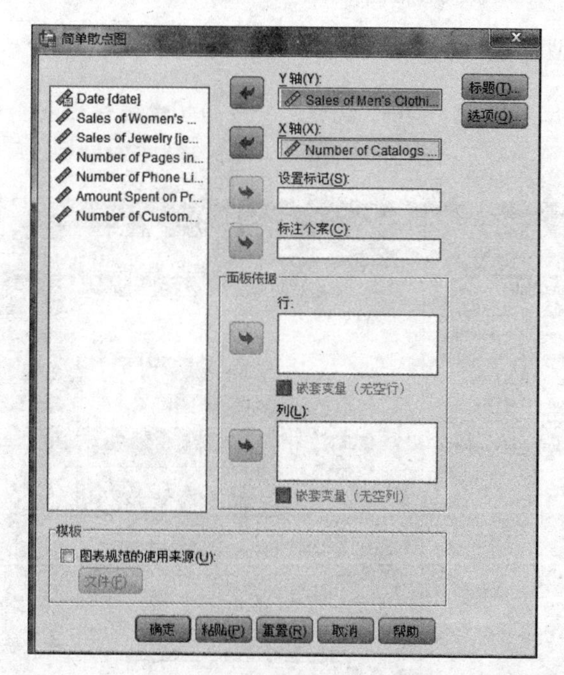

图 9-2　“简单散点图”对话框

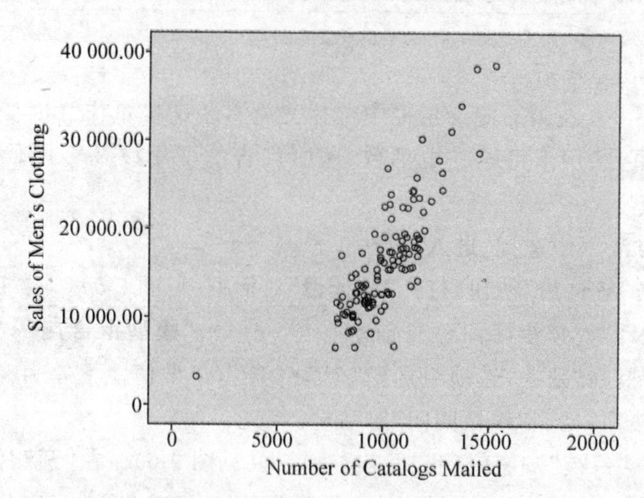

图 9-3　男装销售量与商品目录邮寄数散点图

于订购的电话数、印刷广告的费用以及客服代表数，也应该作出散点图，以助判断。

2. 回归模型的建立

(1) 按“**分析**”→“**回归**”→“**线性**”顺序打开“**线性回归**”对话框如图 9-4 所示。

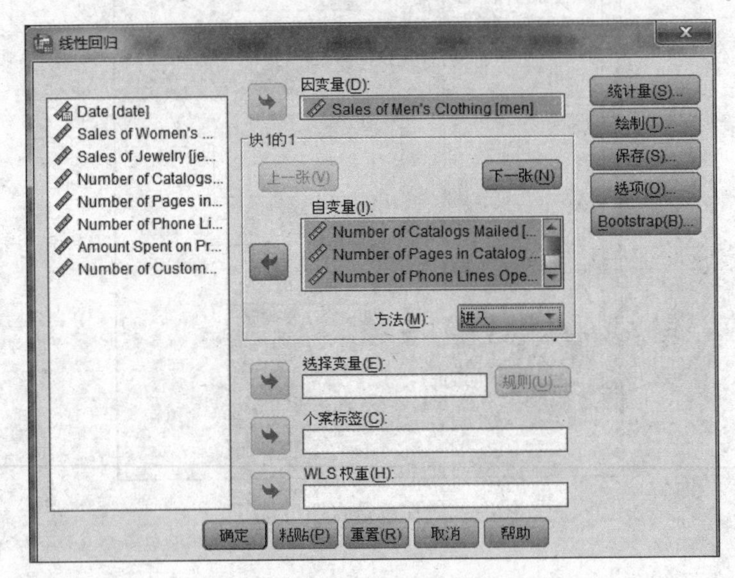

图 9-4 “线性回归”对话框

(2) 在图 9-4 左侧的源变量框中选择变量男装销售量作为因变量。选择商品目录中的页数、用于订购的电话数、印刷广告的费用以及客服代表数作为自变量。

(3) 在方法框中选择“**进入**”方法。

(4) 单击“**统计量**”按钮，打开“**统计量**”对话框(见图 9-5)。在“**回归系数**”选项组选择“**估计**”、“**置信区间**”(置信水平为 95%)、“**模型拟合度**”、“**R 方变化**”、“**共线性诊断**”；在“**残差**”选项组选择“**个案诊断**”(离散值上下差为 3 个标准差)。单击“**继续**”按钮，回到“**线性回归**”对话框。

(5) 单击“**保存**”按钮，打开“**保存**”对话框(见图 9-6)。在“**预测值**”选项组选择“**未标准化**”、“**标准化**”，在“**残差**”选项组选择“**未标准化**”、“**标准化**”，在“**距离**”选项组选择“**Mahalanobis 距离**”，在“**影响统计量**”选项组选择“**标准化 DfBeta**”，在“**预测区间**”选项组选择“**均值**”(置信度在 95%水平)。单击“**继续**”按钮，回到“**线性回归**”对话框。

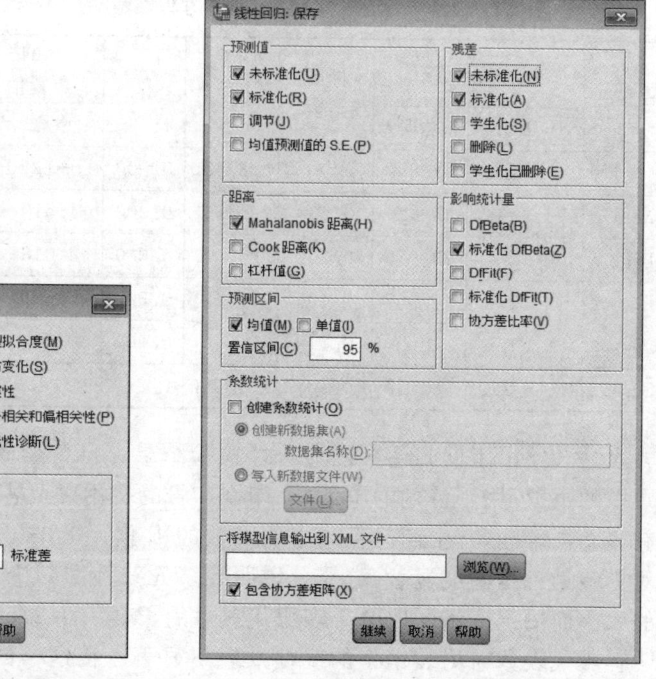

图 9-5　“统计量”对话框　　　　图 9-6　“保存”对话框

(6) 单击“**确定**”按钮，得到输出结果见表 9-3～表 9-5。

表 9-3　模型汇总

模型	R	R^2	调整 R^2	标准估计的误差
1	0.892	0.796	0.787	2917.352 90

表 9-4　方差分析表

模型		平方和	df	均方	F	Sig.
1	回归	3.790E9	5	7.581E8	89.071	0.000
	残差	9.702E8	114	8 510 947.953		
	总计	4.761E9	119			

由该表可知，复相关系数 $R=0.892$，决定系数 $R^2=0.796$，由决定系数看回归方程显著。

由方差分析表可以看出，P 值$=0.000$，表明回归方程显著，说明商品目录中的页数、用于订购的电话数、印刷广告的费用以及客服代表数整体上对男装销售有显著的线性影响。

表 9-5　回归方程系数

模型		非标准化系数		标准系数	t	Sig.	B 的 95.0% 置信区间		共线性统计量	
		B	标准误差				下限	上限	容差	VIF
1	（常量）	−24 498	2888		−8.482	0.000	−30 220	−18 777		
	Mail	1.973	0.233	0.530	8.454	0.000	1.510	2.435	0.456	2.194
	Page	49.453	20.916	0.102	2.364	0.020	8.018	90.887	0.963	1.039
	Phone	348.158	44.367	0.466	7.847	0.000	260.267	436.048	0.507	1.972
	Print	0.215	0.079	0.119	2.740	0.007	0.060	0.371	0.946	1.057
	Service	−41.720	38.059	−0.072	−1.096	0.275	−117.115	33.675	0.412	2.425

表 9-5 给出了回归系数的显著性检验结果。自变量商品目录邮寄数、商品目录中的页数、用于订购的电话数、印刷广告的费用以及客服代表数对男装销售均有显著性影响，其中商品目录中的页数的 P 值＝0.020，在 5% 的显著性水平上对男装销售是高度显著，这充分说明在多元线性回归中不能仅凭简单相关系数的大小而决定变量的取舍。客服代表数的 P 值＝0.275 最大，没有通过检验，表明客服代表数对男装销售的线性效果不显著。在这个回归方程中，常数项和客服代表数的系数均为负数，这个显然是不合理的，这说明自变量之间和常数项与其他自变量之间可能存在共线性问题。通常处理共线性问题的方法有：从有共线性问题的自变量中剔除不重要的自变量，增加样本量，重新抽取样本数据。不同样本的观测量的共线性是不一致的，所以重新抽取样本数据有可能减少共线性问题的严重程度。

在此，我们采取变量逐步进入的方式解决共线性问题，如图 9-7 所示。

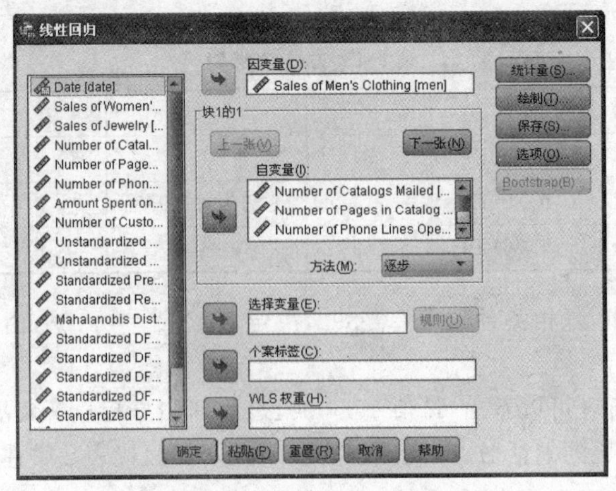

图 9-7　逐步线性回归对话框

运行结果见表 9-6～表 9-8。

表 9-6　模型汇总

模型	R	R^2	调整 R^2	标准估计的误差
4	0.891[d]	0.794	0.787	2919.909 29

表 9-7　方差分析表

模型		平方和	df	均方	F	Sig.
4	回归	3.780E9	4	9.450E8	110.844	0.000
	残差	9.805E8	115	8 525 870.266		
	总计	4.761E9	119			

表 9-8　回归方程系数

模型		非标准化系数		标准系数	t	Sig.
		B	标准误差			
4	（常量）	−23 898.558	2838.361		−8.420	0.000
	Mail	1.847	0.203	0.496	9.083	0.000
	Phone	327.802	40.329	0.439	8.128	0.000
	Print	0.208	0.078	0.115	2.656	0.009
	Page	50.508	20.912	0.104	2.415	0.017

由回归方程系数表可以得出回归方程为

$$\text{Men} = -23\,898.558 + 1.847\text{Mail} + 327.802\text{Phone} + 0.208\text{Print} + 50.508\text{Page} \tag{9-20}$$

9.2　多重多元回归分析

9.2.1　多重多元回归的数学模型

由于线性回归模型应用面很广，许多非线性回归问题可以通过引进新变量化为线性回归。因此，我们重点讨论多重多元线性回归模型。

设有 m 个自变量 $x_1, x_2, \cdots, x_m$，对应 p 个因变量 $y_1, y_2, \cdots, y_p$，假定它们之间有线性关系式：

$$\begin{cases} y_1 = \beta_{01} + \beta_{11}x_1 + \beta_{21}x_2 + \cdots + \beta_{m1}x_m + \varepsilon_1 \\ y_2 = \beta_{02} + \beta_{12}x_1 + \beta_{22}x_2 + \cdots + \beta_{m2}x_m + \varepsilon_2 \\ \vdots \\ y_p = \beta_{0p} + \beta_{1p}x_1 + \beta_{2p}x_2 + \cdots + \beta_{mp}x_m + \varepsilon_p \end{cases} \tag{9-21}$$

其中,$\beta_{ij}(i=0,1,\cdots,m;j=1,2,\cdots,p)$是未知参数;$\varepsilon_j(j=1,2,\cdots,p)$是随机误差项,它们不是相互独立的,通常假设它们服从多元正态分布即

$$(\varepsilon_1,\varepsilon_2,\cdots,\varepsilon_p)' \sim N_p(0,\boldsymbol{\Sigma})$$

其中,$\Sigma=(\sigma_{ij})$为未知的协方差矩阵。

由于用矩阵来研究多元线性回归较方便,因此上述数学模型写成矩阵形式如下。

$$\begin{bmatrix} y_1 \\ y_2 \\ \vdots \\ y_p \end{bmatrix} = \begin{bmatrix} \beta_{01} & \beta_{11} & \cdots & \beta_{m1} \\ \beta_{02} & x_{12} & \cdots & \beta_{m2} \\ \vdots & \vdots & \ddots & \vdots \\ \beta_{0p} & x_{1p} & \cdots & \beta_{mp} \end{bmatrix} \begin{bmatrix} 1 \\ x_1 \\ \vdots \\ x_m \end{bmatrix} + \begin{bmatrix} \varepsilon_1 \\ \varepsilon_2 \\ \vdots \\ \varepsilon_p \end{bmatrix} \tag{9-22}$$

统计问题就是从已知的 m 个自变量,p 个因变量的 n 组实测数据出发,求未知常数 β_{ij} 的估计值$\hat{\beta}_{ij}$,并对误差 ε_j 作出估计和推断。

与一元统计分析一样,将略去误差项而得到的关系式

$$\hat{y}_j = \hat{\beta}_{0j} + \hat{\beta}_{1j}x_1 + \cdots + \hat{\beta}_{mj}x_m, \quad j=1,2,\cdots,p \tag{9-23}$$

称为回归方程,$\hat{\beta}_{ij}(i=1,2,\cdots,m;j=1,2,\cdots,p)$为回归系数,$\hat{\beta}_{0j}(j=1,2,\cdots,p)$为常数项。

设有 n 组自变量与因变量的实测数据:

$$(x_{11},x_{12},\cdots,x_{1m};y_{11},y_{12},\cdots,y_{1p})$$
$$(x_{21},x_{22},\cdots,x_{2m};y_{21},y_{22},\cdots,y_{2p})$$
$$\vdots$$
$$(x_{n1},x_{n2},\cdots,x_{nm};y_{n1},y_{n2},\cdots,y_{np})$$

将数据写成矩阵分别用 $\boldsymbol{X},\boldsymbol{Y}$ 表示:

$$\boldsymbol{X} = \begin{bmatrix} x_{11} & x_{12} & \cdots & x_{1m} \\ x_{21} & x_{22} & \cdots & x_{2m} \\ \vdots & \vdots & \ddots & \vdots \\ x_{n1} & x_{n2} & \cdots & x_{nm} \end{bmatrix}, \quad \boldsymbol{Y} = \begin{bmatrix} y_{11} & y_{12} & \cdots & y_{1p} \\ y_{21} & y_{22} & \cdots & y_{2p} \\ \vdots & \vdots & \ddots & \vdots \\ y_{n1} & y_{n2} & \cdots & y_{np} \end{bmatrix} \tag{9-24}$$

将 n 组数据代入到多元回归模型中即有

$$\begin{bmatrix} y_{11} & y_{12} & \cdots & y_{1p} \\ y_{21} & y_{22} & \cdots & y_{2p} \\ \vdots & \vdots & \ddots & \vdots \\ y_{n1} & y_{n2} & \cdots & y_{np} \end{bmatrix} = \begin{bmatrix} 1 & x_{11} & \cdots & x_{1m} \\ 1 & x_{21} & \cdots & x_{2m} \\ \vdots & \vdots & \ddots & \vdots \\ 1 & x_{n1} & \cdots & x_{nm} \end{bmatrix} \begin{bmatrix} \beta_{01} & \beta_{02} & \cdots & \beta_{0p} \\ \beta_{11} & \beta_{12} & \cdots & \beta_{1p} \\ \vdots & \vdots & \ddots & \vdots \\ \beta_{m1} & \beta_{m2} & \cdots & \beta_{mp} \end{bmatrix} + \begin{bmatrix} \varepsilon_{11} & \varepsilon_{12} & \cdots & \varepsilon_{1p} \\ \varepsilon_{21} & \varepsilon_{22} & \cdots & \varepsilon_{2p} \\ \vdots & \vdots & \ddots & \vdots \\ \varepsilon_{n1} & \varepsilon_{n2} & \cdots & \varepsilon_{np} \end{bmatrix} \tag{9-25}$$

记 $\mathbf{1}=(1,1,\cdots,1)^{\mathrm{T}}$，$\beta_0^{\mathrm{T}}=(\beta_{01},\beta_{02},\cdots,\beta_{0p})$，

$$\beta = \begin{bmatrix} \beta_{11} & \beta_{12} & \cdots & \beta_{1p} \\ \beta_{21} & \beta_{22} & \cdots & \beta_{2p} \\ \vdots & \vdots & \ddots & \vdots \\ \beta_{m1} & \beta_{m2} & \cdots & \beta_{mp} \end{bmatrix}, \quad \varepsilon = \begin{bmatrix} \varepsilon_{11} & \varepsilon_{12} & \cdots & \varepsilon_{1p} \\ \varepsilon_{21} & \varepsilon_{22} & \cdots & \varepsilon_{2p} \\ \vdots & \vdots & \ddots & \vdots \\ \varepsilon_{n1} & \varepsilon_{n2} & \cdots & \varepsilon_{np} \end{bmatrix} \tag{9-26}$$

于是多重多元线性回归模型可写成：

$$\boldsymbol{Y}=(\mathbf{1}\ \boldsymbol{X})\begin{bmatrix} \beta_0^{\mathrm{T}} \\ \beta \end{bmatrix}+\varepsilon \tag{9-27}$$

$n>m+1$，$\mathrm{rank}(\mathbf{1}\boldsymbol{X})=m+1$，$\varepsilon$ 的各行向量$(\varepsilon_{a1},\varepsilon_{a2},\cdots,\varepsilon_{ap})(a=1,2,\cdots,n)$是相互独立且同服从分布 $N(0,\Sigma)$。

注意：组与组之间的随机误差项是相互独立的，但组内可以是不独立的，即每一行内部可以是不独立的。

9.2.2　多重多元回归分析的基本思想

一般我们做的多元回归分析是一个因变量对多个自变量的回归，多重多元回归分析是在多元回归分析的基础上增加因变量的个数，即多个因变量和多个自变量之间关系的研究。在多元回归分析的基础上我们对多重多元回归分析进行研究，必须要考虑到因变量之间的相关关系，即因变量之间的相互影响关系。依照循序渐进的原则，我们把多重多元回归分析的基本思想归纳如下。

(1) 如果因变量 $y_1,y_2,\cdots,y_p$ 相互独立，即因变量之间两两不相关(相关系数矩阵为单位矩阵)时，由于因变量之间相互不影响，这样就可以将多重多元线性回归模型

$$\begin{cases} y_1 = \beta_{01} + \beta_{11}x_1 + \beta_{21}x_2 + \cdots + \beta_{m1}x_m + \varepsilon_1 \\ y_2 = \beta_{02} + \beta_{12}x_1 + \beta_{22}x_2 + \cdots + \beta_{m2}x_m + \varepsilon_2 \\ \quad \vdots \\ y_p = \beta_{0p} + \beta_{1p}x_1 + \beta_{2p}x_2 + \cdots + \beta_{mp}x_m + \varepsilon_p \end{cases} \tag{9-28}$$

变成 p 个独立的多元线性回归模型

$$y_j = \beta_{0j} + \beta_{1j}x_1 + \beta_{2j}x_2 + \cdots + \beta_{mj}x_m + \varepsilon_j, \quad j = 1,2,\cdots,p \tag{9-29}$$

来求解。

(2) 当因变量之间存在相关关系，但($y_1,y_2,\cdots,y_p$)构成一个线性无关组时，可通过构造中间变量组转换的方式解决。中间变量是因变量的线性组合，且它们之间相互独立，这正是因子分析中因子的构建思想，也就是说，我们可以用全部因子($f_1,f_2,\cdots,f_p$)作为中间变量组，由因子分析和高等代数(或线性代数)的知识，则有：因子是因变量的线性组合；因变量组和中间变量组均为线性无关组且变量的个数相等。从而因变量组与中间变量组可以互相线性表示。关于 $f_1,f_2,\cdots,f_p$ 与自变量之间的多重多元回归分析可参照第(1)种情况解决。具体步骤如下。

设有 m 个自变量 $x_1,x_2,\cdots,x_m$，对应 p 个因变量 $y_1,y_2,\cdots,y_p$，且($y_1,y_2,\cdots,y_p$)为一个线性无关组，由于中间变量(全部因子)为标准化变量，为方便计算，首先对所有因变量和自变量进行标准化，得到标准化后的因变量 $zy_1,zy_2,\cdots,zy_p$ 和自变量 $zx_1,zx_2,\cdots,zx_m$。

① 对 p 个因变量 $zy_1,zy_2,\cdots,zy_p$ 的 n 个观测进行因子分析，提取所有因子 $f_1,f_2,\cdots,f_p$，并计算因子得分。由因子得分系数矩阵，我们得到

$$\begin{bmatrix} f_1 \\ f_2 \\ \vdots \\ f_p \end{bmatrix} = \begin{bmatrix} a_{11} & a_{12} & \cdots & a_{1p} \\ a_{21} & a_{22} & \cdots & a_{2p} \\ \vdots & \vdots & & \vdots \\ a_{p1} & a_{p2} & \cdots & a_{pp} \end{bmatrix} \begin{bmatrix} zy_1 \\ zy_2 \\ \vdots \\ zy_p \end{bmatrix} \tag{9-30}$$

其中，$\boldsymbol{A} = \begin{bmatrix} a_{11} & a_{12} & \cdots & a_{1p} \\ a_{21} & a_{22} & \cdots & a_{2p} \\ \vdots & \vdots & & \vdots \\ a_{p1} & a_{p2} & \cdots & a_{pp} \end{bmatrix}$ 为因子得分系数矩阵。易知 $\boldsymbol{A}$ 可逆，即存在 $\boldsymbol{A}^{-1}$，并且 $f_1,f_2,\cdots,f_p$ 是相互独立的。

② 对由全部因子组成的新的因变量 $f_1,f_2,\cdots,f_p$ 和自变量 $zx_1,zx_2,\cdots,zx_m$ 以第(1)种方法进行多重多元回归分析，得到回归模型：

$$f_j = \beta_{1j}zx_1 + \beta_{2j}zx_2 + \cdots + \beta_{mj}zx_m, \quad j = 1,2,\cdots,p \tag{9-31}$$

写成矩阵形式为

$$
\begin{bmatrix} f_1 \\ f_2 \\ \vdots \\ f_p \end{bmatrix} = \begin{bmatrix} \beta_{11} & \beta_{21} & \cdots & \beta_{m1} \\ \beta_{12} & \beta_{22} & \cdots & \beta_{m2} \\ \vdots & \vdots & & \vdots \\ \beta_{1p} & \beta_{2p} & \cdots & \beta_{mp} \end{bmatrix} \begin{bmatrix} zx_1 \\ zx_2 \\ \vdots \\ zx_m \end{bmatrix} \tag{9-32}
$$

其中，$\beta = \begin{bmatrix} \beta_{11} & \beta_{21} & \cdots & \beta_{m1} \\ \beta_{12} & \beta_{22} & \cdots & \beta_{m2} \\ \vdots & \vdots & & \vdots \\ \beta_{1p} & \beta_{2p} & \cdots & \beta_{mp} \end{bmatrix}$ 为回归方程的系数矩阵。

③ 由(9-30)、(9-32)两式，我们可以得到

$$
\begin{bmatrix} a_{11} & a_{12} & \cdots & a_{1p} \\ a_{21} & a_{22} & \cdots & a_{2p} \\ \vdots & \vdots & & \vdots \\ a_{p1} & a_{p2} & \cdots & a_{pp} \end{bmatrix} \begin{bmatrix} zy_1 \\ zy_2 \\ \vdots \\ zy_p \end{bmatrix} = \begin{bmatrix} \beta_{11} & \beta_{21} & \cdots & \beta_{m1} \\ \beta_{12} & \beta_{22} & \cdots & \beta_{m2} \\ \vdots & \vdots & & \vdots \\ \beta_{1p} & \beta_{2p} & \cdots & \beta_{mp} \end{bmatrix} \begin{bmatrix} zx_1 \\ zx_2 \\ \vdots \\ zx_m \end{bmatrix} \tag{9-33}
$$

即

$$
\begin{bmatrix} zy_1 \\ zy_2 \\ \vdots \\ zy_p \end{bmatrix} = \begin{bmatrix} a_{11} & a_{12} & \cdots & a_{1p} \\ a_{21} & a_{22} & \cdots & a_{2p} \\ \vdots & \vdots & & \vdots \\ a_{p1} & a_{p2} & \cdots & a_{pp} \end{bmatrix}^{-1} \begin{bmatrix} \beta_{11} & \beta_{21} & \cdots & \beta_{m1} \\ \beta_{12} & \beta_{22} & \cdots & \beta_{m2} \\ \vdots & \vdots & & \vdots \\ \beta_{1p} & \beta_{2p} & \cdots & \beta_{mp} \end{bmatrix} \begin{bmatrix} zx_1 \\ zx_2 \\ \vdots \\ zx_m \end{bmatrix} \tag{9-34}
$$

从而我们得到了 $zy_1, zy_2, \cdots, zy_p$ 对 $zx_1, zx_2, \cdots, zx_m$ 的回归方程。进一步我们可以得到 $y_1, y_2, \cdots, y_p$ 对 $x_1, x_2, \cdots, x_m$ 的回归方程。

(3) 当因变量之间存在相关关系，且因变量作为向量组构成一个线性相关组时，则需在因变量组成的向量组中找出其极大线性无关组，其余因变量可由其极大无关组线性表示。对极大线性无关组中的因变量与自变量之间的多重多元回归分析问题，可以用第(2)种方法解决。

9.2.3 多重多元回归分析的上机实现

下面我们以 SPSS19.0 自带随机数据集 Catalog. sav 为例，以男装(Men)、女装(Women)和珠宝(Jewel)销售额为因变量，以商品目录邮寄数(Mail)、商品目录中的页数 Page、用于订购的电话数(Phone)、印刷广告的费用(Print)以及客服代表数(Service)为自变量，进行多重多元回归分析。

根据前面的介绍，多重多元线性回归分析的具体软件操作如下。

1. 变量的标准化处理

首先打开数据集，然后在菜单中依次选择“**分析**”→“**描述统计**”→“**描述**”，打开如图 9-8 所示的描述性统计对话框，将因变量和自变量选入变量框，选中“**将标准化得分另存为变量**”复选框，单击“**确定**”按钮，就可以进行变量的标准化处理。

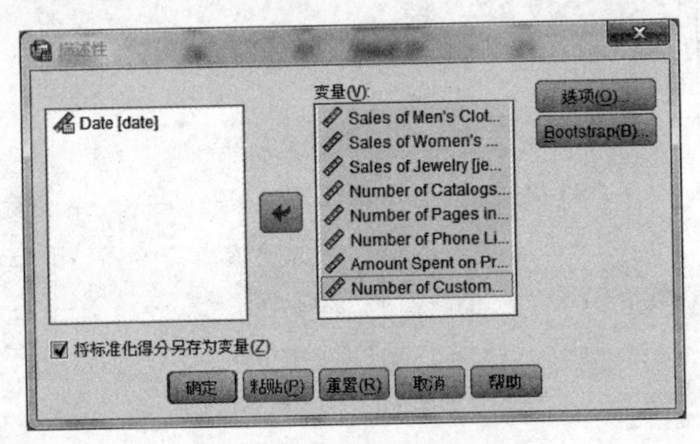

图 9-8 “描述性”对话框

2. 因子分析

在因子分析过程中，将标准化后的因变量选择为分析变量，因子个数的选择方式为基于特征值的抽取，选择特征值大于 0 的选项。如果因子的个数与分析变量的个数相同，说明分析变量可以构成一个线性无关组，否则构成一个线性相关组。保存因子得分，并选择显示因子得分系数矩阵。其操作过程如图 9-9～图 9-12 所示。

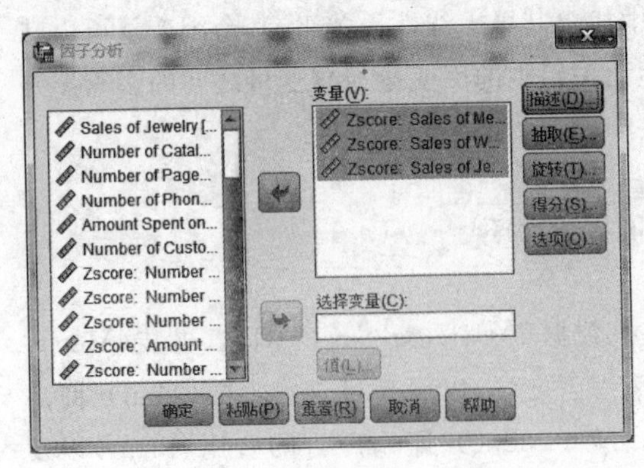

图 9-9 “因子分析”对话框

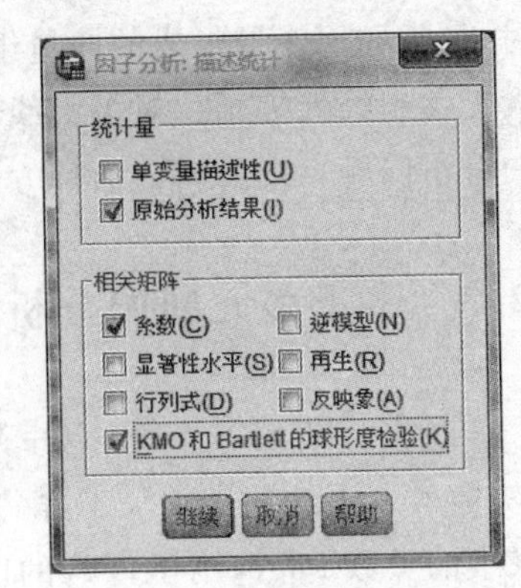

图 9-10 “因子分析：描述统计”对话框

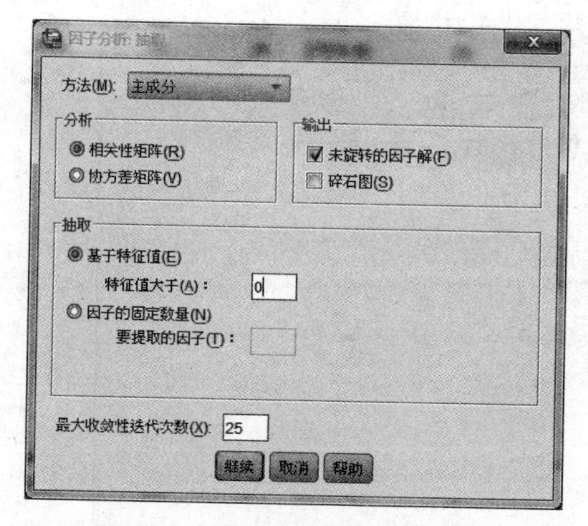

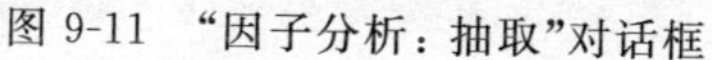
图 9-11　“因子分析：抽取”对话框

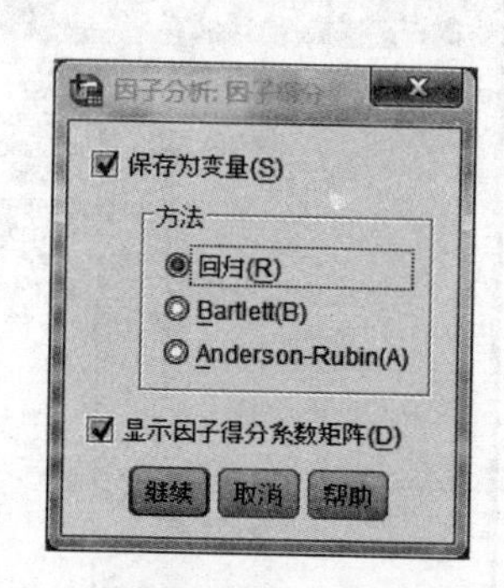

图 9-12　“因子分析：因子得分”对话框

3. 回归分析

依次选择“**分析**”→“**回归**”→“**线性**”进入“**线性回归**”对话框。在图 9-13 中选择 Fac1_1 进入因变量，选择标准化后的 5 个自变量进入自变量列表框，为了排除共线性选择“**逐步**”回归的方法，再选择“**粘贴**”选项进入编程状态，对回归的因变量加入 Fac2_ 1 和 Fac3_1，从而对 3 个因子作为因变量各自进行多元回归，如图 9-14 所示。

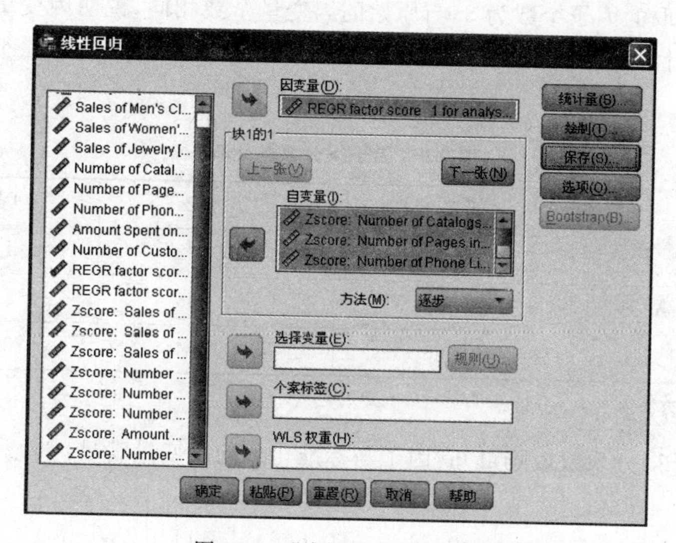

图 9-13　“线性回归”对话框

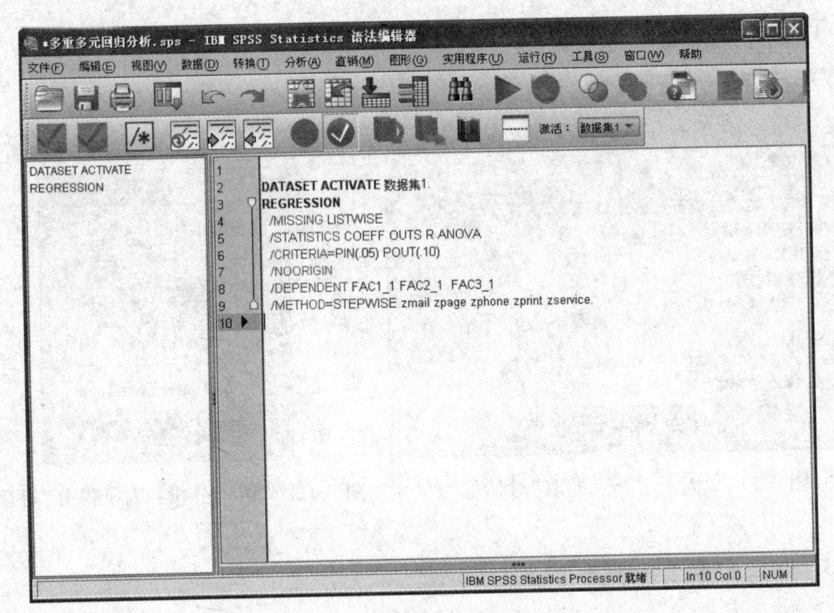

图 9-14　SPSS 的程序编辑窗口

4. 运行结果及分析

1）因子分析结果及分析

由于提取的因子个数为 3，与原始的因变量个数相同，说明因变量作为向量构成一个线性无关向量组；由相关系数矩阵可以看出，因变量之间是彼此线性相关的。

表 9-9　因子得分系数矩阵

	因子 1	因子 2	因子 3
ZMen	0.372	−0.712	1.574
ZWomen	0.373	−0.666	−1.605
ZJewel	0.356	1.444	0.035

注：提取方法为主成分分析。

由因子得分系数矩阵可知，因子与标准化后的因变量满足：

$$\begin{bmatrix} \text{Fac1\_1} \\ \text{Fac2\_1} \\ \text{Fac3\_1} \end{bmatrix} = \begin{bmatrix} 0.372 & 0.373 & 0.356 \\ -0.712 & -0.666 & 1.444 \\ 1.574 & -1.605 & 0.035 \end{bmatrix} \begin{bmatrix} \text{ZMen} \\ \text{ZWomen} \\ \text{ZJewel} \end{bmatrix} \tag{9-35}$$

从而

$$\begin{bmatrix} \text{ZMen} \\ \text{ZWomen} \\ \text{ZJewel} \end{bmatrix} = \begin{bmatrix} 0.372 & 0.373 & 0.356 \\ -0.712 & -0.666 & 1.444 \\ 1.574 & -1.605 & 0.035 \end{bmatrix}^{-1} \begin{bmatrix} \text{Fac1\_1} \\ \text{Fac2\_1} \\ \text{Fac3\_1} \end{bmatrix}$$

$$= \begin{bmatrix} 0.921 & -0.235 & 0.311 \\ 0.923 & -0.220 & -0.317 \\ 0.880 & 0.475 & 0.007 \end{bmatrix} \begin{bmatrix} \text{Fac1\_1} \\ \text{Fac2\_1} \\ \text{Fac3\_1} \end{bmatrix} \tag{9-36}$$

2）回归分析结果及分析

回归分析的运行结果见表 9-10～表 9-15。

表 9-10　方差分析表

模型		平方和	df	均方	*F*	Sig.
4	回归	78.239	4	19.560	55.185	0.000[d]
	残差	40.761	115	0.354		
	总计	119.000	119			

注：因变量为 Fac1_1。

表 9-11　回归方程系数

模型		非标准化系数		标准系数	*t*	Sig.
		B	标准误差	试用版		
4	（常量）	−1.183E−15	0.054		0.000	1.000
	ZMail	0.498	0.070	0.498	7.079	0.000
	ZPrint	0.326	0.056	0.326	5.826	0.000
	ZPhone	0.216	0.070	0.216	3.104	0.002
	ZPages	0.116	0.056	0.116	2.087	0.039

注：因变量为 Fac1_1。

表 9-12　方差分析表

模型		平方和	df	均方	*F*	Sig.
3	回归	58.872	3	19.624	37.859	0.000[c]
	残差	60.128	116	0.518		
	总计	119.000	119			

注：因变量为 Fac2_1。

表 9-13 回归方程系数

模型		非标准化系数		标准系数	t	Sig.
		B	标准误差	试用版		
3	(常量)	−5.902E−16	0.066		0.000	1.000
	ZService	−0.589	0.067	−0.589	−8.732	0.000
	ZPrint	0.439	0.067	0.439	6.531	0.000
	ZPage	−0.197	0.066	−0.197	−2.958	0.004

注：因变量为 Fac2_1。

表 9-14 方差分析表

模型		平方和	df	均方	F	Sig.
5	回归	64.190	5	12.838	26.702	0.000e
	残差	54.810	114	0.481		
	总计	119.000	119			

注：因变量为 Fac3_1。

表 9-15 回归方程系数

模型		非标准化系数		标准系数	t	Sig.
		B	标准误差	试用版		
5	(常量)	−4.954E−16	0.063		0.000	1.000
	ZPhone	0.807	0.089	0.807	9.043	0.000
	ZService	−0.758	0.099	−0.758	−7.656	0.000
	ZPrint	−0.246	0.065	−0.246	−3.767	0.000
	ZMail	0.300	0.094	0.300	3.187	0.002
	ZPage	−0.157	0.065	−0.157	−2.421	0.017

注：因变量为 Fac3_1。

由方差分析表 9-10、表 9-12 和表 9-14 可以看出，所有因子与自变量之间的多元回归方程都是显著的。而由回归方程系数表 9-11、表 9-13、表 9-15，我们可以得到下列回归方程：

$$\begin{aligned}
\text{Fac1_1} &= 0.498\text{ZMail} + 0.116\text{ZPage} + 0.216\text{ZPhone} + 0.326\text{ZPrint} \\
\text{Fac2_1} &= -0.197\text{ZPage} + 0.439\text{ZPrint} - 0.589\text{ZService} \\
\text{Fac3_1} &= 0.300\text{ZMail} - 0.157\text{ZPage} + 0.807\text{ZPhone} \\
&\quad - 0.246\text{ZPrint} - 0.758\text{ZService}
\end{aligned} \tag{9-37}$$

用矩阵形式表示为

$$\begin{bmatrix}\text{Fac1\_1}\\ \text{Fac2\_1}\\ \text{Fac3\_1}\end{bmatrix}=\begin{bmatrix}0.498 & 0.116 & 0.216 & 0.326 & 0\\ 0 & -0.197 & 0 & 0.439 & -0.589\\ 0.300 & -0.157 & 0.807 & -0.246 & -0.758\end{bmatrix}\begin{bmatrix}\text{ZMail}\\ \text{ZPage}\\ \text{ZPhone}\\ \text{ZPrint}\\ \text{ZService}\end{bmatrix} \quad (9\text{-}38)$$

3）多重多元回归分析结果

由因子分析和线性回归分析运行的结果，我们可以计算出多重多元回归分析的最终结果。

$$\begin{bmatrix}\text{ZMen}\\ \text{ZWomen}\\ \text{ZJewel}\end{bmatrix}=\begin{bmatrix}0.921 & -0.235 & 0.311\\ 0.923 & -0.220 & -0.317\\ 0.880 & 0.475 & 0.007\end{bmatrix}\begin{bmatrix}\text{Fac1\_1}\\ \text{Fac2\_1}\\ \text{Fac3\_1}\end{bmatrix}$$

$$=\begin{bmatrix}0.921 & -0.235 & 0.311\\ 0.923 & -0.220 & -0.317\\ 0.880 & 0.475 & 0.007\end{bmatrix}$$

$$\times\begin{bmatrix}0.498 & 0.116 & 0.216 & 0.326 & 0\\ 0 & -0.197 & 0 & 0.439 & -0.589\\ 0.300 & -0.157 & 0.807 & -0.246 & -0.758\end{bmatrix}\begin{bmatrix}\text{ZMail}\\ \text{ZPage}\\ \text{ZPhone}\\ \text{ZPrint}\\ \text{ZService}\end{bmatrix}$$

$$=\begin{bmatrix}0.552 & 0.104 & 0.450 & 0.121 & -0.097\\ 0.365 & 0.200 & -0.056 & 0.282 & 0.370\\ 0.440 & 0.007 & 0.196 & 0.494 & -0.285\end{bmatrix}\begin{bmatrix}\text{ZMail}\\ \text{ZPage}\\ \text{ZPhone}\\ \text{ZPrint}\\ \text{ZService}\end{bmatrix} \quad (9\text{-}39)$$

由标准化后变量的多重多元回归分析的结果，可以看出：

男装的销售额 ZMen 与邮寄数 ZMail 和订购的电话数 ZPhone 之间具有较显著的线性关系，即这两者对男装的销售额影响较大。

女装的销售额 ZWomen 受客服代表数 ZService、邮寄数 ZMail 影响最大，其次是印刷广告的费用 ZPrint 和商品目录的页数 ZPage 的影响。

珠宝的销售额 ZJewel 与印刷广告的费用 ZPrint 和邮寄数 ZMail 之间有较强的线性关系，从而这两者是影响珠宝销售的重要因素。

当然，我们可以进一步将上述方程转化为原始变量的多重多元回归方程，只是将各标准化变量用原始变量的表达式代入化简即可，这里不再赘述。

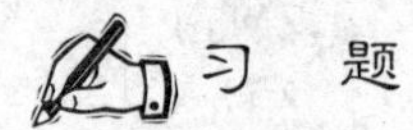

习　题

1. 试分析多元回归与多重多元回归的异同点，并且指出解决多重多元回归问题的思路及方法。

2. 研究 1978—2011 年期间货运总量 y(万吨)与第一产业国内生产总值 x_1(亿元)、第二产业国内生产总值 x_2(亿元)、居民消费支出 x_3(亿元)的关系。数据来源于 2012 年《中国统计年鉴》。

(1) 计算出 y 关于 x_1, x_2, x_3 的相关系数；

(2) 求 y 关于 x_1, x_2, x_3 的三元线性回归方程；

(3) 对回归方程做显著性检验；

(4) 对每一个回归系数做显著性检验；

(5) 求出每一个回归系数的置信水平为 95%的置信区间。

3. 为了研究我国民航客运量的变化趋势及其成因，我们以民航客运量作为因变量 y，以国民收入、消费额、铁路客运量、民航航线里程、来华旅游入境人数为影响民航客运量的主要因素。y 表示民航客运量(万人)，x_1 表示国民收入(亿元)，x_2 表示消费额(亿元)，x_3 表示铁路客运量(万人)，x_4 表示民航航线里程(万公里)，x_5 表示来华旅游入境人数(万人)。根据《1994 年统计年鉴摘要》获得统计数据(见表 9-16)，作出因变量与自变量的回归方程并解释说明。

表 9-16　各变量数据

年份	y	x_1	x_2	x_3	x_4	x_5
1978	231	3010	1888	81 491	14.89	180.92
1979	298	3350	2195	86 389	16.00	420.39
1980	343	3688	2531	92 204	19.53	570.25
1981	401	3941	2799	95 300	21.82	776.71
1982	445	4258	3054	99 922	23.27	792.43
1983	391	4736	3358	106 044	22.91	947.70
1984	554	5652	3905	110 353	26.02	1285.22
1985	744	7020	4879	112 110	27.72	1783.30
1986	997	7859	5552	108 579	32.43	2281.95

续表

年份	y	x_1	x_2	x_3	x_4	x_5
1987	1310	9313	6386	112 429	38.91	2690.23
1988	1442	11 738	8038	122 645	37.38	3169.48
1989	1283	13 176	9005	113 807	47.19	2450.14
1990	1660	14 384	9663	95 712	50.68	2746.20
1991	2178	16 557	10 969	95 081	55.91	3335.65
1992	2886	20 223	12 958	99 693	83.66	3311.50
1993	3383	24 882	15 949	105 458	96.08	152.70

4. 用多重多元回归方法研究农民消费水平、非农民消费水平与人均 GDP，三次产业结构、城镇居民可支配收入及农村居民纯收入之间关系。数据来源于《中国统计年鉴》。

5. 为研究建筑业降低成本率 y(%)对流动资金 x_1(万元)，固定资金 x_2(万元)，优良品率 x_3(%)，竣工面积 x_4(万 m^2)，劳动生产率 x_5(元/人)，施工产值 x_6(万元)的关系，试根据表 9-17 的数据建立回归方程并对方程进行显著性检验。

表 9-17　建筑行业各变量数据

序号	降低成本率 y	流动资金 x_1	固定资金 x_2	优良品率 x_3	竣工面积 x_4	劳动生产率 x_5	施工产值 x_6
1	5.78	1297.98	1543.48	62.28	13.828	6761	3666.29
2	6.34	2164.21	1527.03	64.99	15.228	7133	4320.21
3	5.49	1429.28	1714.09	66.96	17.211	6946	4786.66
4	−6.99	581.38	681.03	40.03	4.304	4968	1262.76
5	7.18	981.78	1134.31	74.72	12.298	6810	3062.90
6	6.70	601.21	611.98	60.24	7.481	6416	1718.70
7	5.00	588.27	802.21	62.93	10.683	6911	2369.13
8	6.56	2975.63	2403.22	67.59	25.938	7124	7797.64
9	5.01	1096.10	1908.98	64.49	9.800	6540	3494.30

6. 设发电量Y_1，工业总产值Y_2与钢材产量x_1，水泥产量x_2，机械工业总产值x_3，棉纱产量x_4，机械纸产量x_5之间有线性相关关系。现收集了1949—1978年共30年的数据(见表9-18)，试求出Y_1，Y_2与x_1，x_2，x_3，x_4，x_5之间的关系式。

表9-18　1949—1978年各变量数据

年份	x_1	x_2	x_3	x_4	x_5	Y_1	Y_2
1949	0.9	0.8	0.14	6.63	0.24	1.47	7.31
1950	1.0	2.1	0.15	7.07	0.46	1.25	7.42
1951	2.9	6.3	0.33	7.6	1.02	2.05	11.13
1952	5.0	4.4	0.78	12.88	1.61	2.49	16.08
1953	8.2	13.3	1.18	15.86	1.63	3.16	22.86
1954	13.1	16.8	1.56	18.79	1.93	3.87	29.52
1955	23.8	17.8	2.11	14.63	2.31	4.50	34.54
1956	34.8	27.8	3.09	19.79	3.32	6.09	41.22
1957	35.4	22.1	3.58	16.50	4.44	6.78	47.54
1958	47.0	32.2	7.31	26.22	7.18	10.73	60.00
1959	62.6	33.2	9.61	28.00	8.77	17.65	78.00
1960	68.0	55.6	12.85	27.56	9.89	26.84	96.20
1961	35.3	24.4	6.76	10.95	5.58	24.20	52.37
1962	31.3	17.9	5.08	10.15	6.03	20.08	37.77
1963	35.2	24.8	5.54	14.23	7.18	19.28	40.07
1964	45.3	37.8	7.14	20.38	8.80	22.89	50.36
1965	49.5	78.8	11.2	26.56	10.45	28.94	65.33
1966	59.7	101.9	15.89	33.18	12.51	39.05	83.64
1967	47.8	74.9	10.86	23.90	11.42	39.09	68.16
1968	17.7	40.2	5.1	17.56	9.03	26.81	41.64
1969	36.0	73.3	13.14	27.20	8.05	37.19	67.30
1970	62.0	138.6	25.52	36.28	10.30	54.09	103.57
1971	97.0	247.0	31.31	41.53	14.18	77.39	135.80

续表

年份	x_1	x_2	x_3	x_4	x_5	Y_1	Y_2
1972	95.2	270.0	28.79	40.24	15.19	84.02	118.10
1973	118.4	233.5	28.03	38.2	15.77	88.39	119.62
1974	99.9	205.0	26.50	31.54	12.29	86.32	112.39
1975	151.0	288.0	38.61	46.87	17.36	107.94	144.41
1976	108.0	262.2	31.46	38.62	15.10	102.76	130.66
1977	162.5	358.6	46.21	52.48	20.48	118.84	175.10
1978	238.2	454.8	55.86	55.96	26.40	139.30	214.44

CHAPTER 10

第10章 logistic 回归

多元回归分析在分析变量之间关系或进行预测的一个基本要求是因变量必须是具有区间测度的连续变量。然而,在实际研究中这个要求经常不能得到很好的满足。例如,在对主流手机品牌种类消费群体的特点的分析和预测研究中,当因变量为主流品牌手机的销售额时,由于主流手机品牌的数量有限,造成因变量的取值只有少数几个整数值。更为常见的是,因变量的取值缩小到只有两种可能性的时候,或成为纯粹的定性变量,例如是否购买产品,是否盈利,是否签立合同,客户是否违约等。这些行为都是定性的,并且因变量退化为二分类或多分类变量。因而,为了研究有哪些重要因素会影响这些定性行为,如果使用多元回归便不可避免地违反重要假设条件,导致回归估计的推断存在严重误差,以致无论是进行假设检验,或是计算置信区间都失去了合理性。多元回归分析在这种条件下不宜再使用。本章要介绍的是适用于这种情况的一个分析方法——logistic 回归。当因变量是二分类变量时,采用二项 logistic 回归分析;当因变量是多分类变量时,采用多项 logistic 回归分析。这里重点讨论二项 logistic 回归分析。

10.1 logistic 回归模型的建立

10.1.1 logistic 函数及其性质

logistic 函数又称增长函数。其函数表达式为

$$p = \frac{1}{1 + \exp[-(a + bx)]} \tag{10-1}$$

此函数由 P. F. Verhulst 1838 年第一次提出,后由 Robert B. Pearl 和 Lowell J. Reed 在研究果蝇的繁殖中,重新发现这个函数,并在以后的人口估计和预测中

推广应用,引起了广泛注意。

图 10-1 是几个 logistic 函数曲线的例子,观察图 10-1 可以发现:

(1) b 反映了自变量 x 与概率函数之间的对应关系,表示自变量的作用方向;

(2) $-a/b$ 为曲线的中心;

(3) b 的绝对值越大,曲线在中段上升或下降的速度越快。

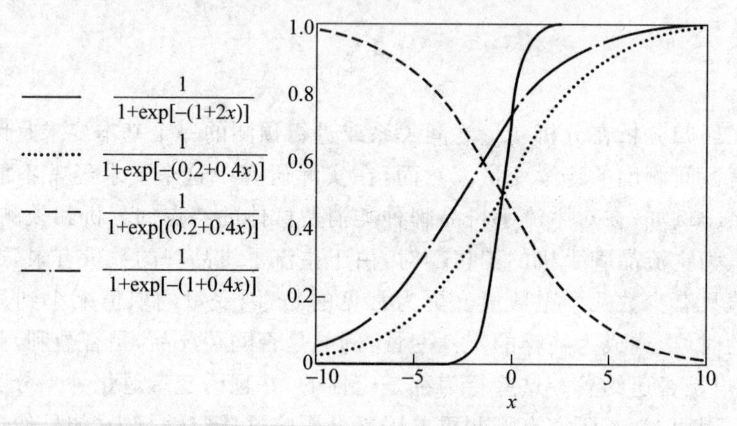

图 10-1 logistic 函数曲线示例

一般地,对多个自变量的情况,logistic 函数为

$$p=\frac{1}{1+\exp(-z)}=\frac{\exp(z)}{1+\exp(z)} \tag{10-2}$$

其中,$z=\sum b_i x_i=a+b_1x_1+b_2x_2+\cdots+b_kx_k$。上式可以转变为

$$\ln\left(\frac{p}{1-p}\right)=z=\sum b_i x_i \tag{10-3}$$

如 p 为事件发生的概率,则 $1-p$ 为事件不发生的概率,$\frac{p}{1-p}=\Omega$ 为发生比,又称为相对风险,是事件发生的概率和不发生的概率之比。利用对数发生比 $\ln\Omega$,即逻辑特变换 $\text{logit}\,p=\ln\Omega$,可以得到函数 $\text{logit}\,p$ 与自变量的线性关系式:

$$\text{logit}\,p=\sum b_i x_i=\ln\Omega \tag{10-4}$$

10.1.2 logistic 回归系数的意义

在式(10-4)中,尽管 $\text{logit}\,p$ 与每个 x_i 之间是线性关系,但是我们真正关心的是 p 与每个 x_i 的关系。由于 p 与 $\text{logit}\,p$ 呈正向关系,因此,当输入变量 x_i 增

加时,也会带来概率 p 的增加(减少),但这种增加(减少)的幅度是非线性的,取决于输入变量的取值范围以及输入变量间的共同作用等。因此,在应用中人们更加关注自变量给相对风险 Ω 带来的变化。

以二元 logistic 回归为例,设

$$\Omega = \exp(a + b_1 x_1 + b_2 x_2) \tag{10-5}$$

当 x_2 不变,x_1 增加 1 时,有

$$\Omega^* = \exp[a + b_1(x_1 + 1) + b_2 x_2] = \Omega\exp(b_1) \tag{10-6}$$

即

$$\frac{\Omega^*}{\Omega} = \exp(b_1) \tag{10-7}$$

这表明在 x_2 保持不变的情况下,x_1 每增加一个单位所导致的相对风险是原来相对风险的 $\exp(b_1)$倍。一般地,在其他自变量保持不变的情况下,x_i 每增加一个单位所导致的相对风险是原来相对风险的 $\exp(b_i)$倍。可以说 x_i 变化一个单位给发生比带来的是乘数变化。

10.1.3　logistic 方程的检验

1. 方程的显著性检验

logistic 回归方程显著性检验的目的是检验输入变量全体与 logit$p$ 的线性关系是否显著,是否可以用线性模型拟合。其零假设是,各回归系数同时为 0,因变量全体与 logit$p$ 的线性关系不显著。采用"-2 对数似然值"测度拟合程度是否有了提高,该值越大表明自变量的引入越有意义。

2. 方程的拟合优度检验

在 logistc 回归分析中,一是从回归方程能够解释因变量变差的程度来判断方程的拟合优度。如果方程可以解释因变量的较大部分变差,则说明拟合优度高,反之说明拟合优度低。二是利用回归方程计算出的预测值与实际值之间的吻合程度,即方程的总体错判率是低还是高来判断。如果错判率低则说明拟合优度高,反之说明拟合优度低。主要方法有以下 3 种。

1) Nagelkerke R^2 统计量方法

Nagelkerke R^2 是修正的 Cox & Snell R^2,Cox & Snell R^2 与一般线性回归分析中的 R^2 相似,但由于取值范围不易确定,使用时很不方便。Nagelkerke R^2 的取值范围在 0~1 之间,也反映了方程对因变量变差解释的程度,其值越接近

于1,说明方程的拟合优度越高;越接近于0,说明方程的拟合优度越低。

2) Hosmer-Lemeshow χ^2 统计量方法

Hosmer-Lemeshow χ^2 统计量方法的基本思想是,logistic 回归方程给出的是输入变量取值条件下,因变量取1的概率值,如果模型拟合效果较好,则应给实际值为1的样本以高的预测值,实际值为0的样本以低的预测值。于是,根据预测值的大小将所有样本分为 n 组,生成交叉列联表。计算列联表的 χ^2 统计量,即 Hosmer-Lemeshow 统计量,服从 $n-2$ 个自由度的 χ^2 分布。如果 Hosmer-Lemeshow 统计量的概率 $-p$ 值小于给定的显著性水平 α,则应拒绝零假设,即各组的划分与因变量的实际取值相关,意味着模型的拟合效度越高;反之,如果 $-p$ 值大于 α,则不应拒绝零假设,即各组的划分与因变量的实际取值不相关,意味着模型的拟合效果低。

3) 错判矩阵

错判矩阵是一种极为直观的评价模型的优劣的方法,它通过矩阵表格形式展示模型预测值与实际观测值的吻合程度。错判矩阵的一般形式如表10-1所示。

表 10-1 分类表

		预测值		正确率
		0	1	
实际值	0	n_{11}	n_{12}	$\frac{n_{11}}{n_{11}+n_{12}}$
	1	n_{21}	n_{22}	$\frac{n_{22}}{n_{21}+n_{22}}$
总体正确率		$\frac{n_{11}+n_{22}}{n_{11}+n_{12}+n_{21}+n_{22}}$		

通过各栏中的正确率就可以评价模型的好坏,当然正确率越高越意味着模型越好。

3. Wals 的回归系数显著性检验

logistic 回归系数显著性检验的目的是逐个检验方程中个输入变量是否与 logit$p$ 有显著的线性关系,对解释 logit$p$ 是否有重要贡献。零假设为某回归系数与零无显著差异,相应的输入变量与 logit$p$ 之间的线性关系不显著。如果某输入变量 Wals 观测值对应的概率 $-p$ 值小于给定的显著性水平 α,则应拒绝零假设,认为某输入变量的回归系数与零有显著差异,该输入变量与 logit$p$ 之间的线性关系显著,应保留在方程中;反之,如果概率 $-p$ 值大于给定的显著水平 α,则不应拒绝零假设,认为某输入变量的回归系数与零无显著差异,该输入变量与 $\text{logit}p$ 之间的线性关系不显著,不应保留在方程中。

10.2　二项 logistic 回归模型的上机实现

二项 logistic 回归是指因变量为二分类变量时的回归分析,它在各行业领域有着广泛的应用,既可以测度影响因变量的重要程度和相关系数,例如,在市场调查中测度出影响销售的重要变量;也可以进行相关的预测,例如,在财务方面可以进行有效的财务预警等。本节运用 SPSS 自带案例银行贷款违约问题(bankloan. sav)对二项 logistic 回归建模进行上机操作介绍及结果解释。

10.2.1　上机操作

单击菜单**"分析"→"回归"→"二项 logistic"**,进行二项 logistic 回归分析,主界面如图 10-2 所示,在此选择分析变量、筛选变量和回归模型所采用的算法。

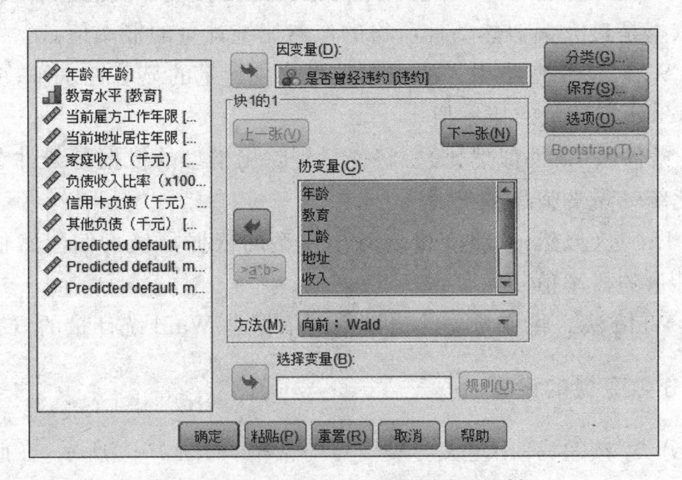

图 10-2　二项 logistic 回归分析对话框

在变量列表中选择"是否曾经违约"选项,单击从上至下第一个➡按钮,将其作为因变量选入因变量选框;在变量列表选中选择年龄、教育水平、工作年限、居住年限、家庭收入、负债收入比率、信用卡负债、其他负债变量,单击从上至下第二个按钮，将其作为协变量选入协变量列表框；单击“**方法**”后的下拉列表，选中“**向前：wald**”选项，设置好之后单击“**确定**”按钮，输出结果，10.2.2 节将对具体结果进行解释。

下面详细介绍各设置选项的含义。

1. 变量设置

（1）“**因变量**”框。用于从变量列表选入一个二分量作为因变量，可以是数值型变量或短字符型变量。

（2）“**协变量**”列表框。用于从变量列表选入协变量。除了可以选入单个变量，还可以选入变量之间的交互项，方法是在变量列表同时选中多个变量后，单击 >a*b> 按钮，这些选择的变量的所有交互作用就被选入协变量列表了。

（3）“**块 1 的 1**”子设置框。通过单击“**向前**”和“**向后**”两个按钮，可以添加和编辑多个不同的变量组，并为它们指定不同的变量和选择方法。

（4）“**方法**”下拉菜单。用于指定协变量进入回归模型的方法。

进入法：协变量全部进入模型。

向前：条件法（条件似然比）。变量引入的根据是得分统计量的显著性水平；变量被提出的依据是条件参数估计所得的似然比统计量的概率值。

向前：LR 法（似然比）。变量引入的根据是得分统计量的显著性水平；变量被剔除的依据是最大偏似然估计所得的似然比统计量的概率值。

向前：Wald 法。变量引入的根据是得分统计量的显著性水平；变量被剔除的依据是 Wald 统计量的概率值。

向后：条件法（条件似然比）。将变量剔除出模型的依据是条件参数估计所得的似然比统计量的概率值。

向后：LR 法（似然）。将变量剔除出模型的依据是最大偏似然估计所得的似然比统计量的概率值。

向后：Wald 法。将变量剔除出模型的依据是 Wald 统计量的概率值。

2. 对分类变量的设置

单击“**分类**”按钮，弹出定义分类变量对话框，如图 10-3 所示，在此设置对分类变量的处理方式。在变量列表中单击需要选择的变量，单击按钮，将其作为分类变量选入分类列表框，单击“**继续**”按钮返回主界面。

下面详细介绍各设置选项的含义。

（1）协变量列表框。显示在主面板中选入的全部协变量和交互项，对于其中的字符串变量或分类变量，在 logistic 回归中必须被当作分类协变量来

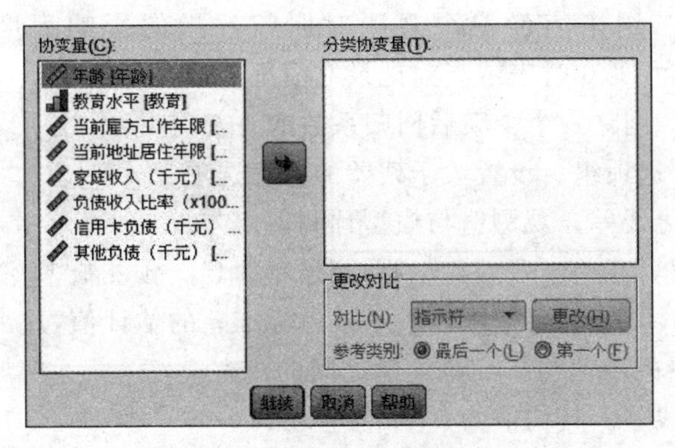

图 10-3　定义分类变量对话框

处理。

(2) 分类协变量列表框。显示当前选择的分类变量，字符串变量将自动识别并选入分类列表。

(3) 更改对比子设置栏。用于选择分类协变量各水平的对照方式。先在分类列表中选中需要更改对照方式的分类协变量(可以同时选中多个)，然后单击**“对比”**下拉列表选择对照方法，最后单击**“更改”**按钮确认修改。设置好后，会在分类列表里的变量名后以括号方式显示当前变量正在使用的对照方法。

(4) “参考类别”栏。用来指定参考分类。

3. 保存设置

单击**“保存”**按钮，显示如图 10-4 所示的保存设置对话框，选中需要输出具体参数的选项，单击**“继续”**按钮返回主界面。

下面详细介绍各设置选项的含义。

(1) **“预测值”**选项组。设置保存模型的预测值。选项有**“概率”**预测概率，即事件发生的预测概率；**“组成员”**预测分类，根据预测概率得到的每个观测的预测分类。

(2) **“影响”**选项组。设置保存对单个观测记录进行预测时的影响力指标，其可选项有如下 3 个。

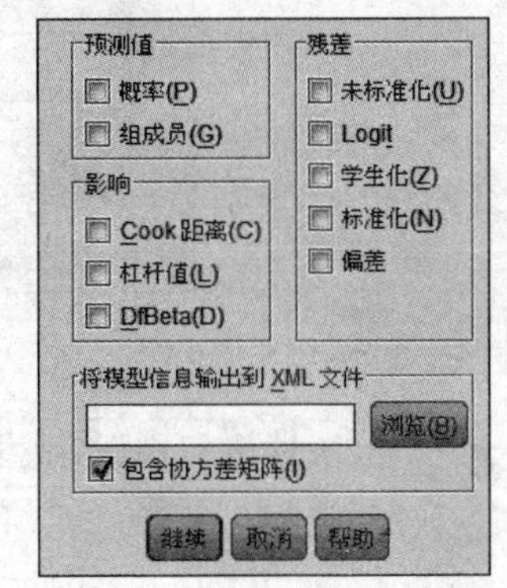

图 10-4　保存设置对话框

① Cook 距离。表示把一个个案从计算回归系数的样本中去除时所引起的残差变化的大小，Cook 距离越大，表明该个案对回归系数的影响也越大。

② 杠杆值。用来衡量单个观测对回归效果的影响程度，取值范围在0～$n/(n-1)$之间，取0时表示当前记录对模型的拟合无影响。

③ DfBeta。剔除一个个案后回归系数的改变(包括常数项)。

(3) **“残差”**选项组。设置关于残差的保存选项。

① 未标准化残差。观测值与模型预测值之差。

② Logit 逻辑残差。残差除以“预测概率×(1－预测概率)”。

③ 学生化残差。用残差除以关于残差标准差的估计值，这个估计值取决于当前个案自变量的取值与自变量均值之间的距离。

④ 标准化残差。其均值为0，标准差为1。

⑤ 偏差。基于模型变异的残差。

(4) **“将模型信息输出到 XML 文件”**文本框。设置将模型信息输出到 XML 格式文件的选项，保存结果可以直接用于别的程序。

4. 选项设置

单击**“选项”**按钮，选项设置对话框如图 10-5 所示，用于设置关于输出和显示的选项。

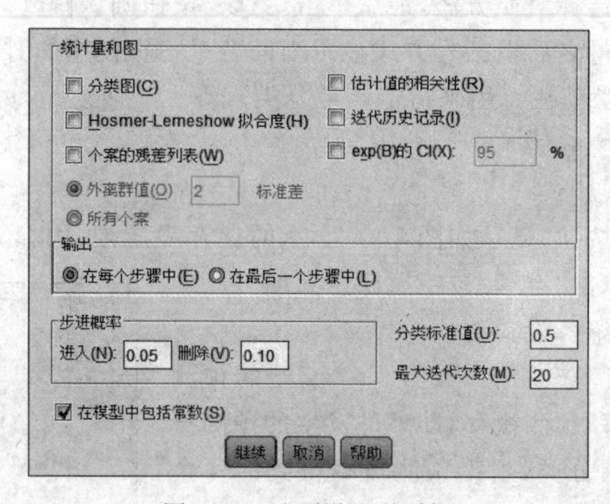

图 10-5 选项设置对话框

(1) **“统计量和图”**选项组。用于选择输出哪些统计量和图形。

① 分类图。因变量的预测值与观察值的分类直方图。

② Hosemer-Lemeshow 拟合度。它比传统 logistic 回归分析的拟合优度更稳定，特别是对含有连续性协变量的模型和对小样本的研究。

③ 个案的残差列表。包括非标准化残差、预测概率、观测量的实际与预测分组水平。外离群值 n 标准差，n 为输入框中指定的正数，表示只对那些标准化

残差大于 n 倍标准差的观测量,输出指定的统计量;所有个案选项,输出对所有观测的各种统计量。

④ 估计值的相关性。输出参数估计值的相关系数矩阵。

⑤ 迭代历史纪录。输出每一步迭代的相关系数和对数似然比。

⑥ exp(B)的 CI(X)。设置指数域的置信区间,在输入框指定一个 1～99 的数值。

(2) **"输出"**选项组。

① 在每个步骤中。表示每一步迭代过程都输出相关表格、统计量和图形。

② 在最后一个步骤中。表示只输出与最终方程有关的表格、统计量和图形。

(3) **"步进概率"**设置组。用于设置变量进入模型和从模型中剔除的依据。如果某变量得分统计量的概率值小于进入处的设置值(默认 0.05),那么此变量进入模型;如果这个概率值大于删除处设置值(默认 1.0),该变量从模型中删除。而且指定的进入值必须小于删除值。

① 分类标准值。用于指定对观测量进行预测分类的临界值,预测值大于指定值的观测量被归于一类,其余的观测量被归于另一类,可设置范围为 0.01～0.99,默认值为 0.5。

② 最大迭代次数。用于指定模型允许的最大迭代步数。在模型中包括常数,表示模型中包括非零的常数项。

10.2.2　模型结果解释

模型输出结果如表 10-2～表 10-5 所示。

表 10-2　模型系数的综合检验

		卡方	df	Sig.
步骤 4	步骤	18.905	1	0.000
	块	247.633	4	0.000
	模型	247.633	4	0.000

表 10-3　模型汇总

步骤	−2 对数似然值	Cox & Snell R^2	Nagelkerke R^2
4	556.732[c]	0.298	0.436

表 10-4　分类表

已观测			已预测		
			是否曾经违约		百分比校正
			否	是	
步骤 4	是否曾经违约	否	478	39	92.5
		是	91	92	50.3
	总计百分比				81.4

表 10-5　方程中的变量及检验

		B	S.E.	Wals	df	Sig.	Exp(*B*)
步骤 1	负债率	0.132	0.014	85.377	1	0.000	1.141
	常量	−2.531	0.195	168.524	1	0.000	0.080
步骤 2	工龄	−0.141	0.019	53.755	1	0.000	0.868
	负债率	0.145	0.016	87.231	1	0.000	1.156
	常量	−1.693	0.219	59.771	1	0.000	0.184
步骤 3	工龄	−0.244	0.027	80.262	1	0.000	0.783
	负债率	0.088	0.018	23.328	1	0.000	1.092
	信用卡负债	0.503	0.081	38.652	1	0.000	1.653
	常量	−1.227	0.231	28.144	1	0.000	0.293
步骤 4	工龄	−0.243	0.028	74.761	1	0.000	0.785
	地址	−0.081	0.020	17.183	1	0.000	0.922
	负债率	0.088	0.019	22.659	1	0.000	1.092
	信用卡负债	0.573	0.087	43.109	1	0.000	1.774
	常量	−0.791	0.252	9.890	1	0.002	0.453

从表 10-2～表 10-4 可以看出模型的整体性检验拒绝原假设，显著性良好，拟合度一般，错判矩阵的正确率为 81.4%较理想。

从表 10-5 得到影响贷款违约显著的变量为负债率、工龄、信用卡负债以及地址即居住年限。依据表 10-5 可以建立如下二项 logistic 回归方程：

$$\begin{aligned}\text{logit}\,p = &-0.791 - 0.243\,\text{工龄} - 0.081\,\text{地址} \\ &+ 0.088\,\text{负债率} + 0.573\,\text{信用卡负债}\end{aligned} \tag{10-8}$$

式(10-8)反映了工龄和居住年限与贷款违约呈负相关关系,表明工龄和居住年限越长越不容易违约;而负债率和信用卡负债与贷款违约呈正相关关系,表明负债越多越容易违约,这都与实际情况相符。而对于年龄、教育、收入、其他负债对于贷款是否违约影响不显著,因而没有纳入模型。

10.3　多项 logistic 回归模型

10.3.1　多项 logistic 回归模型的建立及上机实现

多项 logistic 回归中,因变量是多分类的。多项 logistic 回归模型的基本形式与二项 logistic 回归基本相同,本质上就是多个二项 logistic 回归分析模型来描述各个类别与参照类别相比较时的作用大小,即

$$\ln\left(\frac{p_i}{p_j}\right)=\beta_0+\sum_{k=1}^{n}\beta_k x_k \tag{10-9}$$

其中,p_i为因变量是第 i 类的概率;p_j 为输出变量为第 j 类的概率($i\neq j$),且第 j 类为参照类。如果输出变量有 k 个类别,则需要建立 $k-1$ 个方程。

本节采用 SPSS 自带案例“早餐偏好调查数据 cereal. sav”对多项 logistic 进行简单的上机实现介绍。

单击菜单**“分析”→“回归”→“多项 logistic”**,进行多项 logistic 回归分析,主界面如图 10-5 所示。

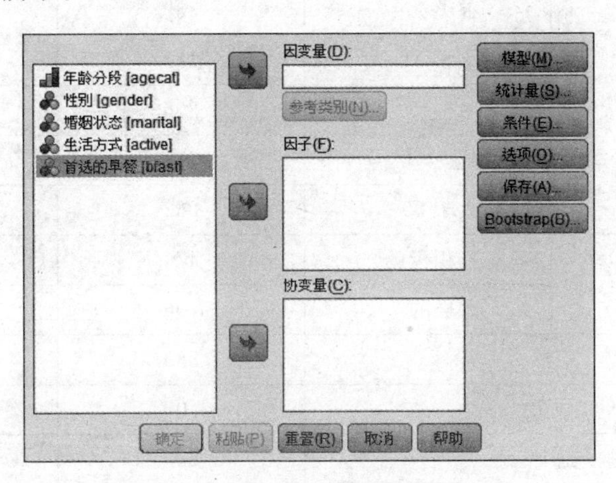

图 10-5　多项 logistic 回归分析窗口

在变量列表中选中“首选的早餐”变量，单击从上至下第一个➡按钮，将其作为因变量选入因变量栏；在变量列表选择“年龄分段”、“生活方式”，单击第二个➡按钮，将其作为因素变量选入“**因子**”列表框，单击“**参考类别**”按钮，显示如图 10-6 所示参考类别定义对话框，在此设置因变量的参考类，这里选择默认设置。单击“**继续**”返回主菜单。在主菜单单击“**确定**”输出结果。

输出结果如表 10-6～表 10-9 所示。

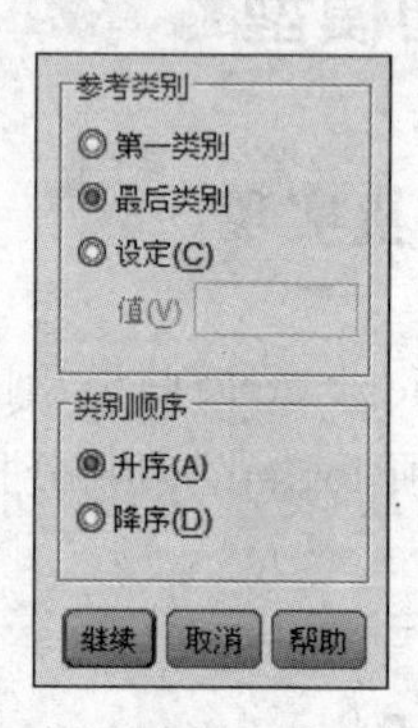

图 10-6　参考类别定义对话框

表 10-6　伪 R^2

Cox 和 Snell	0.348
Nagelkerke	0.392
McFadden	0.197

表 10-7　案例处理摘要

		N	边际百分比
首选的早餐	不吃早餐	231	26.3%
	燕麦	310	35.2%
	谷类	339	38.5%
年龄分段	小于 31	181	20.6%
	31～45	206	23.4%
	46～60	231	26.3%
	大于 60	262	29.8%
生活方式	不积极的	474	53.9%
	积极的	406	46.1%
有效		880	100.0%
缺失		0	
总计		880	
子总体		8	

表 10-8　似然比检验

效应	模型拟合标准	似然比检验		
	简化后模型的 −2 倍对数似然值	卡方	df	显著水平 Sig.
截距	73.023	0.000	0	
agecat	388.174	315.151	6	0.000
active	98.057	25.034	2	0.000

表 10-9　参数估计

首选的早餐①		B	标准误差	Wald	df	显著水平 Sig.	Exp(B)	Exp(B)的置信区间 95%	
								下限	上限
不吃早餐	截距	−0.744	0.287	6.707	1	0.010			
	[agecat=1]	0.938	0.313	8.989	1	0.003	2.555	1.384	4.719
	[agecat=2]	1.047	0.311	11.333	1	0.001	2.848	1.549	5.239
	[agecat=3]	0.263	0.332	0.629	1	0.428	1.301	0.670	2.494
	[agecat=4]	0	.	.	0	.	.	.	.
	[active=0]	−0.786	0.181	18.945	1	0.000	0.456	0.320	0.649
	[active=1]	0	.	.	0	.	.	.	.
燕麦	截距	1.022	0.195	27.478	1	0.000			
	[agecat=1]	−4.256	0.533	63.770	1	0.000	0.014	0.005	0.040
	[agecat=2]	−2.461	0.275	80.174	1	0.000	0.085	0.050	0.146
	[agecat=3]	−1.115	0.208	28.727	1	0.000	0.328	0.218	0.493
	[agecat=4]	0	.	.	0	.	.	.	.
	[active=0]	0.178	0.187	0.902	1	0.342	1.195	0.828	1.724
	[active=1]	0	.	.	0	.	.	.	.

注：①参考类别为谷类。

案例处理摘要给出了分类变量各水平下的案例和边际百分比，以及有效案例和缺失案例的统计。拟合优度表格表明拟合优度较理想，似然比检验结果表明了截距、年龄和生活方式的似然比结果，零假设某效应从模型中剔除后系数没有变化，而 Sig. 值都是拒绝零假设，则 3 个效应对系数的影响都是显著的，不能被剔除。

表10-9显示出当参考类的早餐类型为谷类时的参数估计结果。从显著性水平看出，不吃早餐一栏的 agecat=3 和吃麦片一栏的 active=0 两个水平的 Sig. 值都大于0.10，说明这两个因素对模型的贡献无显著意义。

如果某个因素的系数(B)估计显著为正，则在其他因素不变的情况下，取此因素水平的调查者属于当前类别的概率要比属于参考类别的概率大；反之亦然。例如，在早餐一栏的因素水平 agecat=2，B的值为正，这表明31～45岁的人不吃早餐的概率比吃谷类的概率大。

而对于 Exp(B)，通过案例进行解释，例如，对吃麦片一栏的因素水平 active=0，Exp(B)的值为1.195，这说明相对于早餐吃谷类而言，生活方式积极的人早餐吃麦片的发生比 Odds 是生活方式消极的人早餐吃麦片的 Odds 比的1.195倍。

10.3.2 多项 logistic 回归模型与二项 logistic 回归模型的转换

由于多项 logistic 回归的复杂以及结果的难于解释，在此不对多项 logistic 回归操作进行详细的介绍。我们可以将因变量的选项或数据通过重编码转换成多个二分类嵌套的形式，使多项 logistic 回归模型转换成多个二项 logistic 回归模型进行 logistic 回归分析。以下通过两个案例进行说明。

【例10-1】 因变量为"厂商较去年收入的变化为：A上升、B持平、C下降"的三分类问题。

方法1：从会计的角度进行分类，先将A,C选项合并成收入呈变化的选项D，对B和D进行二项 logistic 回归分析，得出影响厂商收入变化与不变化的影响因素；再单独对A,C进行二项 logistic 回归分析，取得影响厂商收入上升与下降的影响因素。

方法2：将A上升选项设为1，将B持平和C下降设为0进行二项 logistic 回归分析，找出影响厂商收入上升与否的显著变量。然后再对持平和下降的影响因素进行分析。

【例10-2】 对学生成绩的分析，学生成绩见表10-10。

表10-10 学生成绩

ID	成绩	ID	成绩
1	98	4	76
2	87	5	82
3	70		

可以将成绩 80 以上的学生归为成绩优良，将 80 以下的学生归为一般，对分成两类的学生成绩进行二项 logistic 回归分析，可以找出对学生成绩影响的相关因素。然后再对成绩优良的学生进行针对学习成绩优秀和良好的二项 logistic 回归分析，找出影响优秀学生学习的主要因素。

关于重编码工作，可以通过数据管理中的**“转换”→“重新编码成相同(不同)变量”**选项来进行，属数据管理的基础功能，本书中不再介绍。

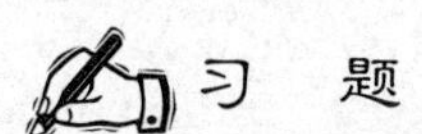

习　题

1. 简述 logistic 回归模型的基本原理。
2. 简述 logistic 回归系数的意义。
3. 以软件自带数据集 voter. sav 为例，该数据集为 1992 年美国大选的部分数据，由选民个人的基本信息和对总统候选人的支持信息组成。以 pres92(所支持的总统候选人)为目标变量构建 logistic 回归模型。

参考文献

[1] 方开泰. 实用多元统计分析[M]. 上海：华东师范大学出版社，1989.

[2] 何晓群. 多元统计分析[M]. 2 版. 北京：中国人民大学出版社，2008.

[3] 高慧璇. 应用多元统计分析[M]. 北京：北京大学出版社，2005.

[4] 于秀林，任雪松. 多元统计分析[M]. 北京：中国统计出版社，1999.

[5] 朱建平. 应用多元统计分析[M]. 北京：科学出版社，2011.

[6] 李静萍，谢邦昌. 多元统计分析方法与应用[M]. 北京：中国人民大学出版社，2008.

[7] 何晓群，刘文卿. 应用回归分析[M]. 2 版. 北京：中国人民大学出版社，2011.

[8] 王斌会. 多元统计分析及 R 语言建模[M]. 2 版. 广州：暨南大学出版社，2011.

[9] 薛毅. 统计建模与 R 软件[M]. 北京：清华大学出版社，2007.

[10] 杜强，贾丽艳. SPSS 统计分析从入门到精通[M]. 北京：人民邮电出版社，2011.

[11] 张立军，任英华. 多元统计分析实验[M]. 北京：中国统计出版社，2009.

[12] 贾俊平，何晓群，金勇进. 统计学[M]. 北京：中国人民大学出版社，2009.

[13] 袁卫，庞皓，曾五一，等. 统计学[M]. 3 版. 北京：高等教育出版社，2009.

[14] 杜强，贾丽艳，刘政. SAS 统计分析标准教程[M]. 3 版. 北京：人民邮电出版社，2010.

[15] 薛薇. 统计分析与 SPSS 的应用[M]. 3 版. 北京：中国人民大学出版社，2011.

[16] 张文彤. SPSS 统计分析高级教程[M]. 北京：高等教育出版社，2004.

[17] 安德森，张润楚. 多元统计分析导论[M]. 3 版. 北京：人民邮电出版社，2010.

[18] 弗里曼. 统计模型：理论和实践[M]. 吴喜之，译. 2 版. 北京：机械工业出版社，2010.

[19] 约翰逊 R A，威克恩 D W. 实用多元统计分析[M]. 陆璇，译. 6 版. 北京：清华大学出版社，2008.

[20] Wolfgang Härdle，Léopold Simar. Applied Multivariate Statistical Analysis[M]. 2nd ed. New York：Springer，2007.

[21] Rencher Alvin C. Methods of Multivariate Analysis[M]. 2nd ed. New York：Wiley-Interscience，2001.

[22] Khattree Ravindra，Naik Dayanand N. Applied Multivariate Statistics with SAS® Software[M]. 2nd ed. NC，Cary：SAS Institute，2003.

[23] Johnson Dallas E. Applied Multivariate Methods for Data Analysts[M]. 4th ed. 影印版. 北京：高等教育出版社，2005.